数据分析思维与可视化

黑马程序员 / 编著

清華大学出版社
北 京

内 容 简 介

本书以实用为设计理念，并结合数据分析相关理论，系统地介绍了数据分析的相关内容，包括电商数据分析概述、数据分析业务指标、数据准备与处理、数据分析常用方法、常用数据分析工具、数据可视化、数据图表专业化、撰写数据分析报告等，能够帮助读者掌握数据分析的整个流程。

本书附有配套的教学 PPT、题库、教学视频、教学设计等相关资源。同时，为了帮助初学者及时地解决学习过程中遇到的问题，还提供了专业的在线答疑平台。

本书可作为高等院校本、专科相关专业的数据分析课程的教材，也可作为企业数据分析岗位培训教材。

图书在版编目(CIP)数据

数据分析思维与可视化/黑马程序员编著．—北京：清华大学出版社，2019（2025.2重印）
ISBN 978-7-302-53382-5

Ⅰ．①数…　Ⅱ．①黑…　Ⅲ．①数据处理　Ⅳ．①TP274

中国版本图书馆 CIP 数据核字(2019)第 175954 号

责任编辑：袁勤勇　薛　阳
封面设计：韩　冬
责任校对：白　蕾
责任印制：丛怀宇

出版发行：清华大学出版社
网　　址：https://www.tup.com.cn，https://www.wqxuetang.com
地　　址：北京清华大学学研大厦 A 座　　**邮　　编**：100084
社 总 机：010-83470000　　**邮　　购**：010-62786544
投稿与读者服务：010-62776969，c-service@tup.tsinghua.edu.cn
质量反馈：010-62772015，zhiliang@tup.tsinghua.edu.cn
课件下载：https://www.tup.com.cn，010-83470236
印 装 者：天津鑫丰华印务有限公司
经　　销：全国新华书店
开　　本：185mm×260mm　　**印　　张**：14　　**字　　数**：344 千字
版　　次：2019 年 9 月第 1 版　　**印　　次**：2025 年 2 月第 7 次印刷
定　　价：48.00元

产品编号：084038-02

前言

随着数字化技术的广泛应用，我们正在逐步迈入大数据时代。数据已经成为企业的一种新的战略资产，越来越多的企业开始重视数据资产的管理。伴随着数据重要作用的凸显，数据分析也愈发重要，大力拓展数据分析与应用，成为企业制定新的战略目标，突破传统壁垒的重要手段。

为什么要学习这本书

在移动互联网时代，信息的获取成本越来越低，这也导致拿来主义和实用主义盛行。数据分析学科是一个需要紧密联系生活实际的学科，而数据分析也是企业日常工作的必要环节。目前，国内许多高校开设了相关课程，例如一些经济管理类、信息类专业以及电子商务专业。但是，从相关课程内容来看，已经开设的课程内容更偏向理论知识的介绍，对于数据分析综合能力的培养相对薄弱。而通过对本书的学习，可以让读者在实战中掌握数据分析理论和方法，学完之后能够独立完成日常数据分析工作。

此外，本书在编写的过程中，结合党的二十大精神进教材、进课堂、进头脑的要求，在给每个案例设计任务时优先考虑贴近生活实事话题，让学生在学习新兴技术的同时掌握日常问题的解决，提升学生解决问题的能力；在章节中加入素质教育的相关内容，引导学生树立正确的世界观、人生观和价值观，进一步提升学生的职业素养，落实德才兼备的高素质、高技能人才的培养要求。此外，编者依据书中的内容提供了线上学习的视频资源，体现现代信息技术与教育教学的深度融合，进一步推动教育数字化发展。

如何使用本书

本书从数据分析基础讲起，共 8 章，详细介绍了数据分析概述、数据准备与处理、数据分析常用方法、常用数据分析工具、数据可视化、数据图表专业化、撰写数据分析报告的相关知识。下面分别介绍各章的主要内容，以帮助读者更好地了解本书的知识架构体系。

第 1 章：主要介绍电商数据分析概述，包括数据分析基础理论、数据分析流程、数据分析的常见误区、数据分析岗位的职业发展、数据分析常用的指标及术语。

第 2 章：主要讲解数据分析业务指标，包括网站流量指标、商品数据化运营关键指标、站外营销推广指标、会员数据化运营指标、仓储管理指标、物流配送指标。

第 3 章：主要讲解数据准备与处理，包括数据准备、数据处理。

第 4 章：主要讲解数据分析常用方法，包括常用数据分析方法论、数据分析法。

第 5 章：主要讲解常用数据分析工具，包括常用本地数据分析工具、常用电商数据分析工具、常用网站数据分析工具。

第 6 章：主要讲解数据可视化的相关知识，包括通过图表展现数据、通过表格展现数据。

第 7 章：主要讲解数据图表专业化，包括制作严谨的数据图表、图表美化方法、提高图表制作效率。

第 8 章：主要讲解撰写数据分析报告的相关知识，包括初步认识数据分析报告、数据分析报告的准备与撰写流程、数据分析报告的结构、撰写数据分析报告的注意事项。

第 1 章和第 2 章主要介绍数据分析基础知识和分析业务指标；第 3 章主要介绍如何准备和处理数据；第 4 章和第 5 章主要介绍数据分析常用的方法和工具；第 6 章主要介绍如何通过图表展现数据；第 7 章主要介绍如何展现数据以及怎样让图表更加专业化；第 8 章主要介绍如何撰写数据分析报告。

通过本书的系统学习，读者能够掌握基本的数据分析方法和常用工具，可以独立完成日常数据分析工作，成为市场需求的既懂理论、又懂技术的应用型人才。

本书配套服务

为了提升您的学习或教学体验，我们精心为本书配备了丰富的数字化资源和服务，包括在线答疑、教学大纲、教学设计、教学 PPT、教学视频、测试题、源代码等。通过这些配套资源和服务，我们希望让您的学习或教学变得更加高效。请扫描下方二维码获取本书配套资源和服务。

致谢

本书的编写和整理工作由江苏传智播客教育科技股份有限公司完成。全体编写人员在编写过程中付出了辛勤的汗水。此外，还有很多人员参与了本书的试读工作并给出了宝贵的建议，在此向大家表示由衷的感谢。

意见反馈

尽管我们尽了最大的努力，但书中仍难免疏漏和不妥之处，欢迎各界专家和读者朋友来信来函提出宝贵意见。读者在阅读本书时，如发现任何问题或有不认同之处，可以通过电子邮件与我们取得联系。

请发送电子邮件至：itcast_book@vip.sina.com。

黑马程序员
2019 年 6 月
于北京

目录

第1章　电商数据分析概述…… 1

1.1　数据分析基础理论 …… 2

1.1.1　认识数据和数据的价值…… 2

1.1.2　认识数据分析…… 4

1.1.3　认识电商数据分析…… 5

1.2　数据分析的流程 …… 6

1.2.1　明确目的…… 6

1.2.2　数据收集…… 7

1.2.3　数据处理…… 8

1.2.4　数据分析…… 8

1.2.5　数据展现…… 9

1.2.6　撰写报告…… 9

1.3　数据分析的常见误区…… 10

1.4　数据分析岗位的职业发展…… 11

1.4.1　数据分析师的发展前景 …… 11

1.4.2　数据分析师的职业要求 …… 11

1.4.3　数据分析师的基本素质 …… 13

1.5　数据分析常用指标及术语…… 14

1.5.1　平均数 …… 14

1.5.2　绝对数与相对数 …… 14

1.5.3　百分比与百分点 …… 15

1.5.4　比例与比率 …… 15

1.5.5　频数与频率 …… 15

1.5.6　倍数与番数 …… 16

1.5.7　同比和环比 …… 16

小结 …… 16

第2章　数据分析业务指标 …… 17

2.1　网站流量指标…… 18

2.1.1　网站流量数量指标 …… 19

2.1.2 网站流量质量指标 …… 21
2.2 商品数据化运营关键指标 …… 27
2.2.1 销售类指标 …… 28
2.2.2 促销活动指标 …… 32
2.3 站外营销推广指标 …… 34
2.4 会员数据化运营指标 …… 39
2.4.1 会员整体指标 …… 39
2.4.2 会员营销指标 …… 40
2.4.3 会员活跃度指标 …… 42
2.4.4 会员价值度指标 …… 43
2.4.5 会员终生价值指标 …… 45
2.4.6 会员异动指标 …… 45
2.5 仓储管理指标 …… 46
2.5.1 库存量 …… 46
2.5.2 库存金额与平均库存金额 …… 47
2.5.3 库存可用天数 …… 47
2.5.4 库存周转率 …… 47
2.5.5 库存周转天数 …… 48
2.5.6 库龄 …… 48
2.5.7 滞销金额 …… 48
2.5.8 残次商品数量、残次商品金额、残次占比 …… 49
2.5.9 缺货率 …… 49
2.6 物流配送指标 …… 49
小结 …… 50

第3章 数据准备与处理 …… 51

3.1 数据准备 …… 53
3.1.1 认识数据表 …… 53
3.1.2 获取数据 …… 60
3.2 数据处理 …… 66
3.2.1 数据清洗 …… 66
3.2.2 数据加工 …… 76
3.2.3 数据抽样 …… 86
小结 …… 87

第4章 数据分析常用方法 …… 88

4.1 常用数据分析方法论 …… 89
4.1.1 PEST分析法 …… 89
4.1.2 4P营销理论 …… 92

4.1.3 逻辑树分析法 …… 93
4.1.4 用户行为理论 …… 94
4.1.5 5W2H 分析法 …… 94
4.2 数据分析法 …… 96
4.2.1 对比分析法 …… 96
4.2.2 结构分析法 …… 98
4.2.3 分组分析法 …… 99
4.2.4 平均分析法 …… 100
4.2.5 矩阵关联分析法 …… 100
4.2.6 交叉分析法 …… 103
4.2.7 综合评价分析法 …… 104
4.2.8 漏斗图分析法 …… 106
小结 …… 111

第5章 常用数据分析工具 …… 112

5.1 常用本地数据分析工具 …… 114
5.1.1 SPSS 简介 …… 114
5.1.2 SPSS 的优势 …… 115
5.1.3 SPSS 的窗口介绍 …… 116
5.2 常用电商数据分析工具 …… 118
5.2.1 生意参谋 …… 118
5.2.2 京东商智 …… 122
5.3 常用网站数据分析工具 …… 128
5.3.1 百度统计 …… 128
5.3.2 CNZZ …… 134
小结 …… 139

第6章 数据可视化 …… 140

6.1 通过图表展现数据 …… 141
6.1.1 认识图表 …… 141
6.1.2 常用的图表类型 …… 143
6.1.3 通过数据关系选择合适的图表 …… 153
6.1.4 统计图制作流程 …… 157
6.2 通过表格展现数据 …… 157
6.2.1 突出显示单元格 …… 157
6.2.2 项目选取 …… 159
6.2.3 添加数据条 …… 160
6.2.4 添加图标集 …… 162
6.2.5 迷你图 …… 164

小结…………………………………………………………………………… 168

第 7 章　数据图表专业化…………………………………………………… 169

7.1　制作严谨的数据图表 ………………………………………………… 170
7.1.1　专业图表中的元素……………………………………………… 170
7.1.2　专业图表制作的注意事项……………………………………… 171
7.2　图表美化方法 ………………………………………………………… 181
7.2.1　图表美化的原则………………………………………………… 182
7.2.2　图表美化技巧…………………………………………………… 182
7.2.3　图表的颜色搭配………………………………………………… 185
7.3　提高图表制作效率 …………………………………………………… 188
7.3.1　创建图表模板…………………………………………………… 188
7.3.2　添加标签小工具………………………………………………… 188
7.3.3　修剪超大值……………………………………………………… 192
小结…………………………………………………………………………… 194

第 8 章　撰写数据分析报告………………………………………………… 195

8.1　初步认识数据分析报告 ……………………………………………… 198
8.1.1　什么是数据分析报告…………………………………………… 198
8.1.2　数据分析报告的作用…………………………………………… 198
8.1.3　数据分析报告的种类…………………………………………… 199
8.1.4　数据分析报告写作原则………………………………………… 200
8.2　数据分析报告的准备与撰写流程 …………………………………… 201
8.2.1　数据分析报告的准备…………………………………………… 201
8.2.2　数据分析报告撰写流程………………………………………… 202
8.3　数据分析报告的结构 ………………………………………………… 202
8.3.1　标题页…………………………………………………………… 202
8.3.2　目录……………………………………………………………… 204
8.3.3　前言……………………………………………………………… 204
8.3.4　报告正文………………………………………………………… 206
8.3.5　结论与建议……………………………………………………… 207
8.3.6　附录……………………………………………………………… 207
8.4　撰写数据分析报告的注意事项 ……………………………………… 213
小结…………………………………………………………………………… 214

第1章 电商数据分析概述

【学习目标】

思政案例

知识目标	➢ 了解电商数据分析的基础知识 ➢ 熟悉数据分析常用指标
技能目标	➢ 掌握数据分析的流程

【案例引导】

数据分析帮助公司提高销售额

叮叮网是一家成立时间不长的电商网站，公司主推的一款洁面霜上半年销售情况一直不是很好，已经连续3个月没有完成目标销售额，按照这个趋势，很难完成12月1000万元的销售额。

开会时，老板让负责数据分析工作的小王针对上半年的销售数据做一下分析，找到可以提升下半年销售额的方法，如图1-1所示为这款洁面霜上半年的销售额及广告投放情况。

月份	销售额/万元	目标售额/万元	广告投放费用/万元		产品单价/元
			社交媒体广告	信息流广告	
1	574.57	547.80	120	30	249
2	597.20	597.60	120	30	249
3	615.58	610.05	100	50	249
4	622.08	647.40	100	50	249
5	607.51	669.20	100	30	239
6	628.04	717.00	80	70	239

图1-1 洁面霜上半年的销售额及广告投放情况

通过对这款洁面霜上半年的销售数据、广告投放费用和营销活动数据的分析，小王发现上半年的销售中存在的问题如下。

(1) 1～6月公司的销售额整体呈增长趋势，但是增幅很小，而且与目标销售额的差距在变大。

(2) 针对女性群体投放的社交媒体广告投放虽然一直保持在较高的水平，但是女性购买用户数量并没有增加；而针对男性消费者投放的信息流广告虽然不多，但是男性购买用户数量尤其是中老年男性的购买数量却随之增加了，男性用户购买这款洁面霜大多是因为其可以作为须后水使用，缓解剃须后的脸部过敏问题。

(3) 除了降价和广告投放之外，上半年并没有做过其他专门的营销活动以提升销量。

针对分析中发现的问题，小王在第二次会议上建议从以下几个方面对下半年的营销策略进行改进。

(1) 增加针对中老年男性的信息流广告的投放力度，降低社交媒体广告的投放比例。

(2) 在针对中老年男性的信息流广告中，突出洁面霜可以作为须后水使用这一卖点，激发其购买欲望。

(3) 针对这款洁面霜设计专门的优惠活动，例如品牌日半价等，刺激产品销量提升，从而带动销售额上涨。

根据小王的建议，老板让运营和营销部门对下半年的运营及营销策略做了相应调整。最终，这款洁面霜每个月都达到了目标销售额，12 月份也成功达成了 1000 万元销售额的目标，如图 1-2 所示。

月份	销售额/万元	目标售额/万元	广告投放费用/万元		产品单价/元
			社交媒体广告	信息流广告	
7	698.62	675.66	80	70	249
8	806.01	783.73	75	75	249
9	838.08	797.90	60	90	249
10	959.67	880.19	60	90	249
11	960.49	898.67	65	85	249
12	1001.85	992.74	60	90	249

图 1-2 洁面霜下半年的销售额及广告投放情况

【案例思考】

在本案例中，叮叮网通过对上半年销售数据的分析发现问题，并针对这些问题调整下半年的运营及营销策略，在下半年不仅每个月都完成目标销售额，并且在 12 月份最终达到 1000 万元的目标。从该案例可见，数据分析能产生巨大的价值。然而什么是数据分析？它的作用是什么？电商数据分析的流程是怎样的？本章将对电商数据分析的基础知识做详细讲解。

1.1 数据分析基础理论

数据分析是现代社会不可或缺的一门学科，在各行各业中有着广泛的应用。创业者通过数据分析可以对产品进行优化；运营人员可以根据数据分析结论调整运营策略；产品经理可以使用数据分析洞察用户习惯；金融从业人员可以通过数据分析来规避投资风险；程序员可以通过数据分析进一步挖掘用户的价值。可见，无论从事哪一行业，从业者善于通过数据分析发现行业问题，都会让自身在行业中更具竞争力。本节将对数据分析基础理论进行介绍。

1.1.1 认识数据和数据的价值

现在很多人开口必谈大数据，许多人都说自己在研究大数据，到处宣称数据可以创造价值。那么，到底什么是数据？数据又有哪些价值？

1. 什么是数据

什么是数据？这个问题看似简单其实并不好回答。通常来说，数据可以理解为“观测值”，是通过观察结果、实验或测量的方式获得的结果，通常是以数量的形式来展现。但是，数据不仅指狭义上的数字，还可以是具有一定意义的文字、字母、数字符号的组合、图形、图像、视频、音频等，也是客观事物的属性、数量、位置及其相互关系的抽象表示。这样一来，数据的范畴就要大得多了，绝不仅局限于数字。如图 1-3 所示即数据的真实体现。

1.5%
$ 27.58

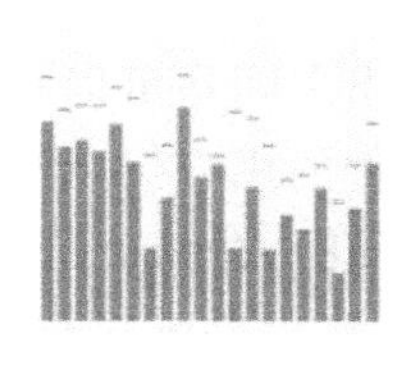

(a) 数字是数据　　(b) 声音是数据　　(c) 视频是数据

图 1.3　数据的真实体现

2. 数据的价值

增加收入、减少支出、控制风险是关乎企业生存发展的重要问题，而通过对数据的分析，可以对这三方面进行优化改进，使企业良性地发展，这就是数据价值的体现。

1）增加收入

作为一名专业的数据从业者，你是否想过，你的数据产品能否给公司带来额外的收入呢？下面以 100 套护肤品的价值为例进行说明，如例 1-1 所示。

例 1-1　100 套护肤品的价值

叮叮网是主做护肤品的电商企业，在没使用数据分析之前，每天能卖 100 套。使用了数据分析后，每天能卖多少套呢？如果还是卖 100 套，那么数据分析的价值在哪里呢？如果现在每天能卖 200 套甚至更多，那么数据分析的价值就体现出来了。这个价值的大小就是每天额外多卖的 100 套商品。

2）减少支出

很多做数据分析的人会觉得自己的工作离市场销售端有点儿远，并不能直接为公司增加收入。但是换个角度思考一下，如果帮助公司节约不必要的支出，也就是成本，这比为公司直接增加收入更有意义。因为公司的收入增长往往会面临很多的不确定性，但是成本却在自己的控制范围内，相对而言可控性更强。下面以叮叮网的客服中心升级改进为例进行说明，如例 1-2 所示。

例 1-2　叮叮网客服中心运营改进

叮叮网现在负责客服工作的有 20 人，但是经过系统升级、数据分析、合理排班，发现只要 10 个客服就可以了。直接节省了 10 个客服人员的人工成本，这是非常确定的事情。所以，如果数据分析可以节省开支会更好，因为更靠谱、可控性更强。

3）控制风险

有人可能会有这样的疑问，我的数据既不能给公司增加收入，也不能直接节省成本，但是可以控制风险，这样的数据有商业价值吗？当然有。实际上，风险的衡量有两种情况：第一种情况是风险根本无法通过货币衡量，是独立于收入或者支出的另外一个维度；第二种情况是风险可以作为连接收入与支出的一个转化器，通过风险把控，或者可以增加收入，或者可以减少支出。

对于第一种情况而言，风险可能是数据库系统的防火墙等级、加密程度等，对于电商企业而言，如果数据库系统中的任何一个环节出现问题，会造成多大的损失？这是很难用货币去衡量的。如果通过数据分析，对数据库系统定期升级维护，那么数据库系统数据泄漏的概率就会非常小。

对于第二种情况，风险与收入和支出之间是可以相互转化的，例如，现在天猫和芝麻信用联合推出的“先穿后买”服务，符合条件的用户可以享受0元下单，试穿合适后再付款，如果试穿不合适，还可以实现无偿退货，不花一分钱。这样做的优点是什么？刺激用户购买欲望，增加成交量；而缺点是如果用户试穿之后并未付款，商家的销售额会直接受影响。怎么办？只能提高享受服务的门槛，例如，芝麻信用分在700以上才可享受该项服务；同时通过系统自动划扣款项，如果试穿衣服很满意选择留下，系统会在到期后自动划扣款项，减少企业与用户的沟通成本。这就是通过数据（芝麻信用分）进行风险把控提高收入，同时减少沟通成本。所以，这样的数据有没有价值呢？当然有。

1.1.2 认识数据分析

数据分析是指用适当的统计分析方法对收集来的大量数据进行分析研究和概括总结，提取有用信息和形成结论的过程。

在20世纪早期人们就已经确立了数据分析的数学基础，但是直到计算机的出现才使数据分析得以操作和推广。可以说，数据分析是数学与计算机科学相结合的产物。进行数据分析的目的是在大量看似杂乱无章的数据中提炼出有价值的信息，根据这些信息总结出所研究对象的内在规律。

在统计学领域，有些人将数据分析划分为描述性数据分析、探索性数据分析以及验证性数据分析三类。三类数据分析的特征简介如下。

1. 描述性数据分析

描述性数据分析就是对一组数据的各种特征进行分析，以便于描述测量样本的各种特征及所代表的总体的特征。描述性数据分析属于初级的数据分析，常用的分析方法有平均分析法、交叉分析法、对比分析法等。下面以分析叮叮网一周的销售情况为例帮读者进一步理解描述性数据分析的含义，如例1-3所示。

例 1-3 分析叮叮网一周销售情况

图1-4是叮叮网一周销售数据统计表，根据统计表中给出的总销量和总销售额可以计算出：

(1) 叮叮网一周的日均销量为：873/7＝124.71（件）。

(2) 叮叮网一周的日均销售额为：87 300/7＝12 471.43（元）。

在例1-3中，可以通过以下方法对叮叮网一周的销售情况进行描述性数据分析。

1) 对比分析法

数据分析中，对比分析可以非常直观地看出事物某方面的变化或差距，并且可以准确、量化地表示出这种变化或差距是多少，如在本周，叮叮网单日最高销量为159件，最低销量为96件；单日最高销售额为15 900元，最低销售额为9600元。

	A	B	C
1	日期	销售量/件	当日销售额/元
2	7月13日	159	15900
3	7月14日	146	14600
4	7月15日	125	12500
5	7月16日	112	11200
6	7月17日	96	9600
7	7月18日	106	10600
8	7月19日	129	12900
9	合计	873	87300

图 1-4　叮叮网一周销售数据

2）平均分析法

平均分析法通过特征数据的平均指标，反映事物目前所处的位置和发展水平，再对不同时期、不同类型单位的平均指标进行对比，说明事物的发展趋势和变化规律。如在一周中，叮叮网的日均销量为 124.71 件，日均销售额为 12 471.43 元。然后通过与既定目标的平均值对比，分析本周的销售变化，为下周的销售方案做出参考。

通过对比分析法和平均分析法分别对叮叮网一周的销量和销售额进行了不同维度的描述分析，这是对比分析法和平均分析法在描述性数据分析中的简单应用。

2. 探索性数据分析

探索性数据分析是运用一些分析方法从大量的数据中发现未知且有价值的信息的过程，是高级的数据分析，侧重于在数据之中发现新的特征，常见的分析方法有回归分析、相关分析、多维尺度分析等。

3. 验证性数据分析

验证性数据分析也是高级数据分析，是指已经有事先假设的关系模型等，要通过数据分析来对假设模型进行验证，侧重于对已有假设的证实或证伪。

一般人们在工作和生活中会涉及的数据分析是描述性数据分析，也就是初级数据分析，本书所讲解的电商数据分析也属于描述性数据分析。

1.1.3　认识电商数据分析

电子商务的迅猛发展深刻改变了社会生产和人们生活的方式。对于电商企业来说，要想跟上趋势变化，就必须学会数据分析，即用数据驱动增长。无论是电子商务平台，还是平台卖家，对数据的分析都是一项重要的内容。

在电商行业中，分析线上活动效果，考核相关人员绩效（KPI），监控推广的投入产出（ROI），发现营销等方面的问题，预测市场未来趋势，改进网站 UED（User Experience Design，用户体验设计）等工作都需要数据分析的支持。数据分析贯穿于电商产品的整个生命周期，包括从市场调研到售后服务的各个过程，都需要适当地运用数据分析，以提升产品竞争力。

具体到电商企业的日常经营中，数据分析的作用可以分为三个方面，分别是：分析现状、分析原因、预测未来发展趋势，具体介绍如下。

1. 分析现状

现状指的是当前的状况。分析现状主要是指，通过分析企业的各项业务和经营指标的数据，企业可以了解自身在现阶段的经营状况，发现各种问题，掌握发展现状。含义可以从两点来看，一是已经发生的事情，二是正在发生的事情。现状分析主要体现在以下两个方面。

(1) 通过对现状的分析，了解企业在现阶段的整体经营情况，通过分析企业各项经营指标的完成情况评估企业的运营状态，发现企业在现阶段的经营中存在的问题。

(2) 分析现状，可以了解企业在现阶段各项业务的构成，掌握企业各项业务的发展状况，对企业的经营状态有更加深入全面的了解。

一般来说，现状分析是通过报告的形式来完成的，比如日报、周报和月报。

2. 分析原因

通过对现状的分析，可以了解企业的基本运营状况，但是无法得知运营情况具体好在哪里，问题出在哪里，是什么原因造成的。这时就需要进行原因分析来进一步确认导致业务变动的具体原因。

一般来说，原因分析需要通过专题分析来实现，也就是根据企业的经营情况，针对某一问题进行原因分析，比如一段时间内网站的销售额急剧下滑，就需要针对这个问题去分析原因。

3. 预测未来发展趋势

了解了企业的经营现状和导致业务变动的原因后，还需要对企业未来的发展趋势做出预测。数据分析可以帮助决策者对企业未来的发展趋势进行有效预测，为企业调整经营方向、运营目标和营销策略提供有效的参考和依据，最大限度地规避风险。

一般来说，预测分析同样需要专题分析来实现，通常是在制订企业季度或年度计划时进行，预测分析没有现状分析和原因分析开展的频率高。

1.2 数据分析的流程

数据分析对于企业的决策和发展至关重要，为了顺利地完成数据分析的任务，获得需要的结果，需要按照一定的步骤进行数据分析的工作。一般来说，数据分析可以分为 6 个既相互独立又互有联系的阶段，分别是：明确目的、数据收集、数据处理、数据分析、数据展现、报告撰写，具体介绍如下。

1.2.1 明确目的

在进行数据分析时，首先要明确分析的目的。得到数据分析的任务之后，不要急于开始分析，首先要弄明白为什么要进行这次分析、通过这次数据分析需要解决的是什么问题。只有明确了数据分析的目的，才不会让数据分析偏离方向，得到有效的结果，帮助管理者做出正确的决策。

确定了数据分析的总体目标之后，需要对目标进行细化，厘清具体的分析思路并搭建分析框架。需要注意的是，在搭建数据分析框架时，一定要注意分析框架的体系化。所谓体系化，也就是逻辑化，在这次数据分析中，需要先分析什么，后分析什么，使每个分析点之间具有逻辑。要使分析框架体系化，就需要根据实际业务情况，以营销、管理等方面的理论为指导去搭建分析框架。

常见的营销理论模型有4P营销理论、用户使用行为等；管理方面的理论模型有5W2H、PEST、逻辑树等。如图1-5所示就是以5W2H理论为指导，搭建的研究用户购买行为的5W2H分析框架，关于5W2H营销理论会在后面的章节中进行详细讲解。

图1-5 5W2H分析框架——用户购买行为

1.2.2 数据收集

数据收集是在明确数据分析的目的之后，获取数据的过程，可以为数据分析提供直接的素材和依据。

在收集数据时，数据来源包含两种方式。第一种方式是直接来源，通过直接来源获取的数据是第一手数据，这类数据主要来源于直接的调查或实验的结果。第二种方式是间接数据，也称为第二手数据，第二手数据一般来源于他人的调查或实验，是对结果进行加工整理后的数据。

在实际工作中，获取数据的方式有很多种，包括数据库、公开出版物、统计工具、市场调查，具体介绍如下。

1. 数据库

现代企业都有自己的业务数据库，用来存放公司自成立以来的相关的业务数据。在做数据分析时要对业务数据库中庞大的数据资源善加利用，发挥出它的作用。

比如电商数据分析人员可以通过网站用户数据、订单数据、反馈数据这几种方式获取相应的网站数据。

(1) 网站用户数据：包括注册时间、用户性别、所属地域、来访次数、停留时间等。

（2）订单数据：包括下单时间、订单数量、商品品类、订单金额、订购频次等。

（3）反馈数据：包括客户评价、退货换货、客户投诉等。

2．公开出版物

在电商数据分析中，有时会需要一些比较专业的数据，这些数据可以通过公开出版物获取，比如《中国电子商务发展报告 2017》《2018 中国农产品电商发展报告》等权威行业报告。

3．统计工具的数据

专业的网站统计工具有很多，国内常用的网站统计工具有百度统计和 CNZZ（现已改名为友盟+）等。通过这些统计工具可以获取访客来自哪些地域、访客来自哪些网站、访客来自哪些搜索词、访客浏览了哪些页面等数据信息，并且会根据需要进行广告跟踪等。如图 1-6所示为某网站在 CNZZ 后台的部分统计数据。

统计开通日期：2015-03-14　　CNZZ网站排名：-　　查看Alexa排名

	浏览次数(PV)	独立访客(UV)	IP	新独立访客	访问次数
今日	85239	38434	26199	23563	42208
昨日	291618	113540	71270	82867	131659
今日预计	269501	121524	82836	88905	145986
昨日此时	92230	35909	22541	21954	38215
近90日平均	239915	101531	60763	87983	112433
历史最高	589420 (2016-05-23)	288190 (2016-02-19)	200619 (2016-02-19)	176841 (2016-02-19)	348153 (2016-02-17)
历史累计	277513627	113448613	69860306	-	-

图 1-6　CNZZ 后台统计的网站数据

4．市场调查

市场调查就是用科学的方法，有目的、系统地搜集、记录、整理和分析市场情况，了解市场的现状以及发展趋势，为企业的决策者进行市场预测、做出经营决策制订计划提供客观、正确的依据。市场调查的常用方法有：观察法、实验法、访问法、问卷法等。

多学一招：问卷法

问卷法是电商行业常用的一种数据收集方法，以问题的形式收集用户的需求信息，询问调查的关键是设计问卷，问卷要能够将问题传达给被调研者，并且使被调研者乐于回答。所以，在设计问卷时应该遵循一定的程序和原则，并运用一定的技巧。

1.2.3　数据处理

在数据分析师获取的大量数据中，并不是所有的数据都具有分析价值，这时就需要数据分析师对数据进行处理加工提取有价值的数据。在数据分析中，数据处理是必不可少的一个环节，主要包括数据清理、数据转换、数据提取、数据汇总、数据计算等数据处理方法（关于数据处理的这些方法，将会在后面的章节中详细讲解，这里了解即可）。

1.2.4　数据分析

数据分析是对处理过的数据进行分析，通过合适的方法及工具，从中推导出有价值的信息并形成有效结论的过程。

在确定数据分析思路的阶段，同时应根据分析内容确定合适的分析方法，这样才能从容地对数据进行分析研究。

目前数据分析多是通过软件来完成的，简单实用的软件有人们比较熟悉的 Excel，专业高端的分析软件有 SPSS(统计产品与解决方案软件)和 SAS(统计分析软件)等。另外，在电商数据分析中还需要使用生意参谋等专门的数据分析工具。

多学一招：数据挖掘与数据分析的区别

数据分析一般都是得到一个指标统计量结果，比如总和、平均值等，这些指标数据都需要与业务结合进行解读，才能发挥数据的价值与作用。

数据挖掘一般是指从大量的数据中通过算法搜索隐藏在其中有价值的信息的过程。数据挖掘侧重于解决四类问题：分类、聚类、关联和预测(定量、定性)，其重点在于寻找未知的模式与规律。

总地来说，数据分析与数据挖掘的本质都是一样的，都是从数据中发现关于业务的有价值的信息，只不过分工不同。

如果对数据挖掘比较感兴趣，可以在掌握一定的数据分析知识后，查找相关的资料进行学习。

1.2.5 数据展现

数据展现是将数据分析结果通过直观的方式(表格、图形等)呈现出来。通过数据展现可以让决策者更好地理解数据分析结果。

通常情况下，表格和图形是展现数据的最好的方式。常用的数据图表包括条形图、柱形图、饼图、折线图、散点图、雷达图等。根据需求，数据分析师可以将分析完成的数据进一步整理成相应的图表如漏斗图、矩阵图、金字塔图等，因为图形能够更直观、有效地将数据分析师的结论和观点表达出来，所以人们更乐于接受用图形展现数据的方式。如图 1-7 所示就是某电商网站进行转化率分析的漏斗图。

1.2.6 撰写报告

数据分析完成之后，需要将数据分析的结果展现出来并形成数据分析报告，在报告中需要把数据分析的起因、过程、结论和建议完整地展现出来，通过对数据进行全方位的科学分析来评估网站运营状况，为决策者制定下一步运营方向提供科学、严谨的依据，最大限度降低网站运营风险。

一份优秀的数据分析报告应该具有以下特点。

- 结构清晰且主次分明，具有一定的逻辑性。一般可以按照发现问题、总结问题原因和解决问题这样的流程来描述。在分析报告中，每一个问题都必须有明确的结论，一个分析对应一个结论，结论应该基于严谨的数据分析，不能主观臆测。
- 数据分析报告应该做到通俗易懂。在数据分析报告中不要使用太多的专业名词，使用图表和简洁的语言来描述，让报告观看者能轻松理解。

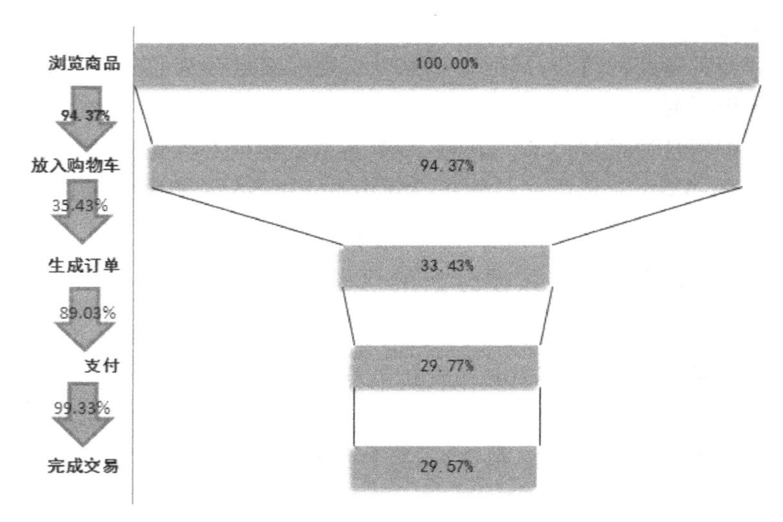

图 1-7 某电商网站转化率情况漏斗图

1.3 数据分析的常见误区

从数据分析的流程来看,数据分析似乎并不复杂,但是在工作中很多数据分析人员常常会陷入一些误区,使数据分析的结果出现偏差。本节将详细讲解电商数据分析中的一些常见误区。

1. 盲目地收集数据

一个正常运营的产品每天会产生大量的数据,如果把这些数据都收集起来进行分析,不仅会使工作量增加,浪费大量时间,很可能还会得不到想要的分析结果。

作为一名数据分析人员,更不应该为了分析而分析,而是应该紧紧围绕分析目的(了解现状、分析业务变动原因、预测发展趋势等)去进行分析。

所以,在开始数据收集工作之前,就应该先把数据分析的目的梳理清楚,防止出现"答非所问"的数据分析结果。

2. 对数据缺少分析

数据分析的核心就是对数据进行分析,如果只是单纯地对数据进行收集、整理和汇总,而没有将数据进行前后比对、差异化分析并总结规律,那么数据将很难对工作起到促进作用。

3. 数据分析脱离真实业务

现在很多专门从事数据分析的人员都是计算机、统计学、数学等专业出身,他们对于各种数据分析方法都能熟练地运用,但是由于缺乏营销、管理方面的经验,对业务的理解不够深刻,这就导致很多数据分析人员能做出漂亮的图表和专业的数据报告,但是所做的分析跟业务逻辑的关联性并不强,所以得不到综合全面的结论。

在任何企业做数据分析都应该基于实际的业务，不要停留在数据表面，要去思考数据背后的真实含义，这样才能获得切合实际的分析结果。

4. 没有选择合适的分析方法

很多人在进行数据分析时，喜欢使用回归分析、聚类分析这样的高级数据分析方法，好像有了分析模型就能体现自己的专业性，得到更可信的分析结果。其实，高级的数据分析方法不一定就是最好的，数据分析的最终目的是要解决业务中的问题，所以能够简单有效地解决问题的方法才是最好的。

1.4　数据分析岗位的职业发展

数据分析师是在不同行业中，专门从事行业数据搜集、整理、分析，并依据数据做出行业研究、评估和预测的人员。在目前世界 500 强企业中，有 90%以上都建立了专门的数据分析部门。越来越多的企业包括电商企业意识到数据和信息已经成为重要的智力资产和资源，数据的分析和处理能力成为企业日益倚重的技术手段，这也对数据分析师们提出了更高的要求。然而电商数据分析岗位的职业前景怎么样？数据分析师有哪些职业要求？需要具备什么素质呢？本节将对这些问题详细讲解。

1.4.1　数据分析师的发展前景

在现在这个信息爆炸的时代，每分每秒都在产生大量的数据，数据分析师能够在海量的数据中使企业清晰地了解到目前的现状与竞争环境，并且充分利用数据带来的价值，为企业进行风险评判与决策支持。通过数据分析和展现，呈献给企业决策者的将是一份清晰、准确且有数据支撑的有价值的报告。

所以，数据分析师绝不是简单的 IT 人员，而是可以参与制定企业发展决策的核心人物。据 2014 年的统计信息，在美国，数据分析师平均年薪高达 17.5 万美元，而国内知名互联网公司，同一级别的数据分析师的薪酬可能要比其他职位高 20%～30%，平均薪酬为 9724 元(取自 1139 份样本)。

现在，成功的互联网公司以及电子商务公司，不管是全球的还是中国的，都是利用数据作支撑，走在了以数据驱动企业增长的最前沿。随着数据分析在国内的发展以及众多企业对数据分析人才的需求增长，数据分析师已经被媒体称为“未来最具发展潜力的职业之一”。

1.4.2　数据分析师的职业要求

要想成为一名专业的数据分析师，就需要满足数据分析师的职业要求。数据分析师的职业要求可以总结为以下几个方面。

1. 掌握统计相关的数学知识

与统计相关的数学知识是数据分析师必备的基础知识，数据分析师可以根据自己的能力和水平学习相关的统计学知识，初级数据分析师和高级数据分析师需要对统计学知识掌握的程度是不一样的。

如果是初级数据分析师，了解一些描述统计相关的基础内容，有一定的公式计算能力就可以，如果了解常用的统计模型算法那会是加分项。

对高级数据分析师来说，只了解基础的统计学知识是不够的。统计模型的相关知识是高级数据分析师必备的能力，最好对线性代数(主要是矩阵计算相关知识)也有一些了解。

2. 掌握数据分析工具

“工欲善其事，必先利其器”，要成为一名合格的数据分析师，会使用数据分析工具非常重要。这里所说的工具也就是数据分析软件，例如 Excel、SPSS、SAS 等。由于 Excel 通用性强、使用门槛低、功能强大，所以深受数据分析人员的喜爱，也是数据分析师必须掌握的一个数据分析工具，本书所涉及的数据分析内容均使用 Excel 进行讲解。当然，数据分析师也可以根据自己的能力选择性地掌握 SPSS 和 SAS 等进行高级数据分析的工具。

对于初级数据分析师来说，掌握 Excel 是硬性要求，必须熟练使用数据透视表和公式，会使用 VBA(一种宏语言)则是加分项。

对于高级数据分析师来说，使用数据分析工具是核心能力。VBA 是必备技能，至少熟练使用 SPSS、SAS 语言其中的一种，可以根据具体情况选择掌握其他分析工具(MATLAB)。

不过，电商数据分析人员除了掌握 Excel、SPSS 和 SAS 等本地软件外，还需要掌握像生意参谋、京东商智等专门的电商数据获取和分析工具(关于数据分析的相关工具，将在后面的章节中单独讲解)。

3. 理解业务

对业务的理解是数据分析师所有工作的基础，无论是数据获取方案、指标的选取，还是得出最终结论，都依赖于数据分析师对业务本身的理解。

学习业务知识的方法有很多，以前的分析报告和取数案例都可以拿来研究，当然这也是一个循序渐进的过程。

4. 掌握数据分析方法

做数据分析一定要了解数据分析的方法、应用场景、使用过程以及优缺点，能够根据具体情况在实际工作中灵活应用，确保数据分析工作能够有效开展。

- 基本的数据分析方法有：平均分析法、分组分析法、对比分析法、交叉分析法、结构分析法、综合评价分析法、矩阵关联分析法等。
- 高级的数据分析方法包括：聚类分析法、回归分析法、类别分析法、因子分析法、对应分析法等。

在做数据分析时，应该在明确目的的前提下选择适合的分析方法。因为本书所讲的电商数据分析属于描述性数据分析，即初级数据分析，所以会在后面的章节对基本数据分析方法进行详细讲解。

5. 了解基本设计原则

数据分析师需要通过图表把自己的分析结论和观点展现出来，根据相关的设计原则对图表进行调整，可以使数据分析结果一目了然。如图 1-8 和图 1-9 所示的产品销量分析饼图，经过调整的图 1-9 的效果是不是比图 1-8 更好呢？后面的章节会对图表设计的相关原则进行详细讲解。

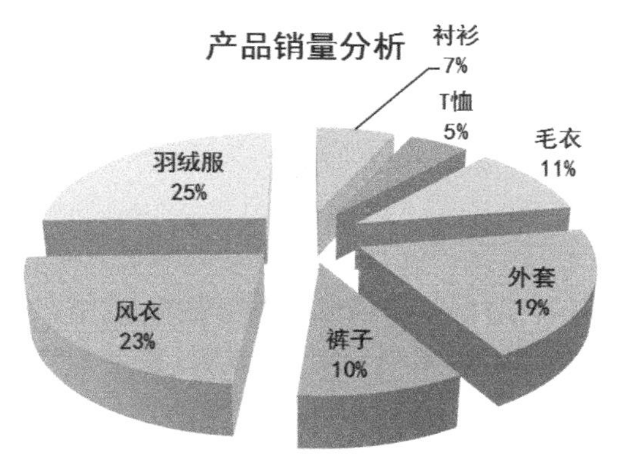

图 1-8　产品销量分析——原图

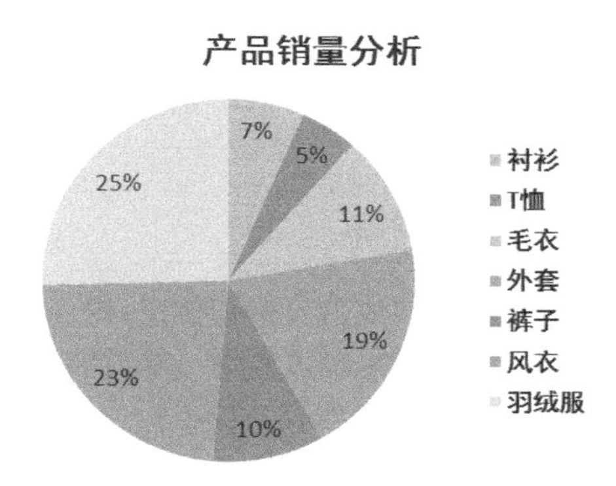

图 1-9　产品销量分析——调整之后

1.4.3　数据分析师的基本素质

很多企业在招聘数据分析相关的职位时，除了看数据分析师是否符合相关的职业要求，还会对分析师的基本素质进行考量，甚至在职业要求与素质要求出现冲突时更加看重素质要求。一名合格的数据分析师应该具备以下五种基本素质。

1. 逻辑清晰

逻辑清晰是指假设合理、结构系统、推理严密。清晰的逻辑对于做好数据分析工作非常重要。企业在面临一些问题时，已有的信息往往是不完整的。这时只有通过清晰的逻辑，也就是合理的假设＋系统的结构＋严密的推理，才能找到合理地解决问题的答案。

2. 细致入微

数据分析师每天要与大量的数据打交道，一个不经意的错误都可能造成数据分析的结果和预期大相径庭，这就要求数据分析师既要耐心细致地对待每一个数字，任何细微之处都不能掉以轻心，同时还要对异常值保持敏感，一个异常值很可能就是导致企业问题的关键所在。

3. 态度严谨

通过数据分析所得出的结论是企业决策者进行决策判断的重要依据，所以数据分析师应该以严谨的态度对待数据分析工作。数据来源是否有效、处理之后是否真实、分析方法是否合适等分析过程都会直接影响分析结果的价值和意义。数据分析师要想做到严谨负责，就应该坚持客观中立的原则，不受其他因素影响而改数或造数，实事求是地反映企业存在的问题。否则，不仅对企业发展产生严重影响，对数据分析师的个人职业发展也会造成负面影响。

4. 沟通顺畅

数据分析师要想做好工作是离不开沟通的,比如,确定分析目的要去了解业务部门的需求;讨论研究方案要听取同事的建议;收集数据需要访问调查对象;呈现数据报告要让业务部门或领导能看懂、用得上。

沟通能力会影响数据分析的效率和分析结果的使用,如果不会沟通,开展数据分析工作将会异常艰难。

5. 坚持不懈

在实际的数据分析工作中,很多时候会比较纠结。当网站的运营出现问题时,症结在哪里?往往存在很多可能性。这就需要分析师重复"假设—探索—否定"的过程,甚至有时会陷入山穷水尽的境地。

数据分析师只有具备坚持不懈的品质,才能"柳暗花明又一村"。相反,如果数据分析师只是浅尝辄止、敷衍了事,就难以发挥数据分析的任何价值,最终将面临被淘汰的结局。

1.5 数据分析常用指标及术语

数据解读是数据分析师的基本功,如果不能充分理解数据分析中出现的各类指标及术语,数据分析工作将很难展开。对于数据分析师来说,了解常用的分析指标和术语是做好数据解读的前提。本节将对数据分析常用指标及术语进行讲解。

1.5.1 平均数

平均数是统计学中最常用的统计量,包括算术平均数、几何平均数、调和平均数、加权平均数、指数平均数等。通常人们在生活中所说的平均数就是指算术平均数。

算术平均数是指在一组数据中所有数据之和再除以这组数据的个数,它是反映数据集中趋势的一项指标。下面以计算叮叮网的日均 UV 为例进行说明,如例 1-4 所示。

例 1-4 计算叮叮网的日均 UV

叮叮网一周的 UV 数据如图 1-10 所示,那么叮叮网一周的日均 UV 为:(10 002+9265+9916+9838+11 865+9886+9564)/7=10 048

	A	B
1	日期	UV
2	9月1日	10 002
3	9月2日	9265
4	9月3日	9916
5	9月4日	9838
6	9月5日	11 865
7	9月6日	9886
8	9月7日	9564

图 1-10 叮叮网一周的 UV 数据

在例 1-4 中,已经给出了叮叮网一周每天的 UV 数,按照算术平均数的算法将 7 天的 UV 数相加再除以 7 即可算出叮叮网一周的日均 UV 为 10 048。

案例中出现的 UV(Unique Visitor)即网站独立访客,是指通过互联网访问、浏览这个网页的自然人,在后面的章节中还会对 UV 进行详细讲解。

1.5.2 绝对数与相对数

绝对数也是数据分析中的常用指标。统计中常用的总量指标就是绝对数,它是反映客观现象总体在一定时间、地点条件下的总规模、总水平的综合指标。例如，一定范围内粮食总产量、工农业总产值、企业单位数等。

相对数又称为相对指标，是通过对两个有联系的指标计算得到的比值，它可以从数量上反映两个相互联系的现象之间的对比关系。相对数的基本计算公式为：

$$相对数=\frac{比较数值(比数)}{基础数值(基数)}$$

在上面的公式中，基础数值是被用作对比标准的指标数值，简称基数；比较数值是用作与基数对比的指标数值，简称比数。相对数一般是以倍数、百分数等来表示，反映了客观现象之间数量联系的程度。

在使用相对数时需要注意指标之间的可比性，同时要跟总量指标(绝对数)结合使用。

1.5.3　百分比与百分点

百分比是一种表达比例、比率或分数数值的方法。它是相对数中的一种，也称为百分率或百分数。通常不会写成分数的形式，而是采用符号“%”来表示，如 5%、40%、80%。因为百分比的分母都是 100，所以都以 1%作为度量单位。

百分点则是指不同时期以百分数的形式表示的相对指标(比如指数、速度、构成等)的变动幅度。

在实际使用中一定要注意区分百分比与百分点，比如本月某商品的转化率为 10%，而上月的转化率是 8%，那么可以说本月该商品的转化率比上个月提升了两个百分点，而非百分之二或 2%。

1.5.4　比例与比率

比例是一个总体中各个部分的数量占总体部分的比重，用于反映总体的构成或结构。

例如，A 公司共有 500 名员工，男员工 260 名，女员工 240 名，那么男员工的比例为 260∶500，女员工比例为 240∶500。

比率是指样本或总体中各不同类别数据之间的比值，因为比率不是部分与整体之间的对比关系，所以比率可能大于 1。就像前面所说的例子，A 公司有男员工 260 名，女员工 240 名，那么男员工与女员工的比率为 260∶240。

1.5.5　频数与频率

频数也称“次数”，指变量值中代表某种特征的数(标志值)出现的次数，频数可以用表或图形来表示。比如 A 公司有 500 名员工，其中有 260 名男员工，240 名女员工，那么男员工的频数为 260，女员工的频数为 240。

频率是指每组中类别次数与总次数的比值，它表示某个类别在总体中出现的频繁程度。频率一般用百分数来表示，把所有组的频率相加等于 100%。还是以 A 公司的员工为例，260 名男员工在 500 名员工中出现的频率是 52%，即(260÷500)×100%；而 240 名女员工在 500 名员工中出现的频率为 48%，即(240÷500)×100%。

1.5.6　倍数与番数

倍数是指一个数除以另一个数所得的商，比如 A÷B=C，就可以说 A 是 B 的 C 倍。倍数一般用来表示数量的增长或者上升幅度，不适合用来表示数量的减少或者下降。

番数则是指原来数量的 2 的 n 次方，比如说公司今年的利润比去年翻了一番，意思就是今年的利润是去年的 2 倍(2 的 1 次方)，今年的利润比去年翻两番，意思就是今年的利润是去年的 4 倍(2 的 2 次方)。

1.5.7 同比和环比

同比指的是与历史同时期数据相比较而获得的比值，主要是反映事物发展的相对性。例如，A 公司 Q1 销售额同比增长 35%，意思就是今年第一季度的销售额比去年第一季度的销售额增加了 35%，这就是同比。

环比是指与上一个统计时期的数据进行对比获得的值，主要是用来反映事物逐期发展的情况。例如，A 公司 Q2 销售额环比增长 20%，表示该公司 Q2 的销售额比 Q1 的销售额增长了 20%。

小结

本章主要介绍了电商数据分析的基础知识，包括数据分析的概念、电商数据分析的作用、电商数据分析的流程、电商数据分析的常见误区等。

通过本章学习，读者应该了解电商数据分析的基础知识，掌握电商数据分析的流程，为后面知识的系统学习打下坚实的基础。

第 2 章 数据分析业务指标

【学习目标】

知识目标	➢ 了解数据分析的业务指标
技能目标	➢ 掌握电子商务相关业务指标的计算方法

【案例引导】

通过业务指标数据反映网站运营情况

某公司领导想要了解公司网站的整体运营情况，所以需要负责数据分析的小王将最近一个月的相关数据通过表格整理出来，然后进行分析。

根据自己作为数据分析人员的经验，小王知道能够反映网站运营情况的指标包括流量类指标、商品类指标、营销推广指标等。结合自己对公司业务的了解，小王决定选取UV、PV、加购数、销售量、订单量、销售额等几个指标的数据，整理出最近一个月的网站运营情况，如图2-1所示，并对其进行分析。

以下为图2-1网站运营数据说明：

9月日均UV为21 773.83，即9月平均每天有21 773人访问网站，环比增长15%。

9月日均PV为45 546，即用户平均每天访问45 546个页面，环比增长8.6%。

9月平均每天加购数为368.63，表示网站平均每天有368件商品被加入购物车。

9月总销量为71 763，即9月份共卖出71 763件商品，环比增长2.1%。

(1) 9月日均销量2392.1，即9月份每天卖出2392件商品，环比增长2.1%。

(2) 9月份总订单量为10 297，即用户一共提交10 297个订单，环比增长1.6%。

(3) 9月份日均订单量为343.23，即用户每天平均提交343个订单，环比增长1.6%。

(4) 9月总销售额为2 309 931，即网站9月份一共卖出2 309 931元的商品，环比增长2.4%。

(5) 9月日均销售额为76 997.7，即网站9月份平均一天能卖出76 997.7元的商品，环比增长2.4%。

除了通过不同指标如实反馈网站相关业务情况，小王还根据自己的经验以及对业务的了解，分析了9月份网站运营存在的问题，并给出优化建议：根据网站以往数据，如果环比增长达到5%则属于高增长，否则属于低增长。9月份网站的UV(独立访客数)和PV环比增长幅度都很大，但是销售量、销售额等却只实现了小幅增长，说明网站9月份的转化情况并不理想，10月份应该将运营重点放在用户转化上。

日期	UV（访客数）	PV（浏览量）	加购数/件	销售量/件	订单量	销售额/元
9月1日	12054	61155	548	1232	176	41888
9月2日	19527	46609	161	1442	206	60152
9月3日	34451	37458	284	3241	463	130566
9月4日	15231	63623	345	3339	477	59148
9月5日	20546	61135	546	3115	445	46725
9月6日	25037	68258	563	1183	169	55770
9月7日	23548	53443	402	1365	195	76050
9月8日	26337	69800	313	1190	170	26180
9月9日	24234	49272	389	2408	344	92880
9月10日	33214	37930	380	3493	499	61377
9月11日	20932	68619	251	3031	433	121240
9月12日	18681	22030	584	2233	319	126643
9月13日	18159	56307	244	1939	277	52076
9月14日	30478	30462	270	1498	214	63558
9月15日	15236	56857	467	2219	317	40893
9月16日	16462	45693	184	3332	476	59976
9月17日	20234	29887	246	2121	303	51510
9月18日	12155	37602	490	2317	331	38065
9月19日	28757	32684	465	3388	484	165528
9月20日	12793	21805	327	3360	480	158880
9月21日	20218	26984	216	2488	194	47530
9月22日	14665	34866	474	2464	394	42552
9月23日	28908	36642	166	2480	368	80224
9月24日	12665	18664	460	1350	428	106572
9月25日	23233	28869	441	2390	395	119290
9月26日	32365	56842	468	2684	380	139840
9月27日	25832	62468	354	2411	436	81532
9月28日	28319	68952	350	2771	219	24966
9月29日	17464	36649	310	2852	257	86352
9月30日	21480	44826	361	2427	448	51968
合计	/	/	/	71763	10297	2309931
日均	21773.83	45546.37	368.63	2392.10	343.23	76997.70

图 2-1　网站最近一个月整体运营数据

领导看完小王整理的数据，对目前的网站运营情况有了比较清晰的了解，并让运营部门根据小王的建议调整 10 月份的运营策略，最终 10 月份分网站的销售量、销售额都实现了更高的增长。

【案例思考】

作为数据分析人员，小王能够将网站的运营情况真实、清晰地进行反馈，是基于他对于电商数据分析业务指标的掌握。通过对电商业务指标相关数据的分析，能够将网站的运营情况用数据直观地呈现出来，帮助网站实现精细化运营，改进运营效果，提升业绩。

进行电商数据分析，如果不了解电商相关的业务指标，就很难准确地把相关业务用数据进行展现，也就不会发现运营中所存在的问题并加以改进了。

那么，进行电商数据分析，需要了解哪些业务指标呢？本章将以电子商务业务指标为例从网站运营、商品、营销、会员、仓储、物流 6 个部分进行详细讲解。

2.1　网站流量指标

网站流量也叫网站访问量，是用来描述访问一个网站的用户数量以及用户所浏览的网页数量等方面的指标，包括流量数量指标和流量质量指标两部分。网站流量数据可以将网站运营情况真实反映出来，帮助电商运营者发现问题，及时改进。本节将从网站流量数量指标和网站流量质量指标两部分详细讲解网站流量指标。

2.1.1　网站流量数量指标

网站流量数量指标是从数量角度对网站流量进行评判的指标，包括 UV、PV、Visit、到达率等，下面进行详细讲解。

1. UV

UV(Unique Visitor)，即独立访客，是指不同的、通过互联网访问、浏览一个网页的用户。UV 是衡量用户“人数”的重要指标，能够反映来到网站的用户“数量”。

UV 可以根据时间细分为每小时 UV、每日 UV、每周 UV、每月 UV 等，不过按照国际惯例，独立访客数记录标准一般为“一天”，即一天内如果某访客从同一个 IP 地址来访问某网站 N 次的话，访问次数记作 N，UV(独立访客数)则记作 1。如图 2-2 所示是某电商网站最近一周的 UV 数据变化。

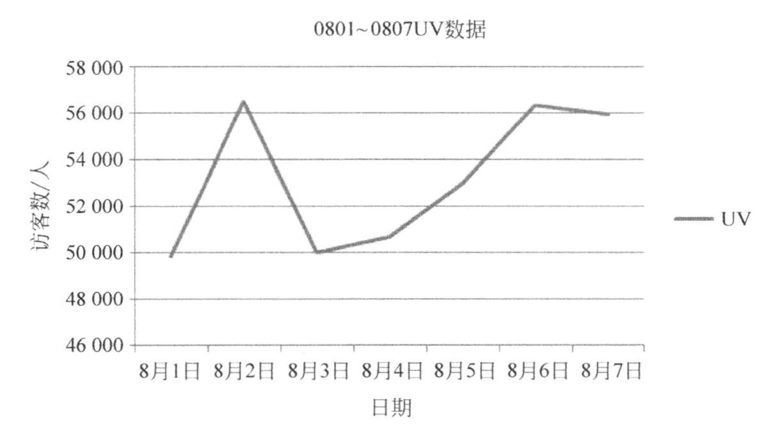

图 2-2　某电商网站最近一周 UV 数据

需要注意的是，UV 定义只与时间有关，与其他任何行为都没有关系。

2. PV

PV(Page View)，即页面浏览量，也称页面曝光量。用户每一次对网站中的每个页面访问均被记录 1 次。用户对同一页面的多次访问，访问量累计。PV 的本质是衡量页面被浏览的“绝对数量”。

3. Visit

Visit 即访问次数，是衡量次数的重要指标，反映了有多少“人次”来到网站，访问次数与独立访客相结合可以评估网站来了多少“人”，黏性如何。例如，一个网站每天的 UV 是 10 万，但访问数是 50 万，反映了网站每个 UV 可以带来 5 次访问。

Visit 定义与 UV 类似，只不过大多数 Visit 的默认定义时间为 30 分钟，即用户在 30 分钟内重复打开网站，Visit 只计为 1；若超过 30 分钟，则将访问记为一次新的访问。所以，一个UV可以产生多个Visit。下面以叮叮网的Visit统计为例进一步了解Visit的含义,如例2-1所示。

例2-1 如何理解Visit

访客A(以下简称A)和访客B(以下简称B)今天都访问了叮叮网,其中,A早上进入叮叮网,浏览首页5分钟之后离开,晚上A又一次进入网站,浏览首页和一件男士外套的详情页之后离开;B于8:00进入叮叮网,8:40离开,8:50时B再次访问叮叮网,购买一件上衣之后于8:58离开网站。假设A和B为叮叮网今天的全部访客,那么叮叮网今天的Visit为3。

在上面的案例中,A分别于早上和晚上访问了叮叮网,两次访问的间隔超过30分钟,所以分别计为1次访问,即A访问叮叮网产生的Visit为2;B虽然也是两次进入叮叮网,但是B第二次访问是在第一次访问结束后30分钟内重复打开网站,所以Visit只能计为1。而A和B的访问使叮叮网今天产生的Visit一共为3。

4. 新访问占比

新访问占比是用来定义所有访问中新访问的占比情况,反映了站外渠道或网站吸引新用户的能力,新访问占比高意味着市场扩大和新用户不断进入。所以新访问占比是评估站外广告投放效果的重要指标,对于以吸引新用户关注为目的的渠道具有重要意义。新访问占比的计算公式为:

$$新访问占比 = \frac{新访问量}{新访问量 + 老访问量} \times 100\%$$

在上面的公式中,新访问量是指之前没有访问记录,第一次访问该网站的用户数量。如果用户在当天既产生第一次访问,又产生第二次访问,网站分析系统会认为该用户既属于新访问又属于老访问,会在计算新老访问量时分别加1。

下面以计算叮叮网的新访问占比为例帮读者更好地理解新访问占比的含义,如例2-2所示。

例2-2 计算叮叮网今天的新访问占比

A今天分别于上午09:00、下午16:00和18:00打开叮叮网3次(A之前从未访问过叮叮网);B使用叮叮网已有1年左右的时间,今天上午B于08:30打开叮叮网,浏览首页2分钟后离开。假设A和B是叮叮网今天的全部访客,则叮叮网今天的新访问占比为50%。

在上面的案例中,因为A之前从未访问过叮叮网,所以A于9:00打开叮叮网属于是新访问,而A在当天16:00和18:00又两次打开叮叮网,这两次访问既属于新访问又属于老访问。B只在08:30分访问了叮叮网一次,而且B不是第一次访问叮叮网,因此B产生的访问为老访问。所以,叮叮网今天的新访问量为3,老访问量为3,网站今天的新访问占比为50%。

5. 实例数

实例数(Instance)是一个特殊的流量指标,用来衡量站内自定义对象的触发次数(如某个按钮、某个功能区、某个下拉菜单等的触发次数)。实例数的计数原理是每次监测对象的代码触发一次,则实例数加1。例如,网站设置关注按钮为自定义对象,关注按钮今天被单击50次,则网站今天的实例数增加50。实例数的统计逻辑和页面浏览量类似,理论上,页面级别的页面浏览量与页面实例数相等。

2.1.2 网站流量质量指标

网站流量质量指标是对网站流量的质量进行评价的指标，包括访问深度、停留时间、跳出率等，通过对这些指标进行分析，可以判断进入网站的流量质量如何。下面将详细讲解网站流量质量的各项指标。

1. 访问深度

访问深度是衡量用户访问质量的重要指标，是指用户在一次浏览网站的过程中所浏览的网站的页数，可以用来评估用户看了多少个页面。访问深度越大意味着用户对网站的内容越感兴趣；不过，访问深度不是越高越好，访问深度过高可能意味着用户在网站中迷失方向而找不到目标内容。访问深度的计算公式为：

$$\text{访问深度}=\frac{\text{PV}}{\text{访问次数}}$$

在上面的公式中，PV 即前面所讲的页面浏览量；访问次数即用户浏览网站所产生的总访问次数。此外，在某些情况下，也使用下面的公式表示访问深度：

$$\text{访问深度}=\frac{\text{PV}}{\text{UV}}$$

下面以计算叮叮网的访问深度为例，帮助读者更好地理解访问深度的含义，如例 2-3 所示。

例 2-3 计算访问深度

用户 A(以下简称 A)今天分别于 08:00、14:00 和 16:00 打开了叮叮网 3 次，A 在 08:00 第一次打开网站，浏览了首页并从首页进入一款男士外套的详情页，然后离开网站；14:00 时，A 再次打开叮叮网，浏览首页之后离开网站；16:00，A 第三次打开叮叮网，从首页进入了一个专题页面，之后退出。用户 B(以下简称 B)于 09:30 进入网站，浏览首页之后就离开了。

假设 A 与 B 为叮叮网今天全部的访客，那么叮叮网今天的访问深度为 1.5。今天的访问次数为 4 次，A 与 B 的页面浏览量分别为 5 和 1，则访问深度=(5+1)/4=1.5。

在例 2-3 中，A 的访问过程看似复杂，实际并不难理解，按照时间顺序，可以整理出 A 访问的页面数量为 5，具体如下。

- 08:00，第 1 次访问浏览两个页面，即首页和男士外套的详情页；
- 14:00，第 2 次访问浏览一个页面，即浏览首页后离开；
- 16:00，第 3 次访问网站浏览两个页面，即首页和专题页面。

而 B 只浏览了一次网站，在这唯一的一次访问中浏览了一个页面，也就是首页。

所以，叮叮网今天的访问次数为 4，A 与 B 浏览的页面数量分别为 5 和 1，访问深度=(5+1)/4=1.5。

2. 停留时间

停留时间是指用户在页面或网站停留时间的长短，通过分析停留时间可以判断网站或某个页面对用户是否具有足够的吸引力。停留时间并不意味着用户真的“停留”或“浏览”，比如用户可能打开网页后离开计算机、使用多 Tab 浏览器同时打开多个页面。

另外，评估停留时间也不是越高越好。如果用户在一个简单的页面停留时间过长，可能意味着用户没有注意到页面关键信息或引导按钮，从而降低该页面的引导贡献或降低用户体验。停留时间可以分为页面停留时间和网站停留时间，具体介绍如下。

1）页面停留时间

页面停留时间是指用户浏览某一网站页面所有的时间，其计算公式为：

页面停留时间 = 下一个页面请求时间戳 − 当前页面时间戳

在上面的公式中，时间戳可以理解为访客访问某一网站页面的初始时间。网站分析工具是根据被访问网页的时间戳来计算页面停留时间的，简单地说就是通过访客访问后网页的初始时间减去用户访问前页面的初始时间。

2）网站停留时间

网站停留时间是根据一次访问的开始和结束时间来计算的，具体地说就是通过访客离开网站前的最后一个时间戳来计算访客的网站停留时间，这个时间戳是访客访问最后一个页面的开始时间。网站停留时间与页面停留时间计算方法相似，具体计算公式如下：

网站停留时间 = 最后一次请求时间戳 − 第一次请求时间戳

需要注意的是，因为网站分析工具无法获得访客离开网站后的时间戳，所以也就无法获得最后页面的访问时间。下面以计算叮叮网的页面停留时间和网站停留时间为例，帮助读者更好地理解页面停留时间和网站停留时间的含义，如例 2-4 所示。

例 2-4 理解页面停留时间和网站停留时间

假设访问者 A（以下简称 A）浏览了叮叮网的主页（Home），分析工具将这个访问者标记为一个 Visit，接着 A 又浏览了另外两个页面（Page2 和 Page3），然后 A 离开了网站，如图 2-3 所示。

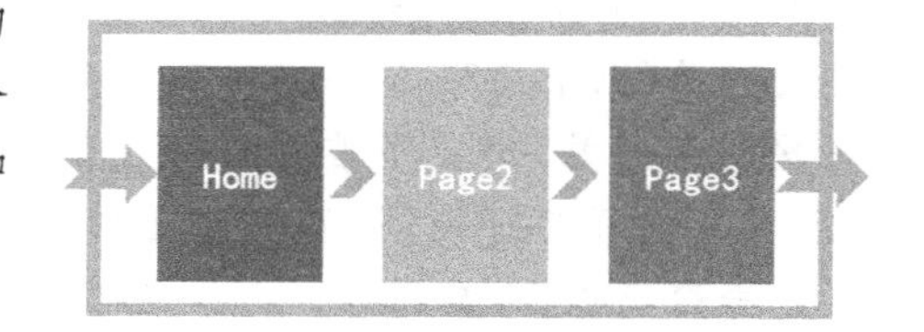

图 2-3 访问者 A 的访问路径

我们想要知道的问题如图 2-4 所示。

Tp=花费在一个页面上的时间——页面停留时间

Ts=花费在这个网站上的总时间——网站停留时间

假设访问者 A 从 10：00 开始访问网站，网站分析工具记录 A 访问每个页面的初始时间（时间戳）如图 2-5 所示，则 A 的页面停留时间分别为：

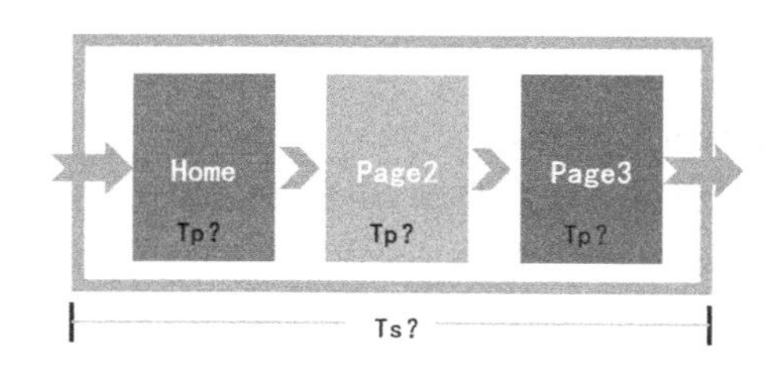

图 2-4 对 A 的访问想要了解的问题

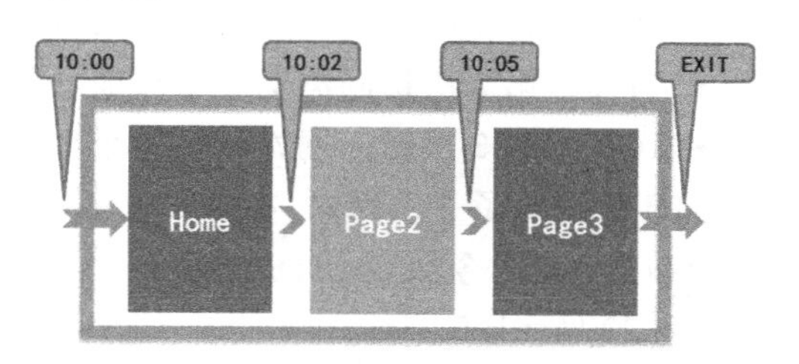

图 2-5 网站分析工具记录的时间戳

Tp(Home)＝2 分钟

Tp(Page2)＝3 分钟

Tp(Page3)＝N/A

而 A 的网站停留时间为：Ts＝5 分钟。

在例 2-4 中，A 在主页的访问时间是 10:02－10:00，即 A 在主页的页面停留时间为 2 分钟；对于 Page2 而言，访问时间是 10:05－10:02，即 A 在 Page2 的页面停留时间为 3 分钟。接着 A 来到了 Page3 页面，A 发现 Page3 无法满足他的需求或是已在 Page3 找到他想要的内容，于是 A 就离开了 Page3 页面。

那么 A 在 Page3 页面停留了多长时间呢？因为不知道 A 在 Page3 页面离开的具体时间，也就无法计算 A 到底在 Page3 页面停留多长时间，所以网站分析工具不知道 A 花在最后一个页面上的时间是多少。

因此 A 访问叮叮网的最后一次请求时间戳为访问 Page3 的开始时间即 10:05，第一次请求时间戳为访问 Home 页面的开始时间即 10:00，根据公式即可算出网站停留时间为 5 分钟。

如图 2-6 所示为网站分析工具统计的 A 在各个页面的停留时间。

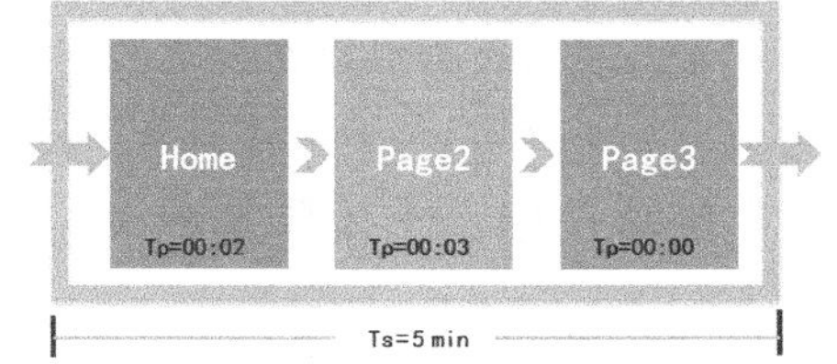

图 2-6　各个页面的访问时间

停留时间的计算逻辑是两个时间戳的差值，在某些情况下，这种计算方法会失效，例如，用户跳出页面或退出页面由于没有下一个时间戳而无法计算停留时间。对于这个问题，不同的工具对于停留时间的处理另有差异。

1）估计法

有些工具使用“心跳监测”的方法，即每隔一段时间（通常是 30 秒）页面向服务器发送请求。如果用户在当前页面离开网站，在计算该页面停留时间时，使用当前页面最后一次请求的时间作为最后一次时间戳来计算。

2）填充法

有的工具使用固定时间，例如 30 秒作为该页面的停留时间。在例 2-4 中，由于 A 在 Page3 的访问没有下一个时间戳而无法计算 Page3 的页面停留时间，这时就可以把 30 秒（固定时间）作为 Page3 的页面停留时间。

3）舍弃法

有的工具将其作为跳出或退出页面的实例直接舍弃而不做统计。在例 2-4 中，如果使用舍弃法的话，就可以直接把 A 在 Page3 的访问作为退出页面的实例不进行统计了。

3. 跳出与跳出率

跳出是指用户在到达落地页之后没有单击第二个页面就离开网站的情况。跳出率是指只浏览了一个页面就离开网站的访问次数占总的访问次数的百分比。通常来说，跳出率可以用来评估用户进入网站后的第一反应情况，跳出率过高意味着站外流量质量低，或者是网站的页面设计有问题，导致用户不愿意继续浏览。不过，有些情况下跳出率高并不一定是坏事，还需要结合当初设置设个页面的目标进行具体分析。例如，某些电商网站的购物车或者结算页面，单击支付后会跳转到第三方支付平台，那么这个网页跳出率很高属于正常现象。

跳出率计算公式为：

$$跳出率 = \frac{跳出的访问}{落地页访问} \times 100\%$$

在上面的公式中，“跳出的访问”是指通过搜索关键词或单击站外广告进入网站仅浏览一个页面就离开的访问次数，该页面通常是网站的落地页；“落地页访问”是指用户访问落地页产生的所有的访问次数。

由于很多工具对于跳出的定义逻辑是有差异的，跳出的核心定义是用户在这个页面上有没有其他动作，这时就会产生以下几种情况。

(1) 没有其他单击操作，仅仅是加载了一次页面或产生了一个 PV 而已。

(2) 没有其他单击操作，却刷新了该页面，即产生了两个 PV，但仍然只在落地页产生。

(3) 访问者仍然是在落地页上，却发生了特定的单页面行为，比如事件、单击等操作。

以上几种情况都可以作为跳出本身的认定因素，具体以网站分析系统的定义为准。需要注意的还是，跳出率是仅针对落地页发生的指标。

多学一招：什么是落地页

落地页也称着陆页，是指访问者在其他地方看到发出的某个具有明确主题的特定营销活动——通过 E-mail、社交媒体或广告发布的诱人优惠信息等，单击后链接到网站上的第一个页面。

通常，落地页上各种信息背后暗藏的是发掘并收集潜在消费者信息的表单，目的是将访问者转化为潜在客户，根据收集到的信息继续跟进。落地页为访问者提供了一种“目标超明确”的访问体验：通过呈现一个特定页面，为他们指出一条明确的路径继续加深与你网站的关系。

4. 退出与退出率

退出是指用户从网站离开而没有进一步动作的行为，退出率指的是在某个页面退出的访问量占该页面总访问量的比例。通过退出率可以对网站页面进行分析，如果一个页面退出率比较高，那么这个页面的内容或者是页面设计可能存在一些问题，使用户不愿意继续浏览，这就需要及时对页面进行相应的优化。

虽然页面的退出率越低越好，但某些特殊的页面出现高退出率也属于正常情况。例如，网站中用来帮助用户解决问题的页面，当用户的问题得到解答就退出网站属于正常情况。

当某个页面为访客此次访问网站的最后一页时，该页面即为此次独立访问的退出页面，统计为有一次退出，该页面的退出率的计算公式为：

$$退出率 = \frac{当前页面退出的访问量}{当前页面的总访问量} \times 100\%$$

在上面的公式中，“当前页面退出的访问量”是指从该页面退出的访问次数；“当前页面的总访问量”是指在该页面产生的总访问次数。

很多运营人员往往容易将退出率和跳出率混淆，其实这两个指标还是有区别的，具体表现在以下两个方面。

(1) 跳出针对的是落地页，退出是针对网站的所有页面，所以只有落地页才有跳出率，而全站所有页面都有退出率(都存在成为离开网站出口的概率)。

(2) 二者计算的基础数值不同,计算跳出率的基础数值是将落地页作为登录页(第一个进入页面)的访问量,计算退出率的基础数值则是该页面的总访问量(包含作为落地页和非落地页的访问量)。

为了帮助读者更好地理解退出率和跳出率的区别,下面通过一个案例做具体演示,如例 2-5 所示。

例 2-5　区分跳出率与退出率

如图 2-7 所示,用户 A、用户 B 和用户 C 都由同样的站外广告进入页面 1(落地页),然后用户 C 离开,那么对于页面 1 来说,既有跳出率也有退出率,即 C 的动作对于页面 1 既属于跳出又属于退出。

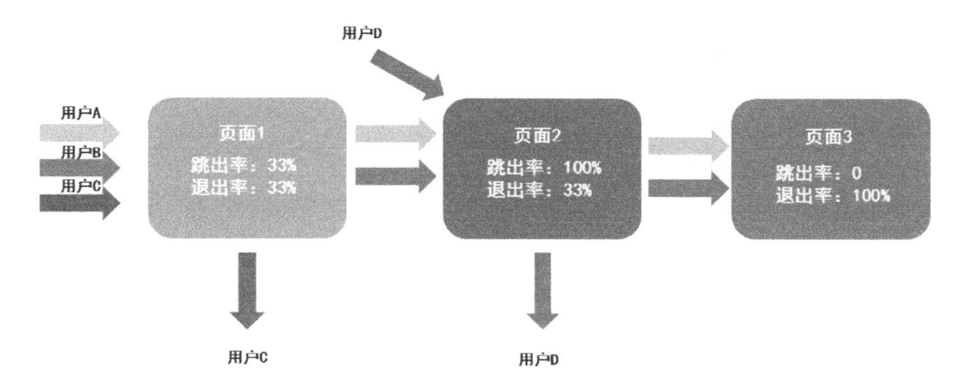

图 2-7　区分跳出率与退出率

页面 2 对于用户 D 来说是落地页,对于用户 A 和用户 B 来说则是他们在该网站浏览的第 2 个页面。用户 D 在访问页面 2 之后没有下一步动作就离开了,对于页面 2 来说,用户 D 的动作既属于跳出也属于退出,所以页面 2 的跳出率为 100%,退出率为 33%。

对于页面 3 来说,并没有用户以该页面为落地页进入网站,而用户 A 和用户 B 都在该页面离开了,所以页面 3 的跳出率为 0,退出率为 100%。

5. 产品页转化率

通常情况下,用户要完成订单需要先浏览产品页查看产品信息,确认产品信息之后才能继续购物车流程,所以产品页转化率是用户订单转化过程中的重要指标。"产品页转化率"计算公式为:

$$\text{产品页转化率} = \frac{\text{产品页访问次数}}{\text{总访问次数}} \times 100\%$$

在上面的公式中,"产品页访问次数"是指产品页被访问的总次数;"总访问次数"是指网站被访问的总次数。

计算产品页转化率可以使用访问次数,也可以使用 UV,不同的公司可以根据实际情况应用。使用 UV 计算产品页转化率的公式如下:

$$\text{产品页转化率} = \frac{\text{产品页 UV}}{\text{总 UV}} \times 100\%$$

在此公式中,"产品页 UV"是指产品页的访客数量,"总 UV"是指网站的总访客数量。

6. 加入购物车转化率

把商品加入购物车是用户进入购物车环节的第一步，用户在这一步确认商品信息、数量等。加入购物车转化率是指将产品加入购物车的访问量占总访问量的比例，比产品页转化率的参考价值更高，加入购物车说明用户的购物意向更强，所以，这个指标通常会用来衡量所有站外和站内运营的业务效果。加入购物车转化率高，意味着有购物意向的用户比例高(除去作弊情况)；而加入购物车比例低的话，则说明在整个购物流程中存在让用户不满意的地方。加入购物车转化率的计算公式为：

$$\text{加入购物车转化率} = \frac{\text{加入购物车的访问量}}{\text{总访问量}} \times 100\%$$

在上面的公式中，“加入购物车的访问量”是指将产品加入购物车的网站访问数量；“总访问量”是指网站被访问的总数量。下面以计算叮叮网的购物车转化率为例帮助读者更好地理解购物车转化率的概念，如例 2-6 所示。

例 2-6 计算购物车转化率

今天访客 A、访客 B 和访客 C 都浏览了叮叮网，A 分别于 08:20 和 10:30 访问了网站，并在第二次访问网站时将一件男士外套加入了购物车；B 于 09:50 打开访问叮叮网，并且将一件男士衬衫放入购物车；C 于 13:10 打开叮叮网，浏览首页之后离开，13:30 时 C 再次打开叮叮网，浏览首页和男士夹克的商品详情页之后离开。假设 A、B、C 是今天叮叮网的全部访客，那么叮叮网的加入购物车转化率为 40%。

在例 2-6 中，A 访问了网站 2 次，B 访问网站 1 次，C 访问网站 2 次，今天的总访问次数为 5 次，其中有 2 次访问产生了加入购物车的行为，所以加入购物车转化率为 40%。

另外，根据网站实际情况(如网站使用的统计工具、分析习惯等)，也可以使用 UV 计算加入购物车转化率，计算公式如下：

$$\text{加入购物车转化率} = \frac{\text{加入购物车 UV}}{\text{总 UV}}$$

在该公式中，“加入购物车 UV”是指产生加入购物车行为的访客数量，“总 UV”是指网站的总访客数量。

7. 结算转化率

结算是用户在购物车环节的第二步，在这个步骤，用户可以确认订单联系人、送货时间、送货地址、优惠折扣、运费等信息。结算转化率就是到达结算页面的访问占比，结算转化率越高，意味着用户完成订单的概率越大，所以结算转化率也是相关业务部门重要的参考指标。

结算转化率通常使用 UV 进行计算，计算公式为：

$$\text{结算转化率} = \frac{\text{结算页 UV}}{\text{总 UV}} \times 100\%$$

在这个公式中，“结算 UV”是指到达结算页面的访客数量；“总 UV”是指网站的总访客数量。

根据网站实际情况(如网站使用的统计工具、分析习惯等)，有时也会使用访问次数去计算结算转化率，计算公式为：

$$结算转化率 = \frac{结算页面访问次数}{总访问次数} \times 100\%$$

在此公式中,“结算页面访问次数”是指到达网站结算页面的访问次数;“总访问次数”是指网站被访问的总次数。

8. 购物车内转化率

对于销售类电子商务网站来说,购物车内转化率是重要的监控指标。大多数电子商务网站的购物车内转化率在60%以上,如果低于这个数据,说明可能存在流量作弊问题或者购物车流程设计有问题(某些购买决策周期比较长的特殊商品除外,比如冰箱等大件商品)。

购物车内转化率与其他指标的定义维度都不同,该指标是用来衡量加入购物车的用户最终完成订单的比例,计算公式为:

$$购物车内转化率 = \frac{提交订单的访问量}{加入购物车的访问量} \times 100\%$$

在上面的公式中,“提交订单的访问量”是指在加入购物车的访问中提交订单的访问数量,“加入购物车的访问量”是指网站中将产品加入购物车的总访问量。

计算购物车内转化率可以使用访问量,也可以使用UV。使用UV计算购物车内转化率的公式为:

$$购物车内转化率 = \frac{提交订单的\ UV}{加入购物车的\ UV} \times 100\%$$

在此公式中,“提交订单的UV”是指加入购物车的访客中提交订单的访客数量;“加入购物车的UV”是指网站中将产品加入购物车的总访客数量。

用户把商品加入购物车时,说明用户具有比较强的购买意愿。如果用户中途放弃购物,就会产生购物车放弃率,计算公式为:

$$购物车放弃率 = 1 - 购物车内转化率$$

加入购物车转化率和购物车内转化率之间的差距,代表着产品或者业务的提升空间,差距越大,提高空间越大。

9. 目标转化率

目标转化率就是完成某个目标的访问数占比,目标可以定义为下载、注册、登录、试用、咨询、销售线索等。

目标转化率在电子商务化的网站中比较常用,比如汽车品牌网站;也可以作为衡量过程转化的指标,比如浏览商品、加入购物车、结算等都是非常重要的过程指标。

2.2 商品数据化运营关键指标

数据在商品运营过程中扮演着非常重要的角色,对于电商企业来说,需要经常对商品相关的各类数据进行分析,了解营销计划的执行结果,为提高销售业绩及服务水平提供决策依据,发现销售规律,满足用户复杂的购物需求。本节将对商品数据化运营的关键指标进行具体讲解。

2.2.1 销售类指标

销售是企业获得收入实现盈利的重要途径，销售情况越好意味着企业的盈利能力越好。从不同维度对企业销售情况进行评价的标准就是销售类指标。销售类指标包括订单量与商品销售量、GMV(网站成交金额)、订单金额与商品销售额等，具体介绍如下。

1. 订单量与商品销售量

1）订单量

订单量是指用户提交订单的数量，计算的是逻辑去重后的订单 ID 的数量。一般来说，网站分析系统提供的订单销售数据跟企业内部销售系统数据是不一致的。数据有一定程度的误差属于正常情况，不过误差比例不超过 5%为宜，并且误差需要相对稳定。

2）商品销售量

商品销售量也称商品销量、商品销售件数，是指销售商品的数量。商品销售量与订单量的区别在于：订单量用来衡量唯一订单的数量，而商品销量用来衡量商品的总数量。下面以计算叮叮网的订单量和商品销售量为例帮助读者更好地理解订单量与商品销售量的含义，如例 2-7 所示。

例 2-7 计算叮叮网的订单量与商品销售量

用户 A 今天在叮叮网两次购买商品，第一次访问叮叮网提交两个订单，其中一个订单包含两件商品，另外的订单包含一件商品；第二次访问提交一个订单，订单中包含一件商品。用户 B 在叮叮网购买一次商品，提交一个订单，订单中包含两件商品。那么叮叮网今天的订单量为 4，商品销售量为 6。

在例 2-7 中，要计算叮叮网的订单量和商品销售量并不难，只需要将 A 和 B 提交的订单数量与订单所包含的商品数量分别求和即可，所以可以计算出叮叮网今天的订单量为：2＋1＋1＝4；商品销售量为 2＋1＋1＋2＝6。

2. GMV

GMV(Gross Merchandise Volume)即网站成交金额，GMV 高的话企业会获得更多的佣金，如果企业具备一定规模的 GMV 配合资金周转周期，就能够在一定时间内拥有相对固定的资金，这些资金可以用来投资其他业务，所以 GMV 是平台类业务最重要的指标之一。

一般电商平台 GMV 的计算公式为：

GMV ＝ 销售额 ＋ 取消订单金额 ＋ 拒收订单金额 ＋ 退货订单金额

在上面的公式中，GMV 的计算方式为已付款订单金额和未付款订单金额之和，也就是说 GMV 包含“单击购买后”未发生实际支付的部分，与电商平台实际经营额仍有差别。GMV 数值可能远超实际交易金额，这也是很多电商企业愿意公布 GMV 数据的原因之一。如例 2-8 所示，Shopee 公布的第二季度财报中，评价其业绩的一个主要数据就是 GMV。

例 2-8 Shopee 公布第二季度财报：GMV 达 22 亿美元

Shopee 母公司 Sea 近日公布了 2018 年第二季度的收入情况，整体处于高收入和低亏损状态，这主要得益于其电商业务的快速增长。

据悉，在 2018 年的第二季度中，Shopee 的 GMV 达到了 22 亿美元，同比增长 171%。

Shopee 于 2017 年年底更加注重营收，从在台湾地区收取广告和佣金开始，随后还拓展了其他业务，如库存管理、在线商店业务以及拓展其他市场，此外，Shopee 还提供商人航运和送货服务。

与此同时，Sea 经调整后的净亏损范围缩小至 1.99 亿美元，低于 2018 年第一季度的 2.05 亿美元，但高于 2017 年第二季度的 8700 万美元。

尽管 Sea 在 Shopee 的销售和市场上在持续投入，但在 Shopee 的 GMV 中所占的百分比一直在下降。目前，Shopee 营销费用占 GMV 比重达 6.2%，而 2017 年第二季度为 6.8%。这意味着 Sea 对 Shopee 的投资变得更有价值。

3. 商品销售额与订单金额

商品销售额和订单金额都是评估商品销售收入的指标，商品销售额则侧重于对总收入的评估，订单金额则侧重于对用户的实际付款进行评价。

1）商品销售额

商品销售额是指商品销售的金额，商品销售额与订单金额的区别在于没有计算任何其他费用或优惠金额。商品销售额的计算公式为：

$$\text{商品销售额} = \text{商品销售单价} \times \text{销售量}$$

2）订单金额

订单金额也称应付金额，是用户提交订单后真正应该支付的金额，分析订单金额可以对网站中用户的实际付款情况进行评估，订单金额高说明用户的实际付款多，从侧面说明了网站销售情况良好。订单金额的计算公式为：

$$\text{订单金额} = \text{商品销售额} - \text{运费} - \text{优惠凭证金额} - \text{其他折扣(如满减)}$$

在上面的公式中，运费指未满足免邮费的订单需要支付的配送费用，优惠凭证金额指通过优惠券、积分兑换、会员卡等可作为金额使用的抵充金额。

4. 平均订单金额

平均订单金额是指平均每一个有效订单的金额。通过分析平均订单金额可以对网站的订单价值进行评估，平均订单金额越高意味着每个订单能够为企业带来的收益越高，网站的订单价值也就越大。平均订单金额的计算公式为：

$$\text{平均订单金额} = \frac{\text{有效订单总金额(已成交)}}{\text{消费总人数}}$$

在上面的公式中，“有效订单总金额”是指去除取消、作废、未支付等无效状态订单的总金额；“消费总人数”即在网站产生购买行为的总人数。

5. 客单价

客单价的本质是在一定时期内，每位顾客消费的平均金额，离开了“一定时期”这个范围，客单价这个指标是没有任何意义的。客单价是衡量一个网站销售情况的重要指标，在流量转化都不变的情况下，高客单价也就意味着高的销售额。但是客单价并不是越高越好，需要结合客单价的变化趋势来定，客单价低的商品能够吸引流量，这样能提升转化，但对增加销售额并没有太多的益处。低客单价并不利于一个网站的长久发展，因为客单价越低意味着商品毛利越少，这是不利于企业盈利的。客单价计算公式为：

$$客单价=\frac{有效订单总金额(已成交)}{消费总人数}$$

6. 订单转化率

通常来说，当访客访问网站时，企业将访客转化为网站的常驻用户，进而再提升为网站的消费用户，由此产生的消费率被称为订单转化率。订单转化率高，说明网站运营水平高，有更多的用户愿意购买网站中的商品，所以订单转化率是电子商务网站最重要的转化指标之一。订单转化率的计算公式为：

(1) 使用访问次数进行计算

$$订单转化率=\frac{产生订单的访问量}{总访问量}\times 100\%$$

在上面的公式中，“产生订单的访问量”是指网站总访问次数中产生了订单的部分；“总访问量”即网站的总访问次数。该公式是通过网站访问中，产生订单的访问量与网站总访问量的比例计算的订单转化率。

(2) 使用访客数量进行计算，计算公式为：

$$订单转化率=\frac{产生订单的\ UV}{总\ UV\ 量}\times 100\%$$

在上面的公式中，“产生订单的 UV”是指网站的总访客数中产生订单的部分；“总 UV 量”即网站的总访客数量。该公式是通过网站访客中，产生订单的访客量与网站总访客数量的比例计算的订单转化率。

需要注意的是，大多数网站分析工具计算订单转化率的公式为：

$$订单转化率=\frac{订单量}{总访问量}\times 100\%$$

在上面的公式中，“订单量”即用户提交的订单数量；“总访问量”即网站的总访问数量。该公式是通过订单量与网站总访问量的比例计算的订单转化率。

不过，上面这种计算订单转化率的方式实际上并不科学，因为它衡量的不是人的转化比例，如果一个用户下多个订单或网站存在订单拆分的情况，会使订单量远远高于实际订单人数，导致订单转化率虚高。

7. 订单有效率

在电商企业，通常去除取消、作废、未支付、审核未通过等无效状态的订单为有效订单，订单有效率是用来衡量订单有效比例的重要指标。一般来说，订单有效率从下单后开始随着时间下降，直到所有订单完成妥投才处于稳定状态。大多数电商企业的订单有效率在60%以上，如果太低，则可能包含大量作弊、订单规则问题、支付问题等。

订单有效率的计算公式为：

$$订单有效率=\frac{有效订单量}{订单总量}\times 100\%$$

在上面的公式中，“有效订单量”是指所有订单中有效部分的订单数量，每个公司对有效的定义不同，但基本逻辑相似，常见的有效是指去除取消、作废、未支付、审核未通过等无效状态的订单;"订单总量"即网站的总订单数量。

与订单有效率相对的概念是"废单率",废单率是指所有订单中作废的订单比例,计算公式为:

$$废单率 = 1 - 订单有效率$$

多学一招:什么是妥投

妥投是指快递物件已经妥善投递。即所邮寄的物品已经投递到收件人地址信箱或其代理人。和签收的差别在于,签收一般是快递员面对面将快件送到收件人手中,收件人会签上自己的名字,但妥投是放到收件人指定的地点,并无收件人签名。

8. 支付转化率

支付是用户完成购物的重要步骤,更是企业产生真实销售价值的关键。企业真实销售价值则需要支付转化率这个数据指标去体现,支付转化率高意味着企业会有更高的销售收益。店铺的"支付转化率"是由具体商品的"支付转化率"决定的,想提高店铺的"支付转化率"应该先提高具体商品的"支付转化率"。

需要注意的是,支付转化率无法对货到付款的订单及时评估,所以这个指标通常只针对在线支付。支付转化率的计算公式为:

$$支付转化率 = \frac{完成支付的用户数}{需要支付的用户数} \times 100\%$$

在上面的公式中,由于每个订单都对应真实的客户,所以公式中使用"用户数"来计算支付转化率。其中,"完成支付的用户数"即所有用户中已经完成支付的数量;"需要支付的用户数"即所有客户中需要支付的数量。

9. 商品毛利与毛利率

1) 毛利

毛利是指商品销售收入减去商品原进价后的余额,又称商品进销差价,是反映商品利润情况最重要的指标,也是电子商务中自营商品最重要的效果指标之一。毛利的计算公式为:

$$毛利 = 商品妥投销售额 - 商品批次进货成本$$

在上面的公式中,"商品妥投销售额"是指已经妥投的商品的销售金额;"商品批次进货成本"即每批商品进货时实际花费金额。

需要注意的是,这里所说的"毛利"仅指销售毛利,即通过商品进销差价计算的毛利,并没有考虑商品促销费用、配送费用、活动推广费用及其他摊销费用;另外,在公式中使用"商品批次进货成本"计算毛利的原因是,相同的商品在不同批次下进货成本可能不同,所以需要使用相应批次的进货成本。

2) 毛利率

毛利占商品销售收入或营业收入的百分比称为毛利率。毛利率能够反映企业经营的全部商品、大类商品甚至是某个商品的差价水平,是核算企业经营成果和价格制定是否合理的依据。毛利和毛利率综合反映了商品的盈利空间和变化趋势。毛利率的计算公式为:

$$毛利率 = \frac{毛利}{商品妥投销售额} \times 100\%$$

需要注意的是,所有的毛利计算基本都是以妥投状态为计算准则。

10. SKU

SKU(Stock Keeping Unit),即库存量单位,也有的译为"单品",是对于大型连锁超市DC(配送中心)物流管理的一个必要的方法。现在已经被引申为产品统一编号的简称,每种产品均对应有唯一的SKU号。在电子商务中,SKU有另外的注解:

- SKU是指一款商品,每一款都出现一个SKU,便于电商品牌识别商品。
- 每款商品都有一个SKU,同一种商品的不同颜色、型号、尺码都会对应不同的SKU。例如,一款衣服有红色、蓝色、白色三种颜色,有S、M、L、XL四个尺寸,则这款衣服的SKU数为3×4=12。SKU编码也不相同,如果相同则会出现混淆,发错商品。

分析商品的SKU,可以了解消费者在价格、颜色、功能等方面的喜好,为网站在产品营销策略、价格策略的制定等方面提供有力的判断依据。

2.2.2 促销活动指标

为了能在短期内促进销售,提升业绩,增加收益,企业针对某种商品或服务开展降价或赠送礼品等活动,这就是促销活动。通过分析促销活动指标的相关数据可以对营销活动的效果进行评估,企业可以针对活动中存在的问题改进营销策略。促销活动指标包括每订单成本与每有效订单成本、活动收入贡献、活动拉升比例等,下面将详细讲解促销活动的相关指标。

1. 每订单成本与每有效订单成本

1) 每订单成本

每订单成本是指用户每完成一个订单时,企业所需要付出的费用。通过分析每订单成本,企业可以发现在营销费用控制和营销过程中存在的问题。如果每订单成本过高,则说明企业投入了相应的营销费用,却没有达到预期的结果。例如,订单量比预期低很多导致每订单成本大幅增加。每订单成本的计算公式为:

$$每订单成本 = \frac{费用}{订单量}$$

在上面的公式中,"费用"是指企业为了让用户完成订单而付出的成本。通常来说,每个部门的费用支出情况是不同的,例如,运营部门的费用可能只包含促销类费用(如优惠券费用);针对推广部门的费用通常只包括广告费用,如投放CPC(Cost Per Click)广告,广告每被单击一次都需要支付给推广媒介相应的费用。

每订单成本核算的是每个"毛"订单成本,订单中包含所有状态(包括无效状态),所以,该指标只适合评估部门级别业务效果或作为企业的初级评估指标。

2) 每有效订单成本

每有效订单成本与每订单成本的计算逻辑相似,不同点在于每有效订单成本仅包含有效状态的订单的成本,是针对企业级别的真实评估指标。每有效订单成本的计算公式为:

$$每有效订单成本 = \frac{费用}{有效订单量}$$

2. 活动直接收入与活动间接收入

活动直接收入是指单纯通过促销活动带来的收入，即用户促销活动期间购买了促销商品而为企业带来的收入。活动间接收入是指通过促销活动带来的用户购买了非活动商品的收入情况。活动直接收入与活动间接收入是评估营销活动效果的重要指标。

一般来说，活动间接收入的计算逻辑是该用户通过促销活动引入且订单属于非活动商品，通过促销活动引入可通过定义用户落地页是否为活动页面加以区分，订单属于非活动商品可通过参与活动商品列表进行拆分。例如，A 在叮叮网活动期间，通过活动推广链接进入网站，购买了一件男士外套，但是这款外套并非活动商品，那么对于叮叮网来说，A 购买这件外套的费用就是活动间接收入。

3. 活动收入占比

活动收入是活动直接收入和活动间接收入的总和，可以直观地反映活动为网站带来的收益。活动收入在全站订单成交金额所占的比例即为活动收入占比，分析活动收入占比可以评估营销活动是否达到预期效果，如果活动收入占比比预期低，说明活动流程或者优惠等方面可能存在问题，不能对用户产生足够的吸引力，下次活动需要对此进行优化。活动收入占比的计算公式为：

$$活动收入占比 = \frac{活动直接收入 + 活动间接收入}{全站订单成交金额}$$

除了可以使用用户订单成交金额计算活动收入贡献占比之外，还可以使用订单量、商品销售量等计算活动贡献情况，计算逻辑相同。

4. 活动拉升比例

活动拉升比例是指活动对全站销售的拉升情况，可以指订单量拉升、销量拉升、销售额拉升等，通过活动拉升比例可以评估活动对网站其他相关指标的提升、促进效果。最简单的计算方法是用活动期间的收入与非活动期间的收入进行对比，计算公式为：

$$活动拉升比例 = \left\{\left(\frac{活动期间收入}{非活动期间收入}\right) - 1\right\}$$

通常来说，活动拉升比例不能使用活动收入占比来评估，因为活动促销期间本来应该通过正常流程和渠道购物的用户反而会通过促销渠道下单，这会导致活动拉升比例的结果与实际不符，对活动效果做出错误的评估，增加网站运营的风险。

通常情况下，在计算收入拉升比例时会发现，收入拉升效果不如订单量和销量明显，这是因为促销活动客单价通常较低，会影响收入提升效果。

5. 每优惠券收益与每积分兑换收益

发放优惠券和积分是电子商务网站常用的促进销售、增加收益的形式。每优惠券收益是指每张优惠券能带来的收益，能够反映优惠促销对销售的提升效果如何。如果每优惠券收益比预期低，说明优惠力度不够或者优惠券的使用门槛太高，用户不愿意在购物时使用优惠券，优惠促销方案还需要进行优化。每优惠券收益的计算公式为：

$$每优惠券收益 = \frac{优惠券带来的订单成交金额}{优惠券数量}$$

因为企业发送的优惠券，往往类型和面值都不同，所以需要在此基础上分别计算每种类型和面值的优惠券带来的收益水平。

积分兑换与优惠券类似，都是用来衡量优惠促销对销售的拉动情况的，计算公式为：

$$积分兑换收益 = \frac{使用积分兑换的订单成交金额}{积分兑换量}$$

值得注意的是，在实际业务中，因为用户通常可以在一个订单中同时使用优惠券和积分，所以可能会出现订单金额重复计算的情况。

2.3 站外营销推广指标

站外营销推广是增加品牌曝光量、提升目标（注册、购买等）转化的重要营销手段，通过分析站外营销推广的相关指标，可以评估站外营销推广效果是否达到预期，发现营销推广中存在的问题并及时调整推广投放策略。常见的站外营销推广指标包括广告曝光量、广告点击量、广告到达率等，本节将进行详细讲解。

1. 广告曝光量

广告曝光量是指站外广告对用户展示的次数，也称广告展示量。广告曝光量是衡量广告效果的初级指标，通常是用来衡量展示类广告。广告曝光量大，意味着广告被用户点击的概率更大，也有更多的机会对用户进行转化。

广告曝光不代表广告一定会被用户看到，而是说明广告被加载并展示出来，广告形式、广告素材、广告位置等因素都会对用户注意力产生影响，进而影响观众选择是否观看。

从技术角度来看，广告曝光量就是跟踪代码被加载的次数。被统计对象包括 flash 广告、图片广告、文字链广告、软文、邮件广告、视频广告、富媒体广告等多种广告形式，如图 2-8 所示为天猫“双十一”图片广告。

图 2-8 天猫“双十一”广告

2. 广告点击量

广告点击量是指广告在站外被用户点击的次数，每点击一次就记录一次，是广告投放效果最直接的基础指标。部分广告投放系统(例如 Ad wards)会过滤无效点击，即当用户恶意点击广告(例如短时间内多次点击同一广告)时，恶意点击的部分会被忽视，只保留系统认为是正常点击的数据。这样会导致站外广告系统出现少量有点击而无记录的情况，影响网站分析工具与站外广告监测系统数据的一致性。

除了上面所讲的过滤无效点击之外，系统检测与判断逻辑、用户点击后到达的遗漏监测、数据定义规则、数据发送丢失等因素也会导致站外广告监测系统与网站分析工具所监测的广告点击量不一致。

3. 广告点击率

广告点击率也称广告点击通过率，通常用 CTR(Click-Through Rate)表示能够反映用户对当前广告的喜好程度及所投放的媒介用户质量与所投放广告的匹配度，也说明企业投入的广告费用创造了更高的价值。广告点击率的计算公式为：

$$\text{点击率} = \frac{\text{点击量}}{\text{曝光量}} \times 100\%$$

由公式可以看出，点击率越高，则点击量越大，代表着企业投放的广告与消费者的匹配度很高。当然这有一个前提，曝光量必须具有一定的数目，曝光量较低，此公式算出的点击率将毫无意义。

4. 到达率

到达率是用来衡量站外流量到达网站的比例，反映的是用户从点击站外广告后到达网站的情况，所以到达数据仅在针对站外标记广告的落地页产生。到达率越高，说明在广告点击与网站到达之间流失的用户越少，可以进行转化的用户更多。而到达率过低可能意味着用户质量较差或网站落地页加载较慢，导致用户在页面完全加载出来之前直接退出或无法正确统计数据。到达率的计算公式为：

$$\text{到达率} = \frac{\text{到达量}}{\text{落地页访问量}} \times 100\%$$

在上面的公式中，“到达量”是指通过站外广告到达落地页的用户数量，“落地页访问量”是指访问落地页的总用户数量。下面以计算叮叮网站外广告的到达率为例，帮助读者更好地理解到达率的概念，如例 2-9 所示。

例 2-9　计算网站首页到达率

根据本年的推广计划，叮叮网要进行为期一年的站外广告投放，在投放计划中，用户点击广告之后会进入叮叮网的首页，每天上午会统计前一天的数据。今天上午统计网站数据发现：网站的 UV 总数为 2000，首页的 UV 总数为 500，其中有 200 名用户是通过点击站外广告链接进入的首页，那么叮叮网站外广告的到达率为 40%。

在例 2-9 中，根据给出的信息可以确定网站首页就是落地页，在首页的 500 名访客中，有 200 名用户是通过站外广告链接进入的，即到达量为 200，点击量为 500，根据公式即可计算出到达率为40%。

需要注意的是，不同广告资源的到达率情况是有所差异的，通常来说，广告类的到达率比较低，平均为50%～80%；SEM类到达率比较高，在80%以上。

5. 广告转化率

转化就是让通过站外广告进入网站的用户产生注册、购买等行为，转化标志一般是指某些特定页面，例如注册成功页、购买成功页等，这些页面的浏览量称为转化量。广告转化率是评估企业广告投放效果的最重要指标，转化率高说明所投放的广告为企业带来了更多的收益。广告转化率的计算公式为：

$$\text{广告转化率} = \frac{\text{转化量}}{\text{到达量}}$$

6. CPA

CPA(Cost Per Action)即每次行动付费，这个行动通常是网站特定的转化目标，例如注册、咨询、放入购物车等，然后按照转化目标的数量付费。对于投放CPA广告的企业来说，将CPA的费用控制在一定范围内能够降低营销成本，同时按照转化目标数量付费也降低了投放风险。

不过，CPA模式在充分考虑广告主利益的同时却忽略了网站主的利益，遭到越来越多网站主的抵制。网站主普遍不愿意用优质广告位投放冷门产品的CPA广告，因为广告被点击后是否会触发用户的消费行为或其他后续行为，决定性因素并不是网站媒体，而是该产品本身的众多因素(比如产品的受关注程度、性价比、企业的信誉程度等)以及用户对网上消费的接受程度等。

多学一招：什么是网站主？

网站主即网站的拥有者，具有修改、新增、删除网站内容的权利，并承担相关法律责任的法人。网站主是广告交易双方的其中一方，在自己的网站上投放广告主的广告后，可以按照自己完成的广告活动中规定的营销效果的总数量以及单位效果价格向广告主收取费用(分账方式除外)。

7. CPC

CPC(Cost Per Click)即每次点击付费广告，是最常见的一种广告形式，也是部分展示类广告、SEM广告的主流投放形式。CPC是衡量广告单位成本支出的重要指标，企业只需要按照广告被点击的次数付费即可，不用再为广告的显示次数付费，如图2-9所示。

8. CPD

CPD(Cost Per Day)，即按天收费。CPD是很多传统广告媒介普遍使用的费用结算方式，根据展示的天数收费，不对展示期间的任何广告效果(如曝光量、点击量、目标转化等)做任何承诺。

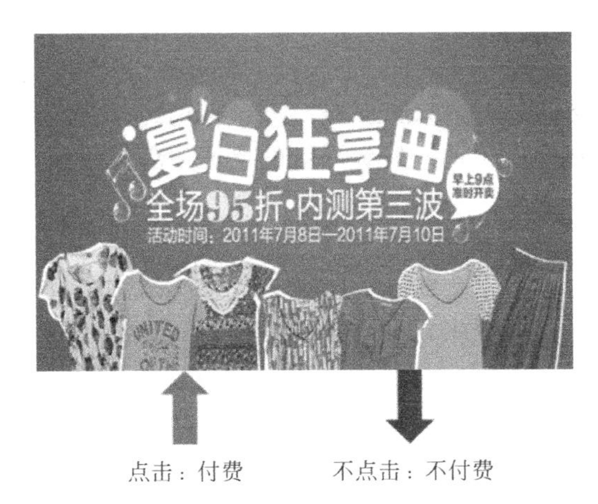

图 2-9　CPC 广告付费方式

9. CPM

CPM(Cost Per Mille)即每千人成本，是指在广告投放过程中，平均每一千人看到或听到某广告一次一共需要多少广告成本。下面以计算叮叮网广告成本为例帮助读者进一步理解 CPM 的含义，如例 2-10 所示。

例 2-10　计算广告成本

叮叮网进行广告投放时，与广告投放机构约定的 CPM 是 20 元，最近 7 天广告展示了 10 000 次，那么最近 7 天叮叮网应该向广告投放机构支付的广告费为 200 元。

在例 2-10 中，根据 CPM 的定义，叮叮网投放的广告每被 1000 人看到(展示 1000 次)，需要向广告投放机构支付 20 元；该广告一周展示 10 000 次，所以叮叮网应该支付的费用为：20×(10 000/1000)＝200。

10. 每 UV 成本

每 UV 成本是指点击站外广告到达网站后每个 UV 的成本，即通过站外广告每导入一个访客需要花多少钱。UV 成本可以比较真实地反映到底有多少"人"到达网站，所以每 UV 成本是广告部门的重点评估指标之一。计算公式为：

$$\text{每 UV 成本} = \frac{\text{广告费用}}{\text{UV 数}}$$

在上面的公式中，"广告费用"是指网站投放站外广告所花费的成本，"UV"即通过站外广告进入网站的访客数量。该公式是通过投放站外广告的费用与通过站外广告进入的访客数量比值计算的每 UV 成本。

11. 每访问成本

每访问成本是指用户点击站外广告每访问一次网站的成本，即通过站外广告每产生一次访问需要花多少钱。与每 UV 成本相比，每访问成本中增加了"频次"的考核，也是广告部门的重点评估指标之一。每访问成本的计算公式为：

$$每访问成本=\frac{广告费用}{访问量}$$

在上面的公式中,“访问量”是指通过站外广告进入网站的访问次数。该公式是通过投放站外广告的费用与从站外广告进入的访问量的比值计算的每访问成本。

12. ROI

ROI(Return On Investment),即投资回报率,指投入费用所能带来的收益比例,是评估投入产出效果的核心指标之一。ROI高说明企业的投入得到了更高的产出,ROI低则意味着企业的投放策略或网站设计存在问题,用户不愿意在网站进行注册、购买等活动,需要及时进行相应的调整,避免这些问题为网站带来的用户流失等风险。计算公式有以下两种。

(1) 通过利润与投入费用的比值计算:

$$ROI=\frac{利润}{费用}$$

(2) 通过成交金额与投入费用的比值计算:

$$ROI=\frac{成交金额}{费用}$$

因为电商企业的利润大多是负数,所以大多数使用第二种公式计算ROI,这样计算的ROI更多评估的是每单位费用带来的销售额。

13. **收益**

站外营销推广的核心目的就是获得收益,收益的多少需要通过相关的指标进行数据化地呈现,收益越高说明企业通过广告投放获得收入越多。按照不同的收益单位可以将收益分为每次点击收益、每UV收益、每访问收益、每次目标转化收益几种类型。

1) 每次点击收益

每次点击收益是指每次站外广告点击能获得的转化收益。通常将转化定义为电子商务交易收入,即订单金额。该指标与CPC相对应。

2) 每UV收益

每UV收益是指点击站外广告到达网站后,每个UV所产生的转化收益。UV收益反映的是每个“人”能带来多少订单收益,该指标与每UV成本相对应。计算公式为:

$$每\,UV\,收益=\frac{广告总收益}{UV\,数}$$

在上面的公式中,“广告总收益”是指站外广告为网站带来的所有收益;“UV数”是指通过站外广告进入的访客数量。

3) 每访问收益

每访问收益是指点击站外广告到达网站后,每个访问所产生的转化收益。与每UV收益相比,每访问收益增加了“频次”的考核,反映的是每人次的收益结果,与该指标相对应的是每访问成本。计算公式为:

$$每访问收益=\frac{广告总收益}{访问量}$$

4）每次目标转化收益

通常，对于网站内的每个目标，会定义一个目标转化值。例如，根据业务经验，每一次注册将会产生 30 元最终转化收入，那么可以将目标转化收益设定为 30 元。该指标与 CPA 相对应。

2.4 会员数据化运营指标

会员数据化运营是所有企业尤其是电商企业必不可少的运营工作，企业要想生存，必须要有会员（客户），无论企业处于发展周期中的哪个阶段、企业性质如何、企业规模如何都是如此。会员属于企业的忠实客户群体，回购率高，客单价高，是企业稳定发展的必要因素，而会员数据化运营可以让企业更好地服务会员，了解会员需求。企业的会员数据化运营好坏，需要通过会员数据化运营指标来评价，会员数据化运营指标包括会员整体指标、会员营销指标、会员活跃度指标等，本节将对会员数据化运营指标进行详细讲解。

2.4.1 会员整体指标

会员整体运营水平的高低是企业能否做好会员数据化运营的关键，从多方面对企业的会员整体运营水平进行评估的指标就是会员整体指标，包括注册会员数、激活会员数、会员激活率、购买会员数，下面分别进行讲解。

1. 注册会员数

注册会员数就是在网站上注册过的会员数量，注册会员数可以反映网站所覆盖的整体会员规模。不过，注册会员数只能反映网站目前会员的注册数量，无法对质量进行评估。注册会员数是网站运营能力的基本体现，注册会员数越多说明网站的运营水平越高，对用户有足够的吸引力。

由于注册会员中有许多从来没有购物的用户，也有曾经消费过但是现在已经流失的用户，所以部分网站定义了一个有效会员数的概念，即在 1 年内有消费的会员数。

2. 激活会员数与会员激活率

与注册会员相比，激活会员有一个特定的激活动作，这个动作往往决定了用户是否真的成为企业会员。常见的代表性动作包括：手机验证、身份验证、单击确认链接等。

激活会员数是指已经注册的会员中有多少会员已经激活。根据激活时间周期不同，又可细分为新增激活会员数、累计激活会员数等。

会员激活率是指在注册会员中已经完成激活的会员比例，用来评估会员注册后激活的占比情况，是评估会员注册质量的一个重要指标，也是网站运营能力的体现。会员激活率高说明网站对已注册会员的运营策略得当，激活率低则意味着网站对于已注册会员没有投入足够的精力运营，或者激活流程烦琐导致会员放弃激活，如果不及时改进，不利于网站做好会员数据化运营。会员激活率的计算公式为：

$$\text{会员激活率} = \frac{\text{激活会员数}}{\text{注册会员数}} \times 100\%$$

3. 购买会员数

购买会员就是在网站购买过商品的会员，也称购物会员。某些时间，购买会员也被称为活跃会员。购买会员数可以反映网站具有购买记录和消费历史的会员规模，购买会员数越多意味着会员为企业带来的利润更多，同样这也是网站运营良好的体现。

不过，不同的网站对购买的定义是不一样的，例如是下单即算购买还是妥投才算购买，大多数网站会选择后者。

购买会员是真正给企业带来利润的群体，根据购买时间周期的不同，又可以细分为新增购买会员数、累计购买会员数等。购买会员数可以延伸出相对转化率指标：

（1）注册——购买转化率：从注册到购买的会员转化比例。

（2）激活——购买转化率：从激活到购买的会员转化比例。

如果在企业内部，转化周期和步骤比较长，还会细分更多的转化状态指标，比如充值会员、妥投会员等。

2.4.2 会员营销指标

会员营销是企业为了促进销售，增加销售收入，针对会员进行一系列营销与促销活动。会员营销是会员数据化运营的重要工作，也是企业通过会员运营获得利润的主要方法。会员营销做得好坏需要通过会员营销指标进行评价。会员营销指标包括：可营销会员数、会员营销费用、会员营销费率、会员营销收入、用券类指标、单位成本指标，下面分别进行讲解。

1. 可营销会员数

可营销会员数是指在所有会员中可以通过一定手段进行会员营销满足企业特定需求的会员数。

怎么判断是否为可营销会员：会员具有邮箱、微信、QQ、手机号等可识别并可接触的信息点，具备这些信息中的任何一种便形成可营销会员。

2. 会员营销费用

这里所说的营销费用特指企业进行会员营销所投入的费用，针对会员的营销费用是企业成本的一部分，掌握营销费用数据有助于企业更好地进行资源调配、把控成本，降低营销活动中的风险因素会给企业带来的影响。通常，会员营销费用包括：营销媒介费用、优惠券费用和积分兑换费用三种，具体介绍如下。

1）营销媒介费用

使用特定营销媒介所产生的费用就是营销媒介费用，比如电子邮件费用、短信费用、会员渠道推广费用。

2）优惠券费用

根据不同的使用条件和金额，可以将优惠券划分成多种，比如 50 元店铺券、20 元满减券等，企业促销时申请的优惠券费用是会员营销费用的重要组成部分。

3）积分兑换费用

大部分网站都有会员积分系统，通常会员积分可以兑换成金额使用，例如，网站的积分兑换比例为50∶1，即每50个积分可以兑换1元钱。在做促销活动时，除了前期投入的广告费用、促销优惠券费用外，还会包含两种情况的积分费用：一种是积分可以直接兑换成人民币来支付订单；另一种是订单生成后会赠送一定数量的积分又形成可供兑换的金额（对企业来说是费用）。这两种情况的积分兑换都构成会员营销费用。

3．会员营销费率

会员营销费率是指会员营销费用占会员营销收入的比例。分析营销费率的目的是对营销费用的支出情况进行监督，确保其不超出计划指标。

4．会员营销收入

会员营销收入是指通过会员营销渠道（包括电子邮件、短信、会员通知、特定会员优惠码、线下二维码等）和相关的会员运营活动产生的费用。会员营销收入是评估会员营销收益的最直观的数据，会员营销收入越高说明企业针对会员的营销活动效果越好。如果会员收入没有达到预期，则意味着针对会员的营销活动可能存在问题（例如活动参与门槛过高），需要尽快进行调整，避免因为这些问题给企业带来更大的风险。

评估会员营销收入需要在针对会员营销的渠道添加特定的标记码，例如进行邮件营销，需要在邮件中的链接添加对应的参数，通过这个参数可以将其与其他渠道区分开，以便对邮件营销的效果进行有效评价。

所以，在做会员营销时一定要尽量让用户有特定的标志，这样才能区分营销效果。

5．用券类指标

优惠券是很多电商进行会员营销的主要形式，优惠券营销的效果如何需要用券类指标进行评价。用券类指标通常包括：

1）用券会员比例

使用优惠券下单的会员占总下单会员的比例。

2）用券金额比例

使用优惠券下单的金额占总下单金额的比例。

3）用券订单比例

使用优惠券下单量占总下单量的比例。

除此之外，还包括基于用券数据产生的用券用户平均订单金额、用券用户复购率等相关指标。

6．单位成本指标

单位成本是企业为完成单个特定目标所付出的费用，这个目标可以是注册、订单等，对电商企业来说，单位成本对于分析企业管理水平具有重要作用，单位成本的高低反映了企业营销水平、运营管理水平的好坏，所以对单位成本的考量是精细化业务动作的关键指标之一，通常单位成本指标包括：

1）每注册成本

每获得一个注册用户需要多少成本。

2)每订单成本

每获得一个订单需要多少成本。

3）每会员成本

每获得一个会员需要多少成本。

除了上述单位成本指标外，还可能包括其他类型的成本，比如每挽回一个流失客户成本、每单位线索成本（比如获得一个联系方式）等。

2.4.3 会员活跃度指标

会员活跃度即会员的活跃程度，会员活跃度是企业会员营销水平的体现，会员活跃度越高意味着企业的会员营销活动效果越好。通常，活跃度是通过企业定义的业务关键因素来判定的，例如注册、登录、查看商品等。会员活跃度指标包括整体会员活跃度、活跃会员数、新老会员数量，下面分别进行讲解。

1. 整体会员活跃度

整体会员活跃度是用来评价当前所有会员的活跃度情况，通常以会员动作或关键指标作为会员是否活跃的标识（例如是否登录、收藏商品）。下面以计算叮叮网的会员活跃度为例帮助读者进一步理解用户活跃度的含义，如例 2-11 所示。

例 2-11 用户活跃度定义表格

如图 2-10 所示为叮叮网根据自己的业务情况选择注册、登录、访问页面等关键因素整理出的“用户活跃度定义矩阵”。

用户活跃度定义矩阵				
行为编码	取值范围	行为	行为类型	权重
Y/N	1	注册	账户行为	1
Y/N	1	登录	账户行为	1
Y/N	≥1	手机验证/E-mail验证/支付密码验证	账户行为	1
等级数	≥1	升级会员	账户行为	1
使用次数	≥1	使用积分	账户行为	1
使用次数	≥1	使用优惠券	账户行为	1
订阅次数	≥1	订阅信息	互动行为	1
访问页面数	≥1	访问页面	互动行为	1
搜索次数	≥1	搜索	互动行为	2
查看次数	≥1	查看商品	互动行为	2
次数	≥1	收藏商品	互动行为	2
次数	≥1	页面咨询	互动行为	1
次数	≥1	商品比价	互动行为	2
次数	≥1	到货通知	互动行为	1
次数	≥1	页面纠错	互动行为	1
次数	≥1	加入购物车	订单行为	1
次数	≥1	在线下单	订单行为	1
次数	≥1	取消订单	订单行为	-1
次数	≥1	换货订单	订单行为	-1
次数	≥1	退货订单	订单行为	-1
次数	≥1	订单完成	订单行为	1
次数	≥1	参与活动	订单行为	1
次数	≥1	商品评价	分享行为	1/0/-1

图 2-10 用户活跃度定义矩阵

图2-10的“用户活跃度定义矩阵”列出了所有会员关键动作节点和指标因素，并标记了每个因素的取值范围及权重。当用户登录/注册后(标识会员的前期条件)，所有会员的行为都会被记录下来，形成会员数据日志。对每个会员的活跃度数据加权处理后能得到整体会员活跃度积分。会员活跃度计算公式为：

$$整体会员活跃度=\sum(注册\times1+登录\times1+验证\times1+等级数\times1+积分\times1+\cdots+商品评价\times1)$$

在上面的公式中，“$\sum$”表示求和。如果用户做了如图2-9所示的表格中的哪些行为，只需要按照表格中列出的用户行为进行加权处理并求和即可。例如，A和B为叮叮网的全部会员，其中，A是新会员(新会员默认是1级)，完成了1次注册、1次登录、1次手机验证，查看2次商品；B是老会员(假设是3级)，完成了1次登录、1次页面咨询和1次退货订单，那么叮叮网的用户活跃度为：新会员$(1\times1+1\times1+1\times1+1\times1+2\times2)+(3\times1+1\times1+1\times1-1\times1)=12$。

2. 活跃会员数

活跃会员数是指在一定时期内有登录或消费等行为的会员总数，时间周期可以定义为30天、60天、90天等。需要注意的是，时间周期的确定跟产品购买频率有关，快速消费品时间周期会比较短，当时间周期确定以后就不能再轻易改变了。活跃会员数是评价当前会员活跃度情况的重要指标，比注册会员数更有参考意义，因为活跃会员是能够真正为网站创造价值的用户。通常是以会员的动作或关键指标作为会员是否活跃的标志，常见的活跃度评估权重或因素包括：注册、登录、升级会员、使用优惠券、使用积分、订阅信息、访问页面、搜索、页面咨询、参加活动、查看商品、收藏商品、商品比价、加入购物车、在线下单、取消订单、换货订单、退货订单、订单完成、商品评价、页面纠错、手机验证/E-mail验证/支付密码验证。

3. 新会员数与老会员数

通常新会员是指第一次购买的用户，不过有些公司会加入时间限制，比如一周内新产生的购物会员都会算作新会员，无论购买几次。

老会员是指购买2次或2次以上的会员，也被称为复购会员(重复购买的会员)。老会员数是企业产生销售的最重要保证，老会员数量越多，规模越大，企业的销售规模也越大。

2.4.4 会员价值度指标

会员价值度就是会员能够为网站创造的价值大小，会员价值度需要通过会员价值度指标来进行评价。会员价值度越高，说明会员能够为网站创造更多的价值，网站也需要投入更多的精力维护价值度高的会员。会员价值度指标包括会员价值分群、会员复购率、会员平均购买次数、会员消费频次、最近一次购买时间、最近一次购买金额，下面分别进行讲解。

1. 会员价值分群

会员价值分群是以用户价值为出发点，通过特定的模型或方法把会员分为几个群体或层级。常见的分群结果有高、中、低;钻石、黄金、白银、青铜等。

需要注意的是,会员价值分群并不是一个真正的指标,而是给用户打标签,用标签来显示用户的状态、层次和价值区分等。

2. 会员复购率

会员复购率是指在一定时期内,购买 2 次或 2 次以上的会员比例。通过复购率可以评估网站对用户是否有足够的黏性,复够率越高说明用户对网站的忠诚度越高,会员对网站的价值也越大,反之则越低。不同的公司对复购率的定义有所差异,下面以 1 个月为周期说明复购的定义。

第一种:1 个月内购买 2 次或 2 次以上的会员。

第二种:1 个月内购买 2 次或 2 次以上,以及 1 个月之前有购买行为,在 1 个月之内又产生购买行为(可能是 1 次)的会员。

第三种:1 个月之前有购买行为,1 个月之内又有购买行为的会员。

以上三种定义,企业可根据自身情况调整,一个月的时间周期也可以根据商品或服务销售频次进行重新定义。

3. 会员平均购买次数

会员平均购买次数是指某个时期内每个会员平均购买的次数,会员平均购买次数也能够反映会员对网站的忠诚度,平均购买次数越高,说明会员对网站的忠诚度越高,会员的价值也更大。平均购买次数的计算公式为:

$$平均购买次数 = \frac{订单总数}{购买会员总数}$$

在上面的公式中,“订单总数”是指会员提交订单的总数量;“购买会员总数”是指购买过商品的会员总数量。平均购买次数的最小值为 1,复购率高的网站,平均购买次数必定也高。

4. 会员消费频次

消费频次跟复购相关,两者都是重复消费指标。消费频次是把用户的消费频率按照次数做统计,统计结果是在一定周期内消费了不同次数,例如 2 次、3～6 次、7～10 次、10 次以上。消费频次可以有效分析用户对于企业的消费黏性,消费频次高说明会员的消费黏性越大,对企业来说,这些会员的价值也更大,需要投入更多的精力去维护。

5. 最近一次购买时间

最近一次购买时间的含义就是用户最后一次产生购买行为的时间,该指标也可以用作会员消费价值黏性的评估因素。如果会员距离上次的消费或者购买时间过长,那么意味着用户可能处在沉默或将要流失甚至已经流失的阶段,此时应该采取相应的措施挽回用户。

6. 最近一次购买金额

最近一次购买金额与最近一次购买时间类似,该指标衡量的是用户最近一次购买或消费时的订单，金额越大说明用户最近一次的消费能力越高。根据“二八法则”，20%的老会员会贡献 80%的消费金额。

2.4.5　会员终生价值指标

会员终生价值是指每个会员在未来可能为企业带来的收益总和，会员终生价值大小需要通过会员终生价值指标进行评价，价值越高说明会员能为企业带来的收益越多。会员终生价值指标包括会员生命周期相关指标、会员生命周期转化率、会员生命周期剩余价值，下面分别进行讲解。

1. 会员生命周期相关指标

会员生命周期指标是指用户从成为企业会员开始到现在的总数据统计值，该指标衡量的是用户完整生命周期内的价值，与任何时间周期无关。包括会员生命周期产生的总价值、订单量和平均订单价值，具体介绍如下。

1）总价值

用户在整个生命周期内下单金额总和。

2）订单量

用户在整个生命周期内的下单量总和。

3）平均订单价值

用户在整个生命周期内的下单金额/下单量。

因为会员生命周期相关指标突破了时间的限制，能从整体上获得会员的宏观状态，所以是衡量会员宏观价值的重要指标。

2. 会员生命周期转化率

会员生命周期转化率是指会员在完整生命周期内完成的订单和到达网站的次数比例，该指标可以衡量用户是否具有较高的转化率。会员生命周期转化率越高，说明会员在生命周期内为企业贡献的价值越大，反之则越小。

3. 会员生命周期剩余价值

会员生命周期剩余价值是预测性的指标，可以预测用户在生命周期内还能产生多少价值，如果会员生命周期剩余价值较高，意味着企业需要投入精力继续对会员进行维护。该指标还可以细分出很多相关指标，例如：

(1) 下一次购买的商品名称；

(2) 预期 7 天内下单数量；

(3) 预期未来 30 天的会员转化率；

(4) 预期生命周期剩余订单价值。

这类预测性的指标通常会基于特定的算法和模型做训练，然后预测未来的数据。

2.4.6　会员异动指标

会员异动即会员的变动，例如新增、流失等，会员异动意味着企业的收益也会发生变化，所以企业应该对会员异动保持关注。评估会员异动情况需要用到会员异动指标，包括会员留存率、会员流失率、会员异动比，下面分别进行讲解。

1. 会员留存率

会员留存率是指新会员首次在平台或者软件上进行登录或者消费后，在某一周期内再次进行登录或者消费的会员比率。一般来说，电商用消费数据作为会员留存率的统计依据。时间周期可以是日、周、月、季度、半年等。

2. 会员流失率

会员流失是指会员不再购买或消费企业相关商品、业务和服务，网站的会员流失情况需要通过会员流失率来进行评价，会员流失会对网站的收益产生影响，所以企业需要对会员流失情况保持关注。会员流失率计算公式为：

$$\text{会员流失率} = \frac{\text{流失会员数}}{\text{购买会员数}} \times 100\%$$

在上面的公式中，“流失会员数”是指不再购买企业相关服务或商品的会员数量，“购买会员数”是指在网站产生购买行为的会员总数。

会员流失是一个正常现象，没有任何一个企业能做到不让任何一个用户流失，但是会员流失意味着企业会失去相应的利润来源，所以需要关注流失率的走向。在正常情况下，会员流失率应该是一个比较小的比例，不同行业有不同的基准，各企业要根据行业特定的基准制定参考值。比较好的状态是流失率比较平稳或正在下降，如果流失率开始上升，企业则需要多加关注，并且采取一定措施。

3. 会员异动比

会员异动比是指新增会员数量与流失会员数量的比例，计算公式为：

$$\text{会员异动比} = \frac{\text{新增会员数}}{\text{流失会员数}}$$

如果会员异动比大于1，说明新增会员规模大于流失会员规模，企业处于上升发展时期；如果会员异动比小于1，说明会员增长跟不上会员流失的速度，企业面临会员枯竭危机。

2.5 仓储管理指标

对于电商企业来说，仓储是商品流通的重要环节之一，也是物流活动的重要支柱，做好仓储管理工作是促进商品销售的前提和基础。一个企业的仓储管理情况需要通过仓储管理指标来进行评价。仓储管理指标包括库存量、库存金额、库存可用天数等，本节将做具体介绍。

2.5.1 库存量

库存量是指在一定时间内全部库存商品的数量。在库存量的定义中包括多种状态的商品，比如正常可售卖商品、已被订购但未发货商品、调拨未出库商品、调拨未入库商品、残次商品等。所以，有些时候会出现商品有库存但无法销售的情况。

通常来讲，为了保证商品在一定程度上可以满足用户的购买需求，同时不出现商品积压，企业都会定义安全库存量、最低库存量和最高库存量，目的是要保证商品在一定程度上可满足用户购买需求，同时不至于造成商品积压。如果库存量低于最低库存量，则说明商品缺货，需要及时进行生产或者采购；如果库存量高于最高库存量，则说明商品销售可能产生问题，导致商品库存积压，需要及时调整营销策略。库存量的计算公式如下。

1. 安全库存量

$$\text{安全库存量} = \text{每日商品销量} \times \text{正常到货时间(天)} + P$$

2. 最低库存量

$$\text{最低库存量} = \text{每日商品销量} \times \text{紧急到货时间(天)} + P$$

3. 最高库存量

$$\text{最高库存量} = \text{每日商品销量} \times \text{最长到货时间(天)} + P$$

在上面的公式中，P 为调节参数，包含企业销售任务、节假日、仓储运维等因素。

2.5.2 库存金额与平均库存金额

库存金额就是全部库存产品按入库成本价格计算的总金额，由此衍生出的一个指标为平均库存金额，计算公式为：

$$\text{平均库存金额} = \frac{\text{期初库存金额} + \text{期末库存金额}}{2}$$

在这个公式中，“期初库存金额”是指在一个库存会计时期（会计时期是指在会计工作中，为核算经营活动或预算执行情况所规定的起讫期间）开始时，可供使用或出售的存货按成本价格计算的总金额；“期末库存金额”是指在一个库存会计时期结束时，可供使用或出售的货品、物资或原料按成本价格计算的总金额。

2.5.3 库存可用天数

库存可用天数主要是反映当前库存可以满足供应的天数，是仓库备货能力的体现。库存可用天数越多，说明仓库备货能力越强。不过过长的可用天数可能意味着商品滞销，过短可能会断货，所以库存可用天数一定要保持在一定范围内。库存可用天数的计算公式为：

$$\text{库存可用天数} = \frac{\text{库存商品数量}}{\text{期内每日商品销售数量}}$$

库存可用天数通常会按照时间划分，不同商品的可用天数需要根据库存周转天数来定义，假如商品库存周转天数是 30 天，那么可以将库存天数划分为 7 天以内、8～14 天、15～30 天、30 天以上等。

2.5.4 库存周转率

库存周转率是指某一时间段内库存货物周转的次数，是反映一定期间（一年或半年）库存周转快慢程度的指标，周转率越大说明销售情况越好。库存周转率的计算公式如下：

$$库存周转率=\frac{年度销售产品成本}{当年平均库存金额}$$

在上面的公式中，“年度销售产品成本”是指最终完成产品销售所花费的总成本；“当年平均库存金额”通常是指各个财务周期期末各个点的库存金额的平均值，有些公司抽取每个财务季度底的库存金额平均值，有的是抽取每个月底的库存金额平均值。以此类推，季度库存周转率为季度销售物料成本除以季度平均库存金额；月度库存周转率为月度销售物料成本除以月度平均库存金额。周转率越大说明销售情况越好。下面以计算叮叮网的库存周转率为例帮助读者进一步理解库存周转率的含义，如例 2-12 所示。

例 2-12 计算叮叮网的库存周转率

叮叮网在 2018 年一季度的销售物料成本为 200 万元，其季度初的库存金额为 30 万元，该季度末的库存金额为 50 万元，那么其库存周转率为 200/[(30+50)/2]=5 次。相当于叮叮网用平均 40 万元的现金在一个季度里面周转了 5 次，赚了 5 次利润。

照此计算，如果每季度平均销售物料成本不变，每季度底的平均库存金额也不变，那么叮叮网本年的库存周转率就变为 200×4/40=20 次。这相当于叮叮网一年用 40 万元的现金赚了 20 次利润。

2.5.5 库存周转天数

库存周转天数是指企业从取得存货/产品入库开始，至消耗/销售为止所经历的天数。周转天数越少说明企业零库存或者存货变现的速度越快。计算公式为：

$$库存周转天数=\frac{360}{库存周转率}$$

在计算年度库存周转天数时，通常将 360 天作为一年的计算周期。以此类推，计算季度库存周转天数和月度库存周转天数，只需将 360 天对应的计算数值分别转换为 90 天和 30 天所对应的计算数值即可。

2.5.6 库龄

一般意义上的库龄是指商品库存时间，仓储中的商品从进入仓库开始就产生库龄。仓储系统是按照先进先出、先进先销的原则出库，所以同一个商品的库龄要按照其相应进货批次的时间计算。库龄通常会按照时间划分不同区间，比如 1～30 天库龄、31～60 天库龄、61～90天库龄等，不同的商品周转天数也不同，划分时间段也有所差异。库龄时间过长意味着商品进入滞销阶段，企业这时需要及时对商品销售策略进行调整。库龄的计算公式为：

$$库龄=出库时间-入库时间$$

2.5.7 滞销金额

滞销是指商品周转天数超过其应售卖的周期，导致商品无法销售出去的情况。从企业商品周转快慢程度来看，周转快者为畅销，周转慢者为平销，无周转者就是滞销。而无周转是购买量为零所致。所以购买量为零是滞销的首要特征。

滞销一方面会造成资金积压，影响资金流动；另一方面会造成产品过季、过保质期而导致商品损毁或下市。

2.5.8　残次商品数量、残次商品金额、残次占比

残次是指由于商品的搬运、装卸、库存、物流、销售等主、客观原因造成的商品外包装损坏、商品损坏、附件丢失等影响商品二次销售的情况。残次金额是指残次商品的进货成本，计算公式为：

$$残次商品金额 = 残次商品批次进货成本 \times 残次商品数量$$

在上面的公式中，“残次商品批次进货成本”是指出现残次的对应商品批次的进货成本；“残次商品数量”是指出现残次的商品的数量。

残次占比是用来衡量残次商品在整个仓库中的比例，可分为残次金额占比和残次数量占比。

残次金额占比反映的是残次商品金额占总库存商品金额的比例。残次金额占比的计算公式为：

$$残次金额占比 = \frac{残次商品金额}{总库存商品金额} \times 100\%$$

残次数量占比反映的是残次商品数量占总库存商品数量的比例。残次数量占比的计算公式为：

$$残次数量占比 = \frac{残次商品数量}{总库存商品数量} \times 100\%$$

2.5.9　缺货率

缺货就是相对于滞销而言的另一个极端，缺货说明库存商品数量低于用户的购买数量，这会导致用户无法购买的窘境，给企业带来损失。缺货率的计算公式为：

$$缺货率 = \frac{缺货数量}{顾客订货数量} \times 100\%$$

由缺货率可以衍生出其他相关指标：

1. 缺货金额

$$缺货金额 = 缺货商品数量 \times 缺货商品单价$$

2. 缺货商品数量

$$缺货商品数量 = 顾客订货数量 - 库存商品数量$$

2.6　物流配送指标

在电子商务中，企业为了物流配送的效率会投入巨大的人力、财力等成本，同时物流配送环节是否高效也直接影响用户的购物体验。因此很多电商企业对物流配送的效率非常关注，而物流配送效率高低则需要通过物流配送的相关指标来体现，通过分析这些指标的数据以帮助企业达到控制物流成本、降低客户投诉等可能面临的各种风险。物流配送指标包括配送业务量、配送满足率、配送准确率等，本节将对物流的配送指标进行详细讲解。

1. 配送业务量

配送业务量是企业根据用户的订单需求，对商品进行挑选、包装、出库、配送等服务，并按时送达指定地点的商品数量，包括同城配送和区域配送。配送业务量的多少也是企业盈利能力的一个体现，配送业务量越大意味着企业能够获得更多的盈利，反之则说明企业在商品销售等环节可能存在问题导致业务量减少。

2. 配送满足率

配送满足率是指实际可用配送资源与配送需求的比例，计算公式为：

$$配送满足率 = \frac{实际可配送订单量}{需求配送订单量} \times 100\%$$

通常，企业配送资源可以满足订单配送需求，只有在发生特殊情况（比如“双十一”等大型促销活动）时，才可能会因为订单激增而产生无法配送的订单。

3. 配送准确率

配送准确率是评估订单能否准确送达的指标，如果配送准确率较低，企业可能会面临大量的客户投诉或者退货等风险，所以企业需要对配送准确率保持关注，及时针对配送环节存在的问题进行调整，降低风险，配送准确率的计算公式为：

$$配送准确率 = \frac{准确配送的订单量}{总配送订单量} \times 100\%$$

4. 满载率

满载率主要是用于衡量每次物流运输车辆的满载情况，是合理安排配送资源的重要依据之一，车辆的利用率越高意味着企业对资源利用的有效性越高，这是企业降低物流成本，提高物流配送效率的重要方法。满载率的计算公式为：

$$满载率 = \frac{车辆实际载重量}{车辆额定载重量} \times 100\%$$

在不超载的前提下，车辆的满载率应该是 0～1，越接近于 1，车辆的利用率越高。

小结

本章主要介绍了电子商务数据分析的相关业务指标，包括网站、商品、营销、会员、仓储和物流 6 个方面的业务指标。

通过本章学习，读者应该了解电子商务相关的业务指标有哪些，掌握相关业务指标的计算方法，为后面章节的学习打好基础。

第 3 章 数据准备与处理

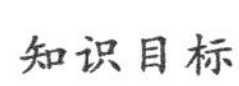

【学习目标】

思政案例

知识目标	➢ 了解数据准备的内容 ➢ 了解数据处理的内容
技能目标	➢ 掌握数据录入方法 ➢ 掌握数据处理的常用方法 ➢ 掌握数据处理常用的 Excel 函数

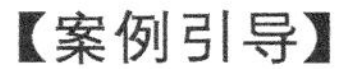

【案例引导】

叮叮网通过商品分组发现问题,提升销量

叮叮网需要对本周网站的销售情况进行分析,小王从销售部门拿到了如图 3-1 所示的产品销售数据。

	A	B	C	D	E	F	G	H	I
1	款号	客单价	销售日期	PV(浏览量)	UV(访客数)	支付转化率	加购数/件	销售量/件	剩余库存/件
2	C00001	142	9月1日	21100	12500	1.25%	568	168	566
3	C00002	121	9月2日	18200	98496	1.06%	666	1068	113
4	C00003	163	9月1日	17200	16900	1.15%	465	866	466
5	C00004	513	9月5日	16200	34600	0.86%	416	166	164
6	C00008	229	9月10日	14200	26800	0.94%	268	486	465
7	C00005	201	9月4日	15690	18600	0.68%	266	595	298
8	C00007	243	9月3日	14200	18900	1.45%	346	368	336
9	C00012	368	9月8日	12800	15600	0.18%	269	276	498
10	C00008	229	9月10日	14200	26800	0.94%	268	486	465
11	C00010	193	9月10日	13260	36800	1.16%	765	267	785
12	C00011	394	9月11日	13480	41500	0.23%	168	316	682
13	C00016	324	9月7日	11540	18500	1.07%	569		654
14	C00015	261	9月6日	13460	19650	0.36%	266	564	413
15	C00017	282	9月14日	15640	48980	1.62%	659	649	116

图 3-1 叮叮网产品销售数据

拿到数据之后,小王并没有着急分析,而是首先对表格中的数据进行了检查。经过检查小王发现销售数据存在以下问题。

(1) 表格中的销量数据存在缺失数值;

(2) 通过条件格式查找出表格里存在重复数值,如图 3-2 所示。

(3) 表格中的数据是以文本格式存在的,使用文本格式的数据无法计算出总销量、剩余库存总量等数据。

为了保证数据分析的准确性并得到可信的结论,小王决定先对表格中的数据进行处理。

	A	B	C	D	E	F	G	H	I
1	款号	客单价	销售日期	PV（浏览量）	UV（访客数）	支付转化率	加购数/件	销售量/件	剩余库存/件
2	C00001	142	9月1日	21100	12500	1.25%	568	168	566
3	C00002	121	9月2日	18200	98496	1.06%	666	1068	113
4	C00003	163	9月1日	17200	16900	1.15%	465	866	466
5	C00004	513	9月5日	16200	34600	0.86%	416	166	164
6	C00008	229	9月10日	14200	26800	0.94%	268	486	465
7	C00005	201	9月4日	15690	18600	0.68%	266	595	298
8	C00007	243	9月3日	14200	18900	1.45%	346	368	336
9	C00012	368	9月8日	12800	15600	0.18%	269	276	498
10	C00008	229	9月10日	14200	26800	0.94%	268	486	465
11	C00010	193	9月10日	13260	36800	1.16%	765	267	785
12	C00011	394	9月11日	13480	41500	0.23%	168	316	682
13	C00016	324	9月7日	11540	18500	1.07%	569		654
14	C00015	261	9月6日	13460	19650	0.36%	266	564	413
15	C00017	282	9月14日	15640	48980	1.62%	659	649	116

图 3-2 表格中存在的重复值

1）处理缺失值

跟销售部门沟通之后，小王得知原始的销量数据已经无法获取。所以小王按照处理缺失数据的常规方法，使用现有销量数据的平均值替代了缺失的销量数值，如图 3-3 所示。

	A	B	C	D	E	F	G	H	I
1	款号	客单价	销售日期	PV（浏览量）	UV（访客数）	支付转化率	加购数/件	销售量/件	剩余库存/件
2	C00001	142	9月1日	21100	12500	1.25%	568	168	566
3	C00002	121	9月2日	18200	98496	1.06%	666	1068	113
4	C00003	163	9月1日	17200	16900	1.15%	465	866	466
5	C00004	513	9月5日	16200	34600	0.86%	416	166	164
6	C00008	229	9月10日	14200	26800	0.94%	268	486	465
7	C00005	201	9月4日	15690	18600	0.68%	266	595	298
8	C00007	243	9月3日	14200	18900	1.45%	346	368	336
9	C00012	368	9月8日	12800	15600	0.18%	269	276	498
10	C00008	229	9月10日	14200	26800	0.94%	268	486	465
11	C00010	193	9月10日	13260	36800	1.16%	765	267	785
12	C00011	394	9月11日	13480	41500	0.23%	168	316	682
13	C00016	324	9月7日	11540	18500	1.07%	569	483	654
14	C00015	261	9月6日	13460	19650	0.36%	266	564	413
15	C00017	282	9月14日	15640	48980	1.62%	659	649	116

图 3-3 使用样本平均值替代缺失值

2）处理重复值

在确定数据中存在重复值之后，小王通过高级筛选，直接将数据中的非重复值筛选出来，如图 3-4 所示。

款号	客单价	销售日期	PV（浏览量）	UV（访客数）	支付转化率	加购数/件	销售量/件	剩余库存/件
C00001	142	9月1日	21100	12500	1.25%	568	168	566
C00002	121	9月2日	18200	98496	1.06%	666	1068	113
C00003	163	9月1日	17200	16900	1.15%	465	866	466
C00004	513	9月5日	16200	34600	0.86%	416	166	164
C00008	229	9月10日	14200	26800	0.94%	268	486	465
C00005	201	9月4日	15690	18600	0.68%	266	595	298
C00007	243	9月3日	14200	18900	1.45%	346	368	336
C00012	368	9月8日	12800	15600	0.18%	269	276	498
C00010	193	9月10日	13260	36800	1.16%	765	267	785
C00011	394	9月11日	13480	41500	0.23%	168	316	682
C00016	324	9月7日	11540	18500	1.07%	569	483	654
C00015	261	9月6日	13460	19650	0.36%	266	564	413
C00017	282	9月14日	15640	48980	1.62%	659	649	116

图 3-4 通过高级筛选去掉重复值

3）转换数据格式

通过“设置单元格格式”中的“数字”选项，小王将表格中文本格式的数据转换为数值格式，并计算出总销量等数据，如图 3-5 所示。

使用处理后的数据，小王顺利完成了网站的销售情况分析，并针对销售中存在的问题给出了自己的建议，这些建议对于提升网站业绩起到了很大作用。

款号	客单价	销售日期	PV（浏览量）	UV（访客数）	支付转化率	加购数/件	销售量/件	剩余库存/件
C00001	142	9月1日	21100	12500	1.25%	568	168	566
C00002	121	9月2日	18200	98496	1.06%	666	1068	113
C00003	163	9月1日	17200	16900	1.15%	465	866	466
C00004	513	9月5日	16200	34600	0.86%	416	166	164
C00008	229	9月10日	14200	26800	0.94%	268	486	465
C00005	201	9月4日	15690	18600	0.68%	266	595	298
C00007	243	9月3日	14200	18900	1.45%	346	368	336
C00012	368	9月8日	12800	15600	0.18%	269	276	498
C00010	193	9月10日	13260	36800	1.16%	765	267	785
C00011	394	9月11日	13480	41500	0.23%	168	316	682
C00016	324	9月7日	11540	18500	1.07%	569	483	654
C00015	261	9月6日	13460	19650	0.36%	266	564	413
C00017	282	9月14日	15640	48980	1.62%	659	649	116
合计	/	/	196970	407826	/	5691	6272	5556

图 3-5　转换数据格式并计算出总销量等数据

【案例思考】

案例中要分析商品的销售情况，表格中的数据存在缺失、重复、格式不正确等问题，如果直接使用这样的数据去进行分析，很难得出准确的分析结果，也无法基于分析结果为网站运营策略调整提供有价值的决策建议。而对数据进行处理之后，小王便顺利完成分析还给出了有价值的建议，使网站业绩得到了提升。

在数据分析中，很多时候会遇到案例中这样数据无法直接使用的情况，这时对数据进行处理就很有必要了。当然，对数据进行处理的前提是准备好相应的数据。那么，数据应该如何准备呢？应该怎么对数据进行处理呢？本章将对数据准备与数据处理进行详细讲解。

3.1　数据准备

俗话说“巧妇难为无米之炊”，这在数据分析中体现得尤为明显。数据分析师的工作就是对数据进行分析，离开了数据，数据分析也就无从谈起了，所以在进行数据分析之前做好数据准备工作尤为重要。本节将从认识数据表和获取数据两个方面讲解数据准备的内容。

3.1.1　认识数据表

数据表是指由字段和记录共同组成的数据队列，在数据准备过程中，数据表可以从侧面反映数据分析师的数据沉淀及应用水平，一方面对数据表的理解是数据分析能够进行的基础，另一方面，数据表的设计是否合理关系着后期数据分析的效率及深度。本节就从对数据表的理解和数据表的设计原则这两个方面对数据表进行详细讲解。

1. 对数据表的理解

字段与记录是两个比较重要的数据概念，也是数据表的重要构成部分，理解数据表也就是要明白字段与记录的含义。从数据分析的角度可以这样去理解字段与记录的概念。

(1) 字段是事物或现象的某种特征。例如，“销量”“销售额”等字段都是对商品销售过程中的某一特征，在统计学中称为变量。

(2) 记录是事物或现象某种特征的具体表现。例如，网站的销售额可以是“10 000”也可以是“5000”，销售商品数可以是“300”也可以是“200”等，记录也称为数据或变量值。

下面通过一个案例帮助读者进一步理解字段与记录的含义，如例 3-1 所示。

例 3-1 叮叮网销售数据中的字段与记录

图 3-6 是叮叮网最近一周的销售数据统计表格，在这份销售数据表中，从横向看，每一行都是商品的基本销售情况；从纵向看，每一列都描述了一类数据，比如第 3 列就是每一款商品最近一周的销量，第 4 列是每一款商品最近一周的销售额等。

序号	日期	销量	销售额	销售商品数	动销率
1	2018/9/9	1811	81944.8	55	54.46%
2	2018/9/8	713	30967.2	34	33.66%
3	2018/9/7	186	8892.1	31	30.69%
4	2018/9/6	240	10185.1	22	21.78%
5	2018/9/5	230	9347.2	21	20.79%
6	2018/9/4	467	19602.8	32	31.68%
7	2018/9/3	412	18180.2	34	33.66%

图 3-6 叮叮网最近一周销售数据

从数据分析的角度来看，这份销售数据表就是一个典型的数据库，销售表最上面一行的"序号""日期""销量""销售额"等被称为字段，字段是数据库中的说法，而每款商品的销售情况就构成了一条一条的数据记录，如图 3-7 所示。

字段

序号	日期	销量	销售额	销售商品数	动销率
1	2018/9/9	1811	81944.8	55	54.46%
2	2018/9/8	713	30967.2	34	33.66%
3	2018/9/7	186	8892.1	31	30.69%
4	2018/9/6	240	10185.1	22	21.78%
5	2018/9/5	230	9347.2	21	20.79%
6	2018/9/4	467	19602.8	32	31.68%
7	2018/9/3	412	18180.2	34	33.66%

记录

图 3-7 叮叮网最近一周销售数据(字段与记录)

2. 数据表的设计原则

设计合理的数据表能够让数据清晰地展示，大大提高数据分析的效率及深度，所以，数据分析师千万不能忽视对基础数据表格的设计，在数据分析工作中，数据分析人员为了便于后期对数据表的操作，会遵循一些数据表设计原则，具体表现在以下几个方面。

(1) 数据表由标题行和数据构成；

(2) 第一行为表的列标题(字段)，列标题不能重复；

(3) 从第二行起是数据部分，每一行数据称为一个记录，不允许出现空白行和空白列；

(4) 在数据表中不能出现合并单元格；

(5) 数据表与其他数据之间应该至少留出一个空白行或空白列；

(6) 数据表需要以一维的形式存储，但在实际工作中，所接触到的数据往往是以二维表格的形式存在的，这时应将二维表转换为一维表的形式进行存储。

值得一提的是，在上面的数据表制作要求中提到了"一维表"和"二维表"，什么是一维表，什么是二维表呢？

1) 一维表

一维表是指每个数据只有一个对应数值，每一列都是独立参数的数据表。一维表能够容纳更多的数据，让数据更丰富、更详细，如图 3-8 所示。

品类	季度	销售额/元
面膜	Q1	16800
面膜	Q2	16204
面膜	Q3	19262
面膜	Q4	19502
润肤乳	Q1	19344
润肤乳	Q2	19649
润肤乳	Q3	15496
润肤乳	Q4	15608
保湿霜	Q1	17754
保湿霜	Q2	16224
保湿霜	Q3	16572
保湿霜	Q4	17134
洁面霜	Q1	18360
洁面霜	Q2	18513
洁面霜	Q3	15556
洁面霜	Q4	19060

图 3-8　一维表示例

2）二维表

二维表是指每个数据都有两个对应数值，每一列都是同类参数的数据表。二维表能够更直观地显示数据特点，让数据更直观、更明确，如图 3-9 所示。

品类	Q1	Q2	Q3	Q4
面膜	16800	16204	19262	19502
润肤乳	19344	19649	15496	15608
保湿霜	17754	16224	16572	17134
洁面霜	18360	18513	15556	19060

图 3-9　二维表示例

在数据准备过程中，一维表适合用来存储数据，比如仓储管理等，还可以作为数据分析的源数据；二维表用来展示数据，进行汇报等。

多学一招：将二维表转换为一维表

实际工作中人们接触到的数据表通常都是二维表，但是数据表应该是以一维的形式进行存储的，为了便于存储数据，就需要将二维表转换为一维表的形式。

使用 Excel 中的“数据透视表和数据透视图向导”功能可以完成两类表格的转换，具体转换方法如下。

STEP 01　导入数据。

打开“2017 产品销售数据.xlsx”表格，如图 3-10 所示，该数据表为二维表。

	A	B	C	D	E
1	品类	Q1	Q2	Q3	Q4
2	面膜	98490	94927	69302	72739
3	润肤乳	98926	75932	63237	67327
4	保湿霜	55621	87646	80933	53871
5	洁面霜	81273	83238	83553	65536
6	爽肤水	90714	53883	80421	56784
7	卸妆水	93871	97684	80908	67346
8	眼霜	67755	96271	94474	95670
9	护手霜	61211	51471	55619	91946
10	洗面奶	59070	95487	76534	75327

图 3-10　2017 产品销售数据

STEP 02 添加“数据透视表和数据透视图向导”功能。

(1) 单击“文件”→“选项”打开“Excel 选项”对话框，如图 3-11 所示。

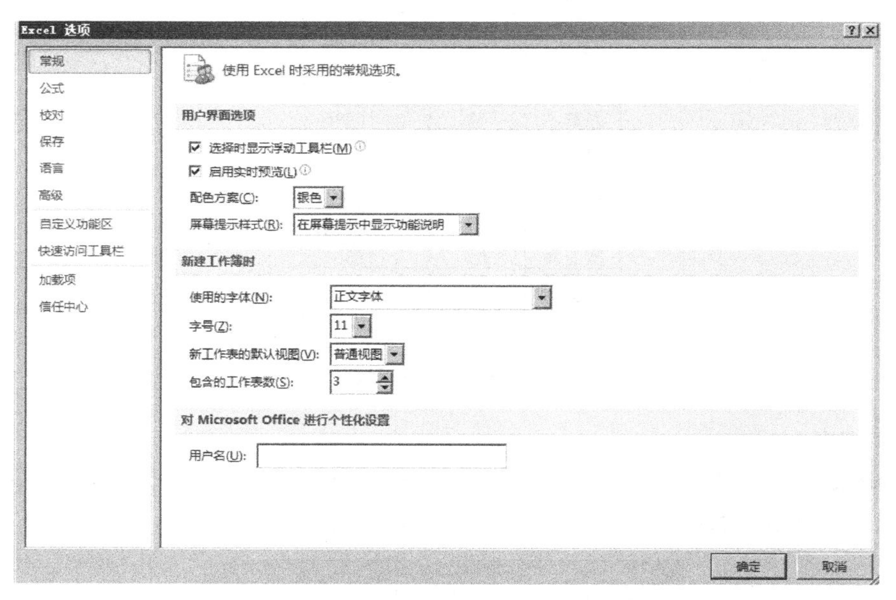

图 3-11 添加“数据透视表和数据透视图”功能 01

(2) 选择“自定义功能区”，然后单击“常用命令”右侧的下拉三角按钮▼，在弹出的下拉菜单中选择“不在功能区中的命令”，如图 3-12 所示。

(3) 在下方的菜单中选择“数据透视表和数据透视图向导”，如图 3-13 所示。

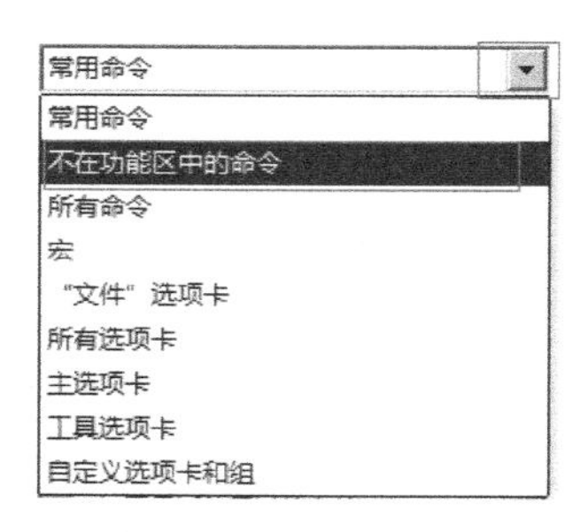

图 3-12 添加“数据透视表和数据透视图”功能 02

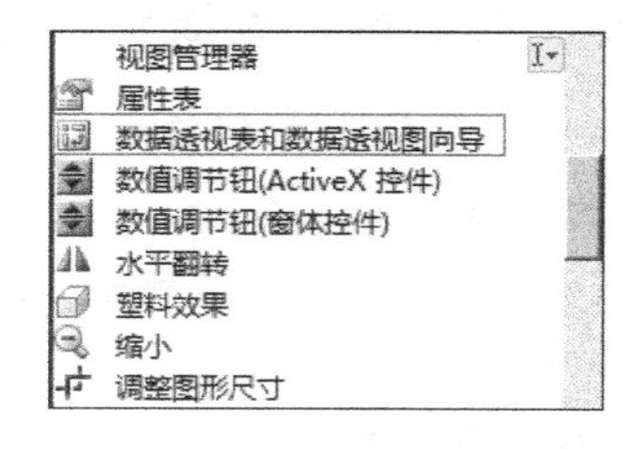

图 3-13 添加“数据透视表和数据透视图”功能 03

(4) 在“自定义功能区”选择“主选项卡”，如图 3-14 所示。

(5) 在“数据”主选项卡下面添加“新建组”并选中它，如图 3-15 所示。

(6) 单击“添加”按钮，即可把“数据透视表和数据透视图向导”添加到“数据”主选项卡的“新建组”中，如图 3-16 所示。

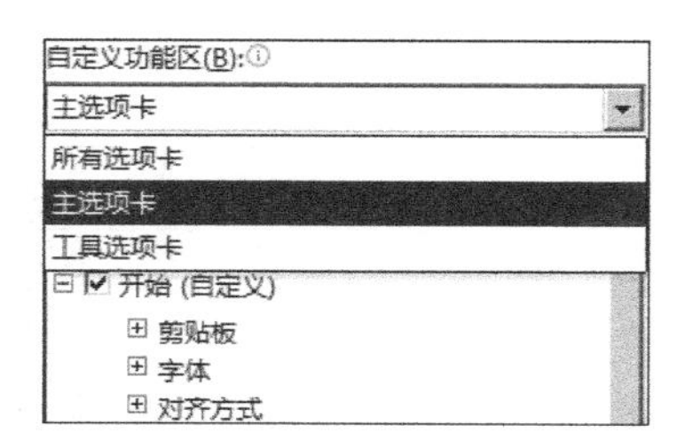

图 3-14 添加“数据透视表和数据透视图”功能 04

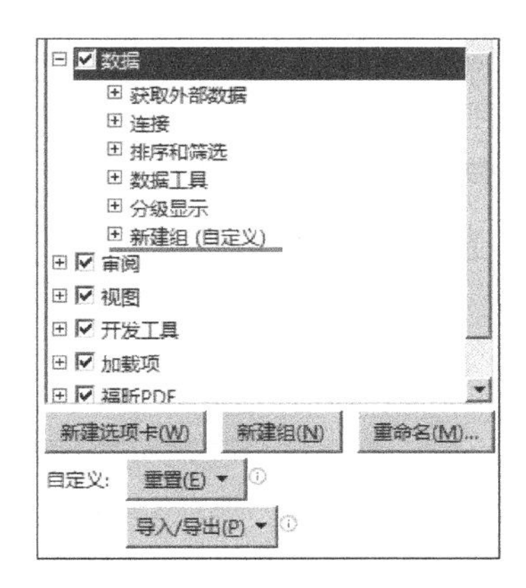

图 3-15　添加“数据透视表和数据透视图”功能 05

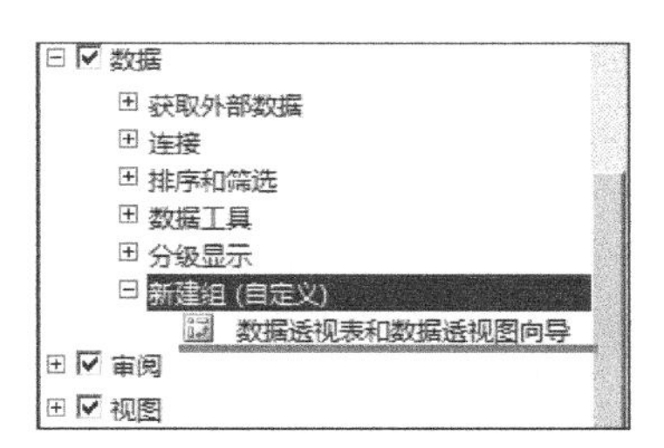

图 3-16　添加“数据透视表和数据透视图”功能 06

STEP 03　添加数据透视表。

(1) 返回 Excel 主界面，单击已添加到“数据”主选项卡中的“数据透视表和数据透视图向导”，会弹出如图 3-17 所示的对话框。

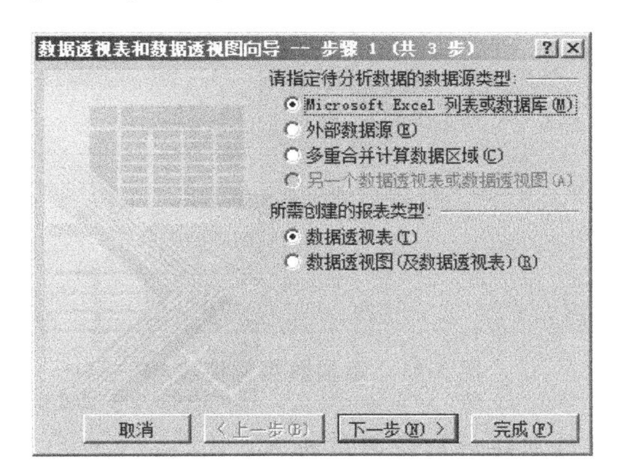

图 3-17　添加数据透视表 01

(2) 在数据源类型中选择“多重合并计算数据区域”，并单击“下一步”按钮，如图 3-18 所示。

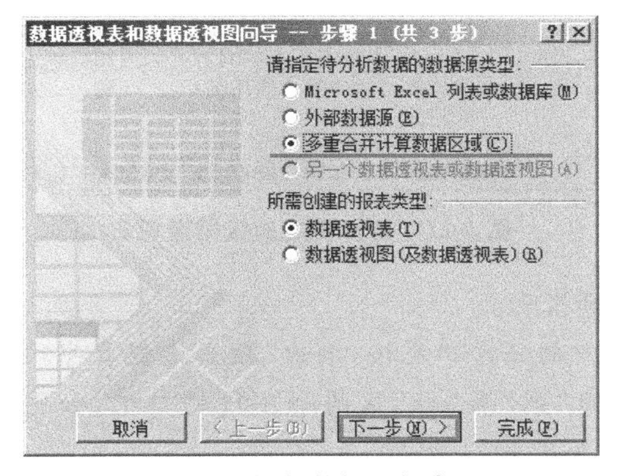

图 3-18　添加数据透视表 02

(3) 选择"创建单页字段"选项,并单击"下一步"按钮,如图 3-19 所示。

(4) 在"选定区域"选项中选择整个二维表的数据区域"2017 年产品销售数据表!$A$1:$E$10",单击"添加"按钮,并单击"下一步"按钮,如图 3-20 所示。

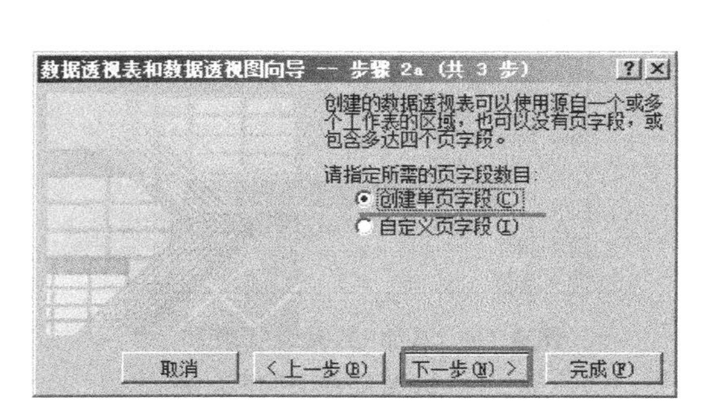

图 3-19 添加数据透视表 03

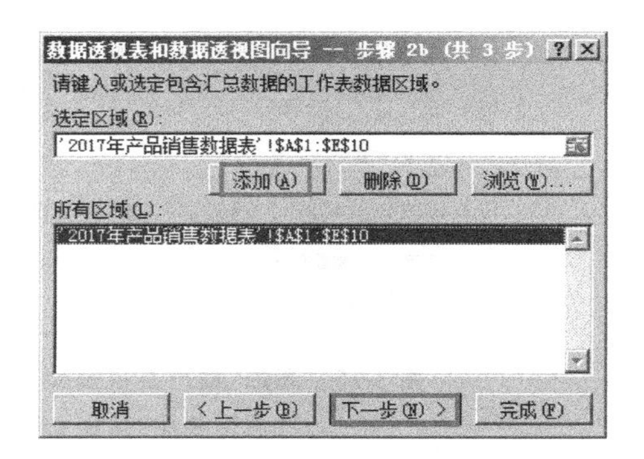

图 3-20 添加数据透视表 04

(5) 在"数据透视表显示位置"选择"新工作表"选项,然后单击"完成"按钮,如图 3-21 所示,即可完成数据透视表的创建。

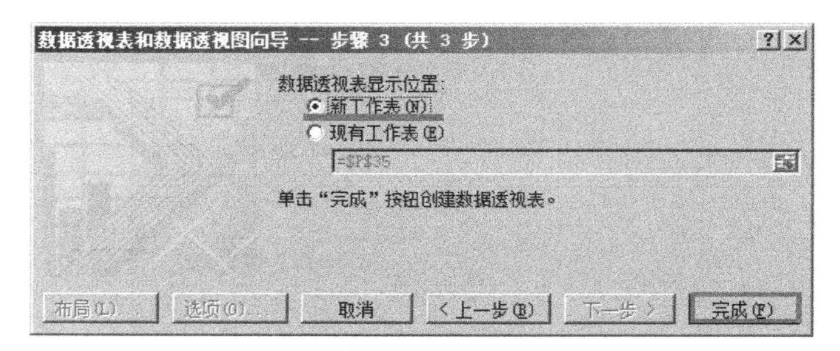

图 3-21 添加数据透视表 05

(6) 如图 3-22 所示即为创建好的数据透视表。

求和项:值	列标签				
行标签	Q1	Q2	Q3	Q4	总计
保湿霜	55621	87646	80933	53871	278071
护手霜	61211	51471	55619	91946	260247
洁面霜	81273	83238	83553	65536	313600
面膜	98490	94927	69302	72739	335458
润肤乳	98926	75932	63237	67327	305422
爽肤水	90714	53883	80421	56784	281802
洗面奶	59070	95487	76534	75327	306418
卸妆水	93871	97684	80908	67346	339809
眼霜	67755	96271	94474	95670	354170
总计	706931	736539	684981	646546	2774997

图 3-22 初步完成的数据透视表

STEP 04 调整数据透视表。

(1) 单击数据透视表中的任意单元格,调出"数据透视表字段列表"对话框,在"选择要添加到报表的字段"中取消"列"和"行"这两个字段的勾选,如图 3-23 所示。移除"行"和"列"字段后的数据透视表如图 3-24 所示。

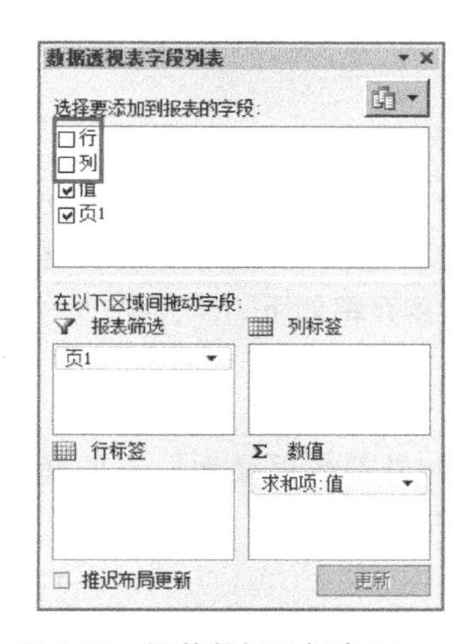

图 3-23 调整数据透视表 01——取消勾选"行"和"列"

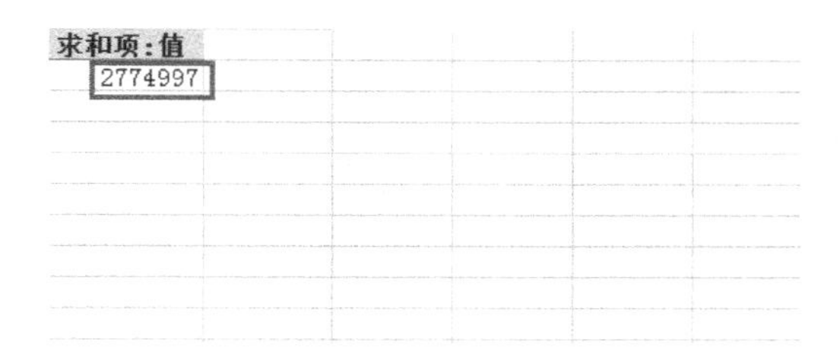

图 3-24 取消勾选"行"和"列"的透视表

(2) 双击图 3-24 中方框标出的单元格,Excel 会自动创建一个新工作表,并基于原二维表数据源生成新的一维表,如图 3-25 所示。此外,直接双击图 3-22 中方框标识的单元格,也可以直接基于原二维表数据源生成新的一维表。

(3) 把不需要的列删掉,并把数据表的列标题改成相应的字段名称即可,如图 3-26 所示。

行	列	值	页1
面膜	Q1	98490	项1
面膜	Q2	94927	项1
面膜	Q3	69302	项1
面膜	Q4	72739	项1
润肤乳	Q1	98926	项1
润肤乳	Q2	75932	项1
润肤乳	Q3	63237	项1
润肤乳	Q4	67327	项1
保湿霜	Q1	55621	项1
保湿霜	Q2	87646	项1
保湿霜	Q3	80933	项1
保湿霜	Q4	53871	项1
洁面霜	Q1	81273	项1
洁面霜	Q2	83238	项1
洁面霜	Q3	83553	项1
洁面霜	Q4	65536	项1
爽肤水	Q1	90714	项1
爽肤水	Q2	53883	项1
爽肤水	Q3	80421	项1
爽肤水	Q4	56784	项1
卸妆水	Q1	93871	项1
卸妆水	Q2	97684	项1
卸妆水	Q3	80908	项1
卸妆水	Q4	67346	项1
眼霜	Q1	67755	项1
眼霜	Q2	96271	项1
眼霜	Q3	94474	项1
眼霜	Q4	95670	项1
护手霜	Q1	61211	项1
护手霜	Q2	51471	项1
护手霜	Q3	55619	项1
护手霜	Q4	91946	项1
洗面奶	Q1	59070	项1
洗面奶	Q2	95487	项1
洗面奶	Q3	76534	项1
洗面奶	Q4	75327	项1

图 3-25 调整数据透视表 02——转换成一维表

品类	季度	销售额
面膜	Q1	98490
面膜	Q2	94927
面膜	Q3	69302
面膜	Q4	72739
润肤乳	Q1	98926
润肤乳	Q2	75932
润肤乳	Q3	63237
润肤乳	Q4	67327
保湿霜	Q1	55621
保湿霜	Q2	87646
保湿霜	Q3	80933
保湿霜	Q4	53871
洁面霜	Q1	81273
洁面霜	Q2	83238
洁面霜	Q3	83553
洁面霜	Q4	65536
爽肤水	Q1	90714
爽肤水	Q2	53883
爽肤水	Q3	80421
爽肤水	Q4	56784
卸妆水	Q1	93871
卸妆水	Q2	97684
卸妆水	Q3	80908
卸妆水	Q4	67346
眼霜	Q1	67755
眼霜	Q2	96271
眼霜	Q3	94474
眼霜	Q4	95670
护手霜	Q1	61211
护手霜	Q2	51471
护手霜	Q3	55619
护手霜	Q4	91946
洗面奶	Q1	59070
洗面奶	Q2	95487
洗面奶	Q3	76534
洗面奶	Q4	75327

图 3-26 转换完成的一维表

3.1.2 获取数据

数据是数据分析的基础和研究对象，没有数据，数据分析也无从谈起，所以获取数据是数据准备中的重要环节。在对数据有了深入的认识和解读后，接下来就可以获取相关的数据了，获取数据的方式主要有导入数据和手工录入两种，具体介绍如下。

1. 导入数据

导入数据即把需要分析的外部数据导入到分析工具中，外部数据最常见的来源有文本数据和网站数据两种，下面对这两种数据的导入分别进行讲解。

1）导入文本数据

有一些网站统计工具后台导出的数据是以文本形式保存的，需要将其导入到分析工具中才能进行更加深入的分析。“叮叮网 Q3 库存数据”是一份完整的文本文件，现在以导入这份文件的流程为例进行讲解。

STEP 01 打开“数据”选项卡，选择“自文本选项”，Excel 会弹出如图 3-27 所示的“导入文本文件”对话框。

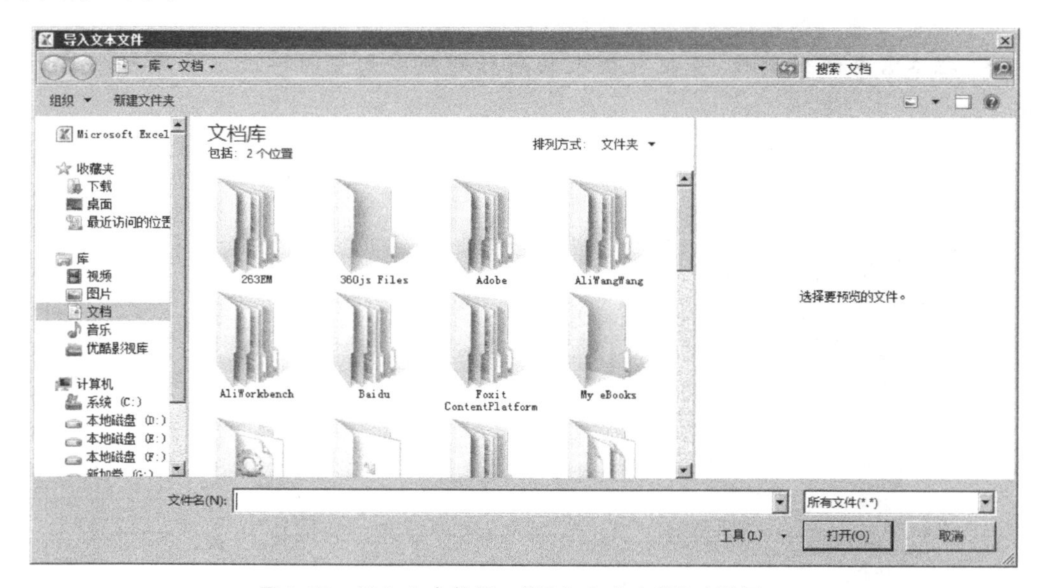

图 3-27 导入文本数据—“导入文本文件”对话框 01

STEP 02 在文本类型中选择“文本文件”，然后找到“叮叮网 Q3 库存数据”文件所在的位置，如图 3-28 所示。

STEP 03 选中“叮叮网 Q3 库存数据”文件，单击“打开”按钮，会弹出如图 3-29 所示的“文本导入向导”对话框。

STEP 04 在“文本导入向导”对话框中有“分隔符号”选项，由于“叮叮网 Q3 库存数据”是以 Tab 键分隔的，所以这里选择分隔符号，单击“下一步”按钮，得到如图 3-30 所示的对话框。

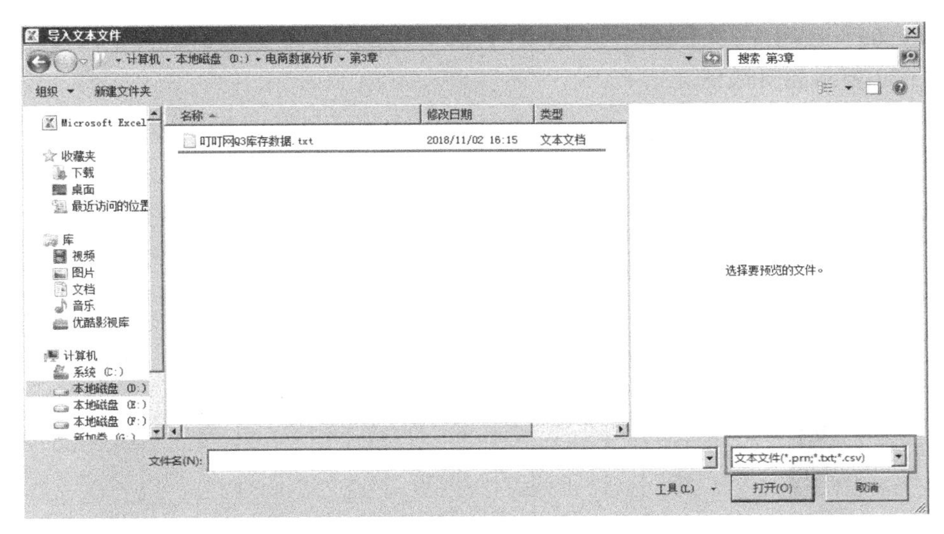

图 3-28　导入文本数据—“导入文本文件”对话框 02

文本导入向导 - 第 1 步，共 3 步

文本分列向导判定您的数据具有分隔符。

若一切设置无误，请单击“下一步”，否则请选择最合适的数据类型。

原始数据类型

请选择最合适的文件类型:

◉ 分隔符号(D) － 用分隔字符，如逗号或制表符分隔每个字段

○ 固定宽度(W) － 每列字段加空格对齐

导入起始行(R): 1　文件原始格式(O): 936 : 简体中文(GB2312)

预览文件 D:\电商数据分析\第3章\叮叮网Q3库存数据.txt:

1 品类SKU数目前库存量目前库存占比动销率当前售罄率计划售罄率
2 面膜204805.83%68.75%88.69%60.03%
3 口红257779.44%73.67%57.98%73.39%
4 眼霜2388010.69%87.20%55.87%67.21%

取消　< 上一步(B)　下一步(N) >　完成(F)

图 3-29　导入文本数据—“文本导入向导”对话框 01

文本导入向导 - 第 2 步，共 3 步

请设置分列数据所包含的分隔符号。在预览窗口内可看到分列的效果。

分隔符号

☑ Tab 键(T)
☐ 分号(M)
☐ 逗号(C)
☐ 空格(S)
☐ 其他(O):

☐ 连续分隔符号视为单个处理(R)

文本识别符号(Q): "

数据预览(P)

品类	SKU数	目前库存量	目前库存占比	动销率	当前售罄率	计划售罄率
面膜	20	480	5.83%	68.75%	88.69%	60.03%
口红	25	777	9.44%	73.67%	57.98%	73.39%
眼霜	23	880	10.69%	87.20%	55.87%	67.21%

取消　< 上一步(B)　下一步(N) >　完成(F)

图 3-30　导入文本数据—“文本导入向导”对话框 02

STEP 05 在图 3-30“分隔符号”选项中，选中“Tab 键”复选框，单击“下一步”按钮，得到如图 3-31 所示的对话框。

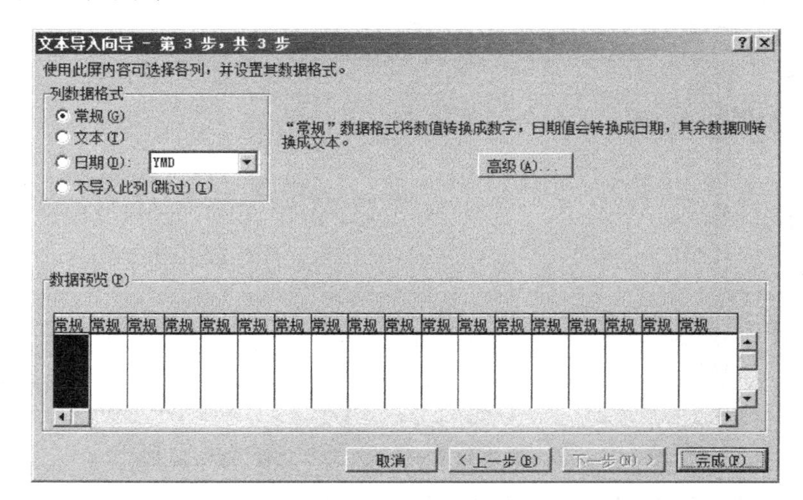

图 3-31 导入文本数据—“文本导入向导”对话框 03

STEP 06 在如图 3-31 所示的“文本导入向导”对话框中，选中“常规”选项，单击“完成”按钮，得到如图 3-32 所示的“导入数据”对话框。

STEP 07 在弹出的“导入数据”对话框中，选择存放数据的位置，单击按钮，拖动或者缩放单元格区域，再次单击按钮恢复对话框，最后单击“确定”按钮，如图 3-33 所示。

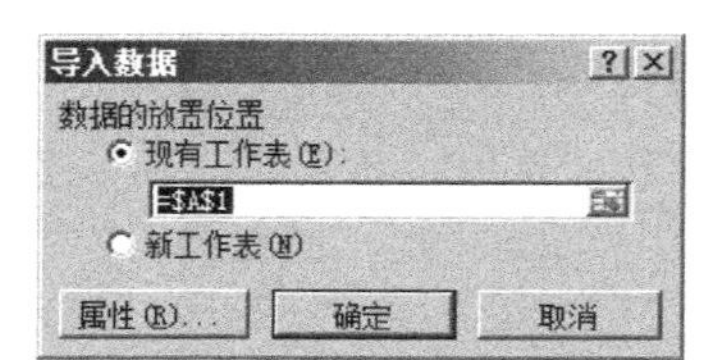

图 3-32 导入文本数据—“导入数据”对话框 01

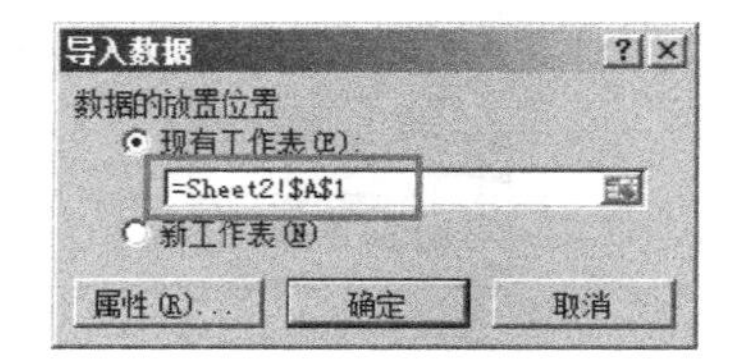

图 3-33 导入文本数据—“导入数据”对话框 02

STEP 08 单击“确定”按钮之后，文本文件（叮叮网 Q3 库存数据）会按照所设置的格式自动导入其中，效果如图 3-34 所示。

	A	B	C	D	E	F	G
1	品类	SKU数	目前库存量	目前库存占比	动销率	当前售罄率	计划售罄率
2	面膜	20	480	5.83%	68.75%	88.69%	60.03%
3	口红	25	777	9.44%	73.67%	57.98%	73.39%
4	眼霜	23	880	10.69%	87.20%	55.87%	67.21%
5	粉底	15	585	7.10%	63.45%	93.41%	76.17%
6	润肤乳	17	924	11.22%	64.25%	85.75%	72.60%
7	保湿霜	26	847	10.29%	78.60%	79.94%	63.89%
8	洁面霜	15	383	4.65%	71.35%	86.79%	78.52%
9	爽肤水	15	748	9.08%	74.51%	50.64%	77.45%
10	防晒霜	21	620	7.53%	86.72%	80.68%	73.66%
11	护手霜	16	834	10.13%	73.89%	97.28%	75.95%
12	卸妆水	26	738	8.96%	63.06%	76.31%	83.70%
13	洗面奶	25	419	5.09%	71.41%	51.54%	80.21%
14	合计	244	8235	100%	\	\	\

图 3-34 导入文本数据—“导入数据”对话框 03

2）自动导入网站数据

除了本地文本数据，网站数据源也是数据分析工作中不可或缺的数据源，比如销售排行、产品报价、国家统计局网站公布的经济数据等。以导入“2018 年 8 月居民消费价格”数据为例，导入网站数据具体操作方法如下。

STEP 01　在 Excel 中打开“数据”选项卡，选择“自网站”选项，会弹出“新建 Web 查询”对话框，如图 3-35 所示。

图 3-35　自动导入网站数据—“新建 Web 查询”对话框 01

STEP 02　在“新建 Web 查询”对话框的地址栏中输入需要被导入数据的网址，国家统计局“2018 年居民消费价格”数据的网址为 http://www.stats.gov.cn/tjsj/zxfb/201809/t20180910_1621676.html。单击“转到”按钮，对话框中将显示相应的页面，在打开的页面中找到需要的表格，如图 3-36 所示。

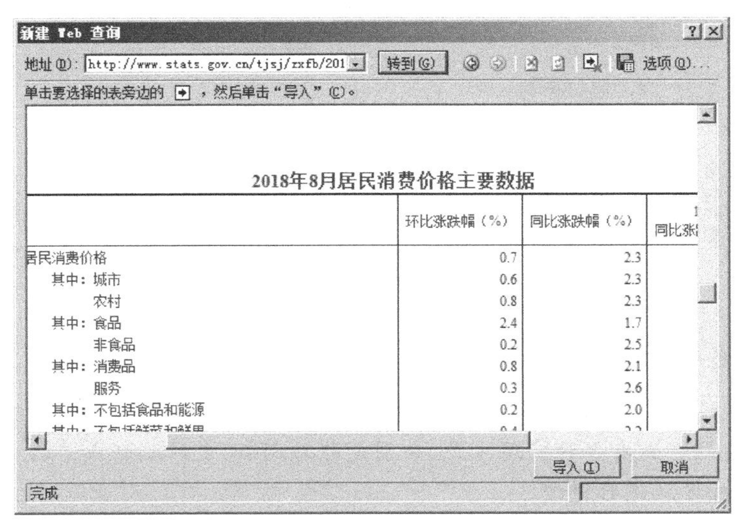

图 3-36　自动导入网站数据—“新建 Web 查询”对话框 02

STEP 03 单击表格左上角的➡按钮，使其图标变成☑，如图 3-37 所示。

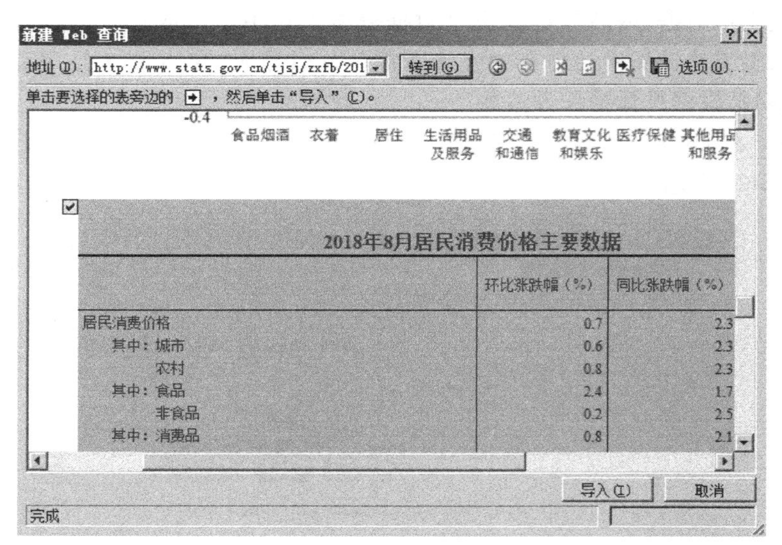

图 3-37 自动导入网站数据—“新建 Web 查询”对话框 03

STEP 04 单击“导入”按钮，弹出“导入数据”的对话框，在工作表中选择需要放置数据的区域，这里选择默认的位置 A1。

STEP 05 单击“确定”按钮，网站中的数据将自动导入 Excel 中，导入数据后的效果如图 3-38 所示。

	A	B	C	D
1	2018年8月居民消费价格主要数据			
2		环比涨跌幅（%）	同比涨跌幅（%）	1-8月
3				同比涨跌幅（%）
4	居民消费价格	0.7	2.3	2
5	其中：城市	0.6	2.3	2
6	农村	0.8	2.3	2
7	其中：食品	2.4	1.7	1.2
8	非食品	0.2	2.5	2.2
9	其中：消费品	0.8	2.1	1.6
10	服务	0.3	2.6	2.7
11	其中：不包括食品和能源	0.2	2	2
12	其中：不包括鲜菜和鲜果	0.4	2.2	1.9
13	按类别分			
14	一、食品烟酒	1.7	1.9	1.4
15	粮　食	0	0.5	0.9
16	食 用 油	0	-0.6	-0.9
17	鲜　菜	9	4.3	6.9
18	畜 肉 类	3.8	-2	-5.9

图 3-38 网站数据导入结果

多学一招：如何实现自动更新导入的网站数据

前面已经说过，导入网站数据之后，不用打开网页，导入的网站数据也能自动更新。导入的网站数据自动更新有 3 种实现方式，分别是即时刷新、定时刷新或者打开文件时自动刷新，下面对这 3 种方式进行讲解。

1）即时刷新

即时刷新比较简单，只需要打开“数据”主选项卡，在“全部刷新”下拉菜单中选择“刷新”，如图 3-39 所示；或者选择导入的外部数据所在区域的任意一个单元格，右击，在弹出的快捷菜单中选择“刷新”命令，如图 3-40 所示。

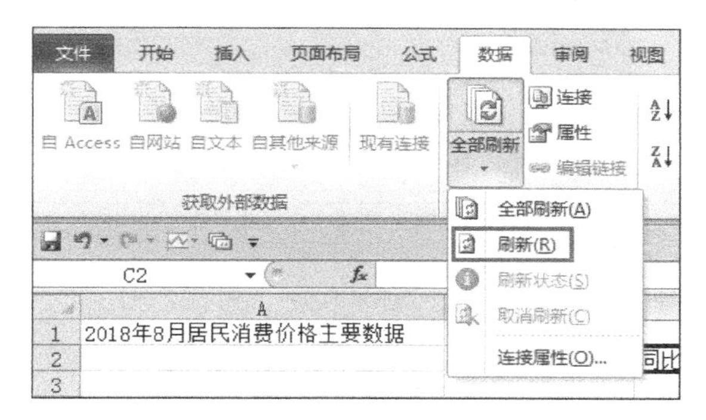

图 3-39　即时刷新数据——方法 1

其中：城市	0.6	2.3
农村	0.8	2.3
其中：食品	2.4	1.7
非食品	0.2	2.5
其中：消费品	0.8	2.1
服务	0.3	2.6
其中：不包括食品和能源	0.2	2
其中：不包括鲜菜和鲜果	0.4	2.2
按类别分		
一、食品烟酒	1.7	1.9
粮　食	0	0.5
食 用 油	0	-0.6
鲜　菜	9	4.3
畜 肉 类	3.8	-2
其中：猪　肉	6.5	-4.9
牛　肉	0.4	3.3
羊　肉	0.6	13.3
水 产 品	-0.3	0.9
蛋　类	12	10.2
奶　类	0.2	1.6
鲜　果	0.8	5.5
烟　草	0.1	0.2
酒　类	0.1	2.9
二、衣着	-0.1	1.3

图 3-40　即时刷新数据——方法 2

2）定时刷新

在图 3-40 的快捷菜单中有一个“数据范围属性”选项，选择这个选项，会弹出“外部数据区域属性”对话框，如图 3-41 所示。在对话框中勾选“刷新频率”复选框，选择刷新的间隔时间（刷新频率），就能实现定时刷新了。

3）打开文件时自动刷新

如图 3-41 所示，在“外部数据区域属性”对话框中，有“打开文件时刷新数据”的复选框，选择这个选项就可以实现在打开文件时自动刷新数据。

2. 手工录入数据

获取数据的方式除了直接导入外部数据，有些情况下也需要手工录入数据，例如问卷调查等无法直接导入数据分析工具的数据。在手工录入数据时，需要通过合适的方法提高数据录入的效率，例如，通过记录单录入数据或者通过二分法和多重分类法录入问卷数据。由

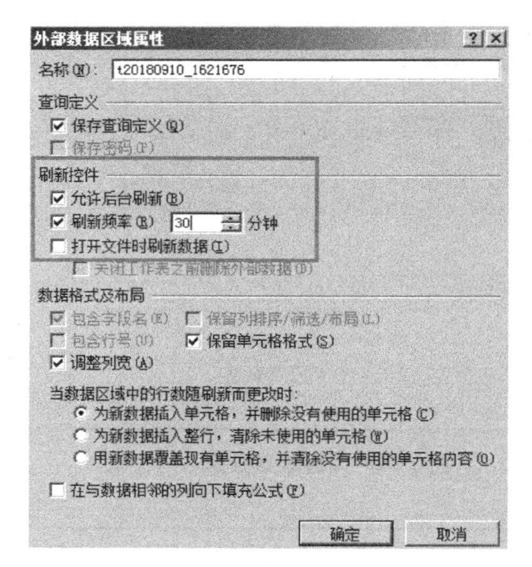

图 3-41 定时刷新数据——外部数据区域属性

于手工录入数据的情况在数据分析中并不常见，所以简单了解即可。

3.2 数据处理

在实际的数据分析工作中，很多时候会遇到不准确、不一致的数据，数据分析师使用这样的数据通常无法直接进行数据分析或分析结果差强人意，基于这样的分析结果做出的决策建议对企业的发展也是不利的，所以需要把这些影响分析的数据处理好，才能获得更加精确的分析结果。数据处理就是根据数据分析的目的，把收集到的数据用适当的处理方法进行处理加工，使其能够符合数据分析的要求，包括数据清洗和数据加工两方面，本节将进行详细讲解。

3.2.1 数据清洗

数据清洗就是把多余重复的数据筛选清除，将缺失的数据补充完整，将错误的数据进行纠正或删除。数据清洗包括重复值的处理、缺失值的处理和异常值的处理三部分，下面将进行详细讲解。

1. 重复值的处理

重复数据是指关键字段重复的数据。对于重复数据，应该查看是否除了关键字段相同之外，其他字段数据是否相同，如果相同则一定为重复数据；如果不同，则判断重复数据是否应该保留。如果不及时处理数据表中存在的重复值，数据分析师的分析结果会出现不准确的情况，导致错误的结论，为企业的决策提供错误的建议。下面以叮叮网产品销售明细表作为源数据，讲解查找重复数据和删除重复数据的方法。

1）查找重复数据

查找重复数据是对重复数据进行处理的前提，如果不能发现数据中存在的重复数据，则会对数据分析产生严重干扰。查找重复数据主要有以下几种方法。

(1) 使用条件格式查找重复数据。

此方法需要使用“条件格式”功能来完成重复数据查找。下面以查找叮叮网产品销售明细中的重复值为例,讲解使用条件格式查找重复值的操作方法,具体步骤如下。

STEP 01　打开表格“叮叮网产品销售明细表. xlsx”,如图 3-42 所示。

	A	B	C	D	E	F	G	H	I
1	款号	客单价	销售日期	PV(浏览量)	UV(访客数)	支付转化率	加购数/件	销售量/件	剩余库存/件
2	C00001	142	9月1日	21100	12500	1.25%	568	168	566
3	C00002	121	9月2日	18200	98496	1.06%	666	1068	113
4	C00003	163	9月1日	17200	16900	1.15%	465	866	466
5	C00004	513	9月5日	16200	34600	0.86%	416	166	164
6	C00008	229	9月10日	14200	26800	0.94%	268	486	465
7	C00005	201	9月4日	15690	18600	0.68%	266	595	298
8	C00007	243	9月3日	14200	18900	1.45%	346		336
9	C00012	368	9月8日	12800	15600	0.18%	269	276	498
10	C00008	229	9月10日	14200	26800	0.94%	268	486	465
11	C00010	193	9月10日	13260	36800	1.16%	765	267	785
12	C00011	394	9月11日	13480	41500	0.23%	168		682
13	C00016	324	9月7日	11540	18500	1.07%	569	483	654
14	C00015	261	9月6日	13460	19650	0.36%	266	564	413
15	C00017	282	9月14日	15640	48980	1.62%	659	649	116

图 3-42　叮叮网产品销售明细表

STEP 02　选中“客单价”一列(B 列),切换到“开始”选项卡,单击样式组中的“条件格式”按钮,如图 3-43 所示。

STEP 03　在弹出的下拉列表中选择“突出显示单元格规则”→“重复值”菜单选项,如图 3-44 所示。

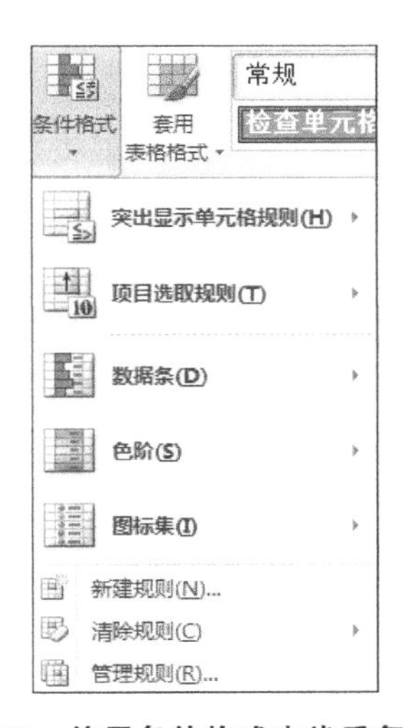

图 3-43　使用条件格式查找重复值 01

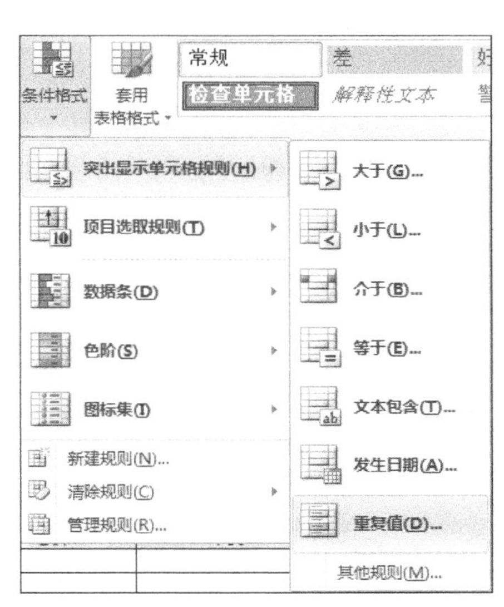

图 3-44　使用条件格式查找重复值 02

STEP 04　在弹出的“重复值”对话框中,在“为包含以下类型的单元格设置格式”下拉列表中选择“重复”选项,在右侧的“设置为”下拉列表中选择“浅红填充色深红色文本”选项,如图 3-45 所示。

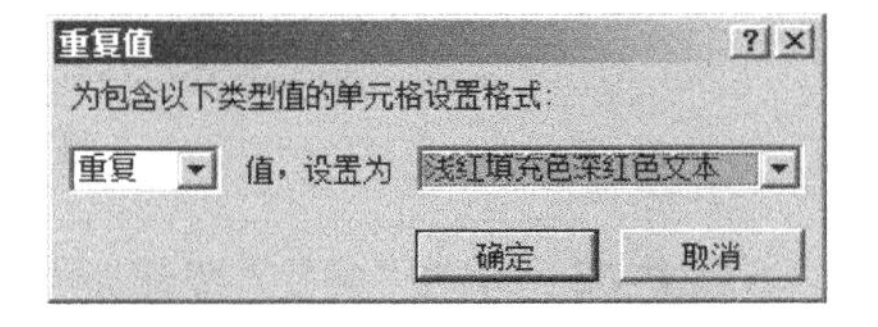

图 3-45　使用条件格式查找重复值 03

STEP 05　单击“确定”按钮返回工作表,即可看到“款号”一列的重复值被标记出来,如图 3-46 所示。

	A	B	C	D	E	F	G	H	I
1	款号	客单价	销售日期	PV（浏览量）	UV（访客数）	支付转化率	加购数/件	销售量/件	剩余库存/件
2	C00001	142	9月1日	21100	12500	1.25%	568	168	566
3	C00002	121	9月2日	18200	98496	1.06%	666	1068	113
4	C00003	163	9月1日	17200	16900	1.15%	465	866	466
5	C00004	513	9月5日	16200	34600	0.86%	416	166	164
6	C00008	229	9月10日	14200	26800	0.94%	268	486	465
7	C00005	201	9月4日	15690	18600	0.68%	266	595	298
8	C00007	243	9月3日	14200	18900	1.45%	346		336
9	C00012	368	9月8日	12800	15600	0.18%	269	276	498
10	C00008	229	9月10日	14200	26800	0.94%	268	486	465
11	C00010	193	9月10日	13260	36800	1.16%	765	267	785
12	C00011	394	9月11日	13480	41500	0.23%	168		682
13	C00016	324	9月7日	11540	18500	1.07%	569	483	654
14	C00015	261	9月6日	13460	19650	0.36%	266	564	413
15	C00017	282	9月14日	15640	48980	1.62%	659	649	116

图 3-46　使用条件格式查找重复值 04

（2）使用排序查找重复值。

此方法是按照一定的顺序对工作表中的数据重新进行排序，查看表格中的数据是否存在重复情况。下面以查找叮叮网产品销售明细中的重复值为例，讲解通过排序查找重复值的具体操作方法。

STEP 01　选中数据区域的任意一个单元格，切换到"数据"选项卡中，单击"排序"按钮，会弹出"排序"对话框，如图 3-47 所示。

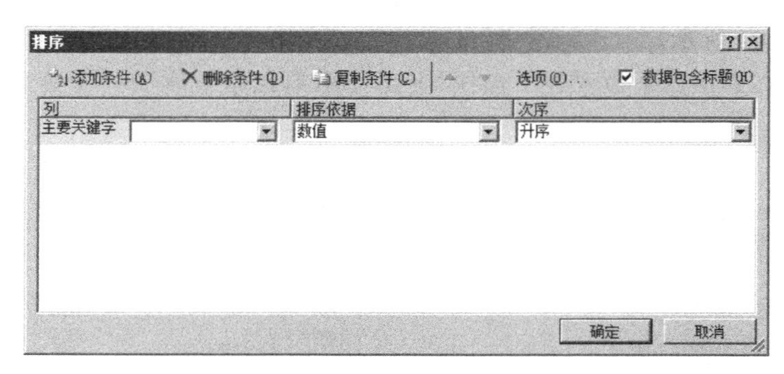

图 3-47　排序查找重复值 01

STEP 02　在"主要关键字"下拉列表中，选择"款号"选项，在"排序依据"下拉列表中选择"数值"选项，在"次序"下拉列表中选择"升序"选项，如图 3-48 所示。

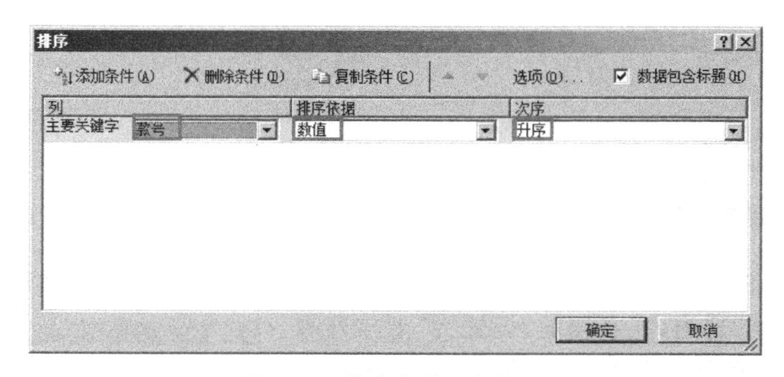

图 3-48　排序查找重复值 02

STEP 03　单击"确定"按钮返回工作表，此时表格中的数据根据"款号"进行升序排列，重复值被标记出来，如图 3-49 所示。

款号	客单价	销售日期	PV（浏览量）	UV（访客数）	支付转化率	加购数/件	销售量/件	剩余库存/件
C00001	142	9月1日	21100	12500	1.25%	568	168	566
C00002	121	9月2日	18200	98496	1.06%	666	1068	113
C00003	163	9月1日	17200	16900	1.15%	465	866	466
C00004	513	9月5日	16200	34600	0.86%	416	166	164
C00005	201	9月4日	15690	18600	0.68%	266	595	298
C00007	243	9月3日	14200	18900	1.45%	346		336
C00008	229	9月10日	14200	26800	0.94%	268	486	465
C00008	229	9月10日	14200	26800	0.94%	268	486	465
C00010	193	9月10日	13260	36800	1.16%	765	267	785
C00011	394	9月11日	13480	41500	0.23%	168		682
C00012	368	9月8日	12800	15600	0.18%	269	276	498
C00015	261	9月6日	13460	19650	0.36%	266	564	413
C00016	324	9月7日	11540	18500	1.07%	569	483	654
C00017	282	9月14日	15640	48980	1.62%	659	649	116

图 3-49　排序查找重复值 03

(3) 使用公式查找重复值。

使用公式查找重复数据就是通过统计函数对单元格区域中的数据出现的频率进行计算。下面还是以叮叮网产品销售明细表为源数据，使用 COUNTIF 函数进行查重，具体方法如下。

STEP 01　在如图 3-50 所示的表格中的 A 列右侧插入一列，并将此列命名为“重复计数”，如图 3-50 所示。

B1　　fx　重复计数

	A	B	C	D	E	F	G	H	I	J
1	款号	重复计数	客单价	销售日期	PV（浏览量）	UV（访客数）	支付转化率	加购数/件	销售量/件	剩余库存/件
2	C00001		142	9月1日	21100	12500	1.25%	568	168	566
3	C00002		121	9月2日	18200	98496	1.06%	666	1068	113
4	C00003		163	9月1日	17200	16900	1.15%	465	866	466
5	C00004		513	9月5日	16200	34600	0.86%	416	166	164
6	C00008		229	9月10日	14200	26800	0.94%	268	486	465
7	C00005		201	9月4日	15690	18600	0.68%	266	595	298
8	C00007		243	9月3日	14200	18900	1.45%	346		336
9	C00012		368	9月8日	12800	15600	0.18%	269	276	498
10	C00008		229	9月10日	14200	26800	0.94%	268	486	465
11	C00010		193	9月10日	13260	36800	1.16%	765	267	785
12	C00011		394	9月11日	13480	41500	0.23%	168		682
13	C00016		324	9月7日	11540	18500	1.07%	569	483	654
14	C00015		261	9月6日	13460	19650	0.36%	266	564	413
15	C00017		282	9月14日	15640	48980	1.62%	659	649	116
16										

图 3-50　使用公式查找重复值 01

STEP 02　选中单元格 B2，输入公式“=COUNTIF(A：A,A2)”，该公式表示在 A 列中统计单元格 A2 中内容出现的次数，按下 Enter 键即可看到统计结果，如图 3-51 所示。

B2　　fx　=COUNTIF(A:A,A2)

	A	B	C	D	E	F	G	H	I	J
1	款号	重复计数	客单价	销售日期	PV（浏览量）	UV（访客数）	支付转化率	加购数/件	销售量/件	剩余库存/件
2	C00001	1	142	9月1日	21100	12500	1.25%	568	168	566
3	C00002		121	9月2日	18200	98496	1.06%	666	1068	113
4	C00003		163	9月1日	17200	16900	1.15%	465	866	466
5	C00004		513	9月5日	16200	34600	0.86%	416	166	164
6	C00008		229	9月10日	14200	26800	0.94%	268	486	465
7	C00005		201	9月4日	15690	18600	0.68%	266	595	298
8	C00007		243	9月3日	14200	18900	1.45%	346		336
9	C00012		368	9月8日	12800	15600	0.18%	269	276	498
10	C00008		229	9月10日	14200	26800	0.94%	268	486	465
11	C00010		193	9月10日	13260	36800	1.16%	765	267	785
12	C00011		394	9月11日	13480	41500	0.23%	168		682
13	C00016		324	9月7日	11540	18500	1.07%	569	483	654
14	C00015		261	9月6日	13460	19650	0.36%	266	564	413
15	C00017		282	9月14日	15640	48980	1.62%	659	649	116
16										

图 3-51　使用公式查找重复值 02

STEP 03　使用快速填充功能将公式快速向下填充，即可看到款号为“C00008”重复计数的计算结果为 2，表示其出现重复，如图 3-52 所示。

	A	B	C	D	E	F	G	H	I	J
1	款号	重复计数	客单价	销售日期	PV（浏览量）	UV（访客数）	支付转化率	加购数/件	销售量/件	剩余库存/件
2	C00001	1	142	9月1日	21100	12500	1.25%	568	168	566
3	C00002	1	121	9月2日	18200	98496	1.06%	666	1068	113
4	C00003	1	163	9月1日	17200	16900	1.15%	465	866	466
5	C00004	1	513	9月5日	16200	34600	0.86%	416	166	164
6	C00008	2	229	9月10日	14200	26800	0.94%	268	486	465
7	C00005	1	201	9月4日	15690	18600	0.68%	266	595	298
8	C00007	1	243	9月3日	14200	18900	1.45%	346		336
9	C00012	1	368	9月8日	12800	15600	0.18%	269	276	498
10	C00008	2	229	9月10日	14200	26800	0.94%	268	486	465
11	C00010	1	193	9月10日	13260	36800	1.16%	765	267	785
12	C00011	1	394	9月11日	13480	41500	0.23%	168		682
13	C00016	1	324	9月7日	11540	18500	1.07%	569	483	654
14	C00015	1	261	9月6日	13460	19650	0.36%	266	564	413
15	C00017	1	282	9月14日	15640	48980	1.62%	659	649	116

图 3-52 使用公式查找重复值 03

（4）使用数据透视表查找重复值。

通过数据透视表同样可以计算数据重复的频次，而且比 COUNTIF 函数更加方便。用数据透视表统计各数据出现的频次，出现两次以上就说明该数据属于重复项，如果统计结果为 1，则说明该数据没有重复出现。要使用数据透视表查找“叮叮网产品销售明细表”中的重复值，可以按照如下方法操作。

STEP 01 单击“插入”选项，在“表格”功能组中，单击“数据透视表”按钮，弹出如图 3-53 所示的“创建数据透视表”对话框。

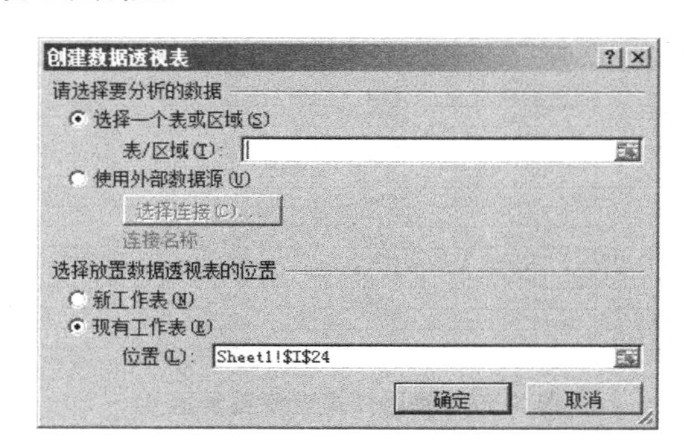

图 3-53 使用数据透视表查找重复值 01

STEP 02 在“选择一个表或区域”中选择数据源单元格范围“产品销售明细！$A$1：$A$15”，如图 3-54 所示。

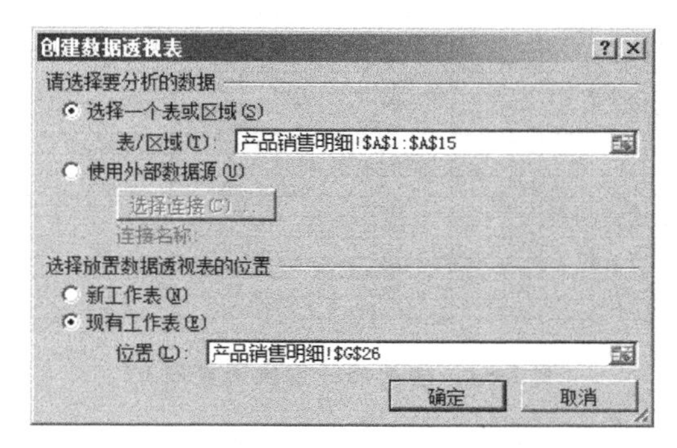

图 3-54 使用数据透视表查找重复值 02

STEP 03 继续在弹出的“创建数据透视表”对话框“选择放置数据透视表的位置”中选

择“现有工作表”，并指定位置为“产品销售明细！$J$1”，单击“确定”按钮，如图 3-54 所示。

STEP 04　将“款号”字段拖至行标签或直接在“选择要添加到报表的字段”中勾选“款号”字段，再将“款号”字段拖至“数值”区域，如图 3-55 所示。

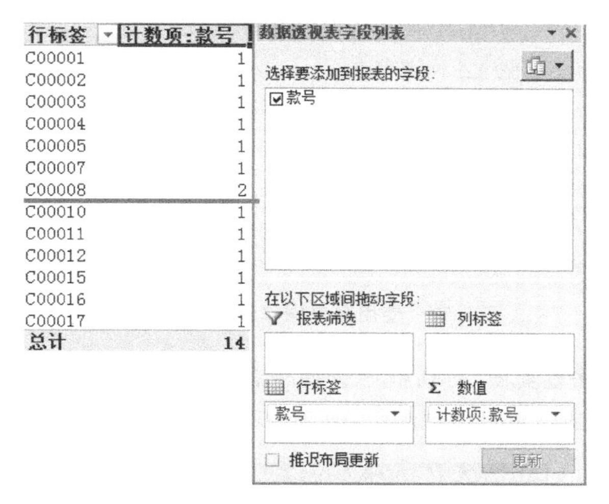

图 3-55　使用数据透视表查找重复值 03

通过数据透视表的分析，可以看到款号 C00008 出现两次，为该产品销售明细表中的重复数据。

在以上所讲的几种方法中，每种方法均有优点和不足之处，在实际工作中，应该根据具体情况选择合适的方法查找出数据中的重复值。

2）删除重复值

查找出数据中的重复值之后，需要将重复值删除，以免影响分析结果的准确性。下面还是以叮叮网产品销售明细表作为源数据，假设表格中存在每一个字段都相同的多行重复值，那么可以使用以下方法删除重复值。

（1）使用菜单操作删除重复值。

通过菜单操作删除重复值是最简单的方法，如果数据数量不是非常大，可以用这种方法快速删除重复值。

如果要使用菜单操作删除“叮叮网产品销售明细表”中的重复值，可以按照以下方法操作。

STEP 01　打开文件“叮叮网产品销售明细. xlsx”。

STEP 02　选择 A1：A15 数据区域。在“数据”选项卡的“数据工具”组中，单击“删除重复项”，弹出如图 3-56 所示的“删除重复项警告”对话框。

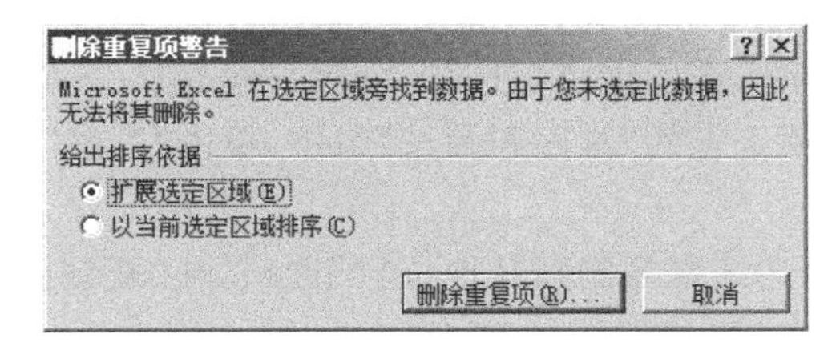

图 3-56　使用菜单操作删除重复项 01

STEP 03 在“删除重复项警告”对话框中选择“扩展选定区域”，单击“删除重复项”按钮，弹出如图 3-57 所示的“删除重复项”对话框。

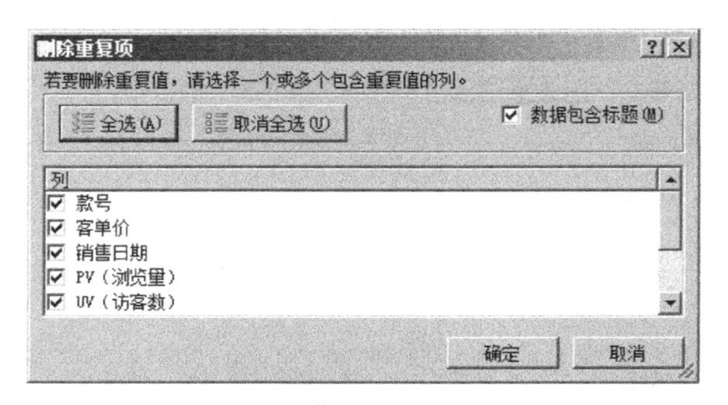

图 3-57 使用菜单操作删除重复项 02

STEP 04 在“删除重复项”对话框中选择包含重复值的列，单击“确定”按钮，Excel 会显示一条消息，指出有多少重复值被删除，有多少唯一值被保留，如图 3-58 所示。

图 3-58 使用菜单操作删除重复值 03

STEP 05 单击“确定”按钮，完成操作，如图 3-59 所示为删除重复值之后的产品销售明细表。

	A	B	C	D	E	F	G	H	I	J
1	款号	重复计数	客单价	销售日期	PV（浏览量）	UV（访客数）	支付转化率	加购数/件	销售量/件	剩余库存/件
2	C00001	1	142	9月1日	21100	12500	1.25%	568	168	566
3	C00002	1	121	9月2日	18200	98496	1.06%	666	1068	113
4	C00003	1	163	9月1日	17200	16900	1.15%	465	866	466
5	C00004	1	513	9月5日	16200	34600	0.86%	416	166	164
6	C00008	1	229	9月10日	14200	26800	0.94%	268	486	465
7	C00005	1	201	9月4日	15690	18600	0.68%	266	595	298
8	C00007	1	243	9月3日	14200	18900	1.45%	346		336
9	C00012	1	368	9月8日	12800	15600	0.18%	269	276	498
10	C00010	1	193	9月10日	13260	36800	1.16%	765	267	785
11	C00011	1	394	9月11日	13480	41500	0.23%	168		682
12	C00016	1	324	9月7日	11540	18500	1.07%	569	483	654
13	C00015	1	261	9月6日	13460	19650	0.36%	266	564	413
14	C00017	1	282	9月14日	15640	48980	1.62%	659	649	116

图 3-59 使用菜单操作删除重复值 04

(2) 通过高级筛选查找非重复值。

在 Excel 中可以直接利用筛选功能查找出非重复值，如果需要处理的数据量比较大，用高级筛选方法直接查找非重复数据效率会更高一些。如果使用高级筛选法查找“叮叮网产品销售明细”中的非重复值，可以按以下方法进行操作。

STEP 01 选择数据单元格区域 A1:J15。

STEP 02 在数据选项卡上的“排序和筛选”组中，单击“高级”按钮，弹出如图 3-60 所示的“高级筛选”对话框。

STEP 03 选择“将筛选结果复制到其他位置”选项，在“复制到”文本框中输入“叮叮网产品销售明细!$A$17”区域，如图 3-61 所示。

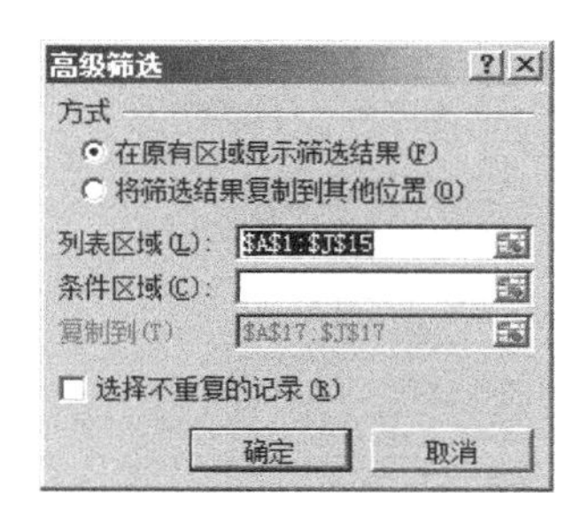

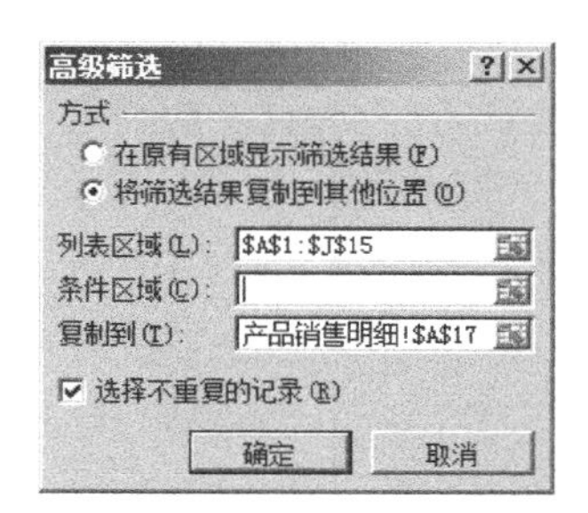

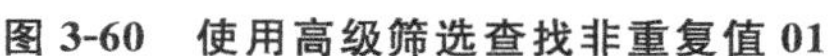

图 3-60　使用高级筛选查找非重复值 01　　**图 3-61　使用高级筛选查找重复值 02**

STEP 04　勾选“选择不重复的记录”复选框，单击“确定”按钮，完成筛选，筛选效果如图 3-62 所示，即为最终筛选出的非重复数值。

款号	重复计数	客单价	销售日期	PV（浏览量）	UV（访客数）	支付转化率	加购数/件	销售量/件	剩余库存/件
C00001	1	142	9月1日	21100	12500	1.25%	568	168	566
C00002	1	121	9月2日	18200	98496	1.06%	666	1068	113
C00003	1	163	9月1日	17200	16900	1.15%	465	866	466
C00004	1	513	9月5日	16200	34600	0.86%	416	166	164
C00008	2	229	9月10日	14200	26800	0.94%	268	486	465
C00005	1	201	9月4日	15690	18600	0.68%	266	595	298
C00007	1	243	9月3日	14200	18900	1.45%	346		336
C00012	1	368	9月8日	12800	15600	0.18%	269	276	498
C00010	1	193	9月10日	13260	36800	1.16%	765	267	785
C00011	1	394	9月11日	13480	41500	0.23%	168		682
C00016	1	324	9月7日	11540	18500	1.07%	569	483	654
C00015	1	261	9月6日	13460	19650	0.36%	266	564	413
C00017	1	282	9月14日	15640	48980	1.62%	659	649	116

图 3-62　使用高级筛选查找非重复值 03

以上所讲的两种方法，高级筛选更适合用来处理大量数据中的非重复值，而如果数据量不是很大，则可以使用菜单操作的方法直接将重复项删除。

2. 缺失数据的处理方法

缺失值是指数据集中某个或某些属性的值是不完全的，这在数据分析中是很常见的。如果缺失值过多，说明在数据收集过程中存在着严重的问题，如果不对缺失值进行处理，会在很大程度上影响数据分析结果的有效性，在这样的分析结果的基础上进行决策建议会使企业发展面临众多未知风险。那么，如何判断数据中是否存在缺失值？又应该如何处理缺失值呢？下面将进行详细讲解。

1）如何查找缺失值

找到缺失数据是对缺失数据进行处理的前提，在数据表中，缺失值最常见的表现形式是空值或者错误标识符。如果在数据表中，缺失值是以空白单元格的形式出现的，可以使用定位功能快速查找出所有缺失值，具体方法如下。

STEP 01　单击“开始”→“查找和选择”→“定位条件”（或者直接按快捷键 Ctrl+G），弹出如图 3-63 所示的“定位”对话框。

STEP 02　在“定位”对话框中，选择“定位条件”→“空值”，单击“确定”按钮，则所有空值都被一次性选中了。

2）处理缺失值

对缺失值进行处理是数据清洗工作中的重要内容，如果忽略了缺失值的处理，会直接影响数据分析的结果，所以在需要分析的数据中发现缺失值之后要及时处理。常见的处理缺

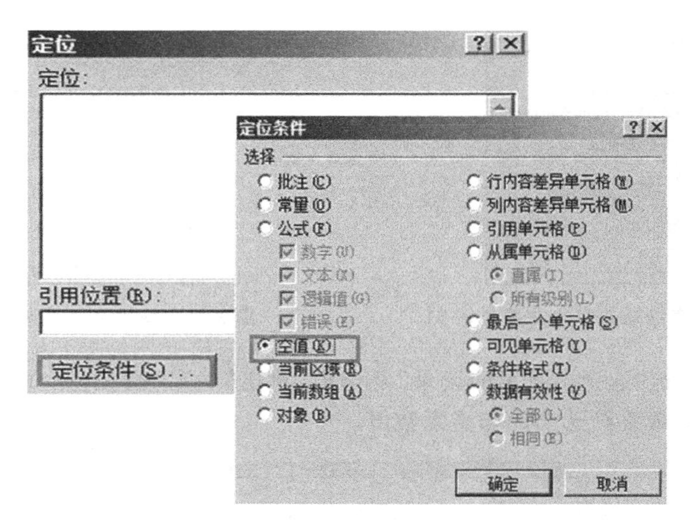

图 3-63 使用“定位”功能查找缺失值

失值的方法有以下几种。

(1) 用一个样本统计量的值代替缺失值。最典型的做法是使用此变量的样本平均值，代替缺失值。

(2) 用一个统计模型计算出来的值去代替缺失值。常使用的模型有回归模型、判别模型等，不过这需要使用专业的数据分析软件才可以完成。

(3) 删除所有缺失值的记录，不过这样可能会导致样本量的减少。

(4) 保留缺失值的记录，仅在相应的分析中做必要的排除。当调查的样本量比较大时，可以采用定位查找，一次把数据表(样本)中的所有空值选出来，再利用 Ctrl＋Enter 快捷键在所有选中单元格中一次性输入样本平均值。

下面还是以叮叮网产品销售明细表为源数据，讲解如何使用样本平均值替代缺失值。

STEP 01 打开“叮叮网产品销售明细表”，可以看到在“销售量”一列中存在两个缺失值，如图 3-64 所示。

	A	B	C	D	E	F	G	H	I
1	款号	客单价	销售日期	PV（浏览量）	UV（访客数）	支付转化率	加购数（件）	销售量（件）	剩余库存（件）
2	C00001	142	9月1日	21100	12500	1.25%	568	168	566
3	C00002	121	9月2日	18200	98496	1.06%	666	1068	113
4	C00003	163	9月1日	17200	16900	1.15%	465	866	466
5	C00004	513	9月5日	16200	34600	0.86%	416	166	164
6	C00008	229	9月10日	14200	26800	0.94%	268	486	465
7	C00005	201	9月4日	15690	18600	0.68%	266	595	298
8	C00007	243	9月3日	14200	18900	1.45%	346		336
9	C00012	368	9月8日	12800	15600	0.18%	269	276	498
10	C00008	229	9月10日	14200	26800	0.94%	268	486	465
11	C00010	193	9月10日	13260	36800	1.16%	765	267	785
12	C00011	394	9月11日	13480	41500	0.23%	168		682
13	C00016	324	9月7日	11540	18500	1.07%	569	483	654
14	C00015	261	9月6日	13460	19650	0.36%	266	564	413
15	C00017	282	9月14日	15640	48980	1.62%	659	649	116

图 3-64 产品销售明细表中的缺失值

STEP 02 计算销售量的平均值，经过计算得到销售量的平均值为 506。

STEP 03 选择第一个缺失值所在的单元格(H8 单元格)，然后按住 Ctrl 键，再选择第二个缺失值所在的单元格(H12 单元格)，选中所有需要输入数据的单元格后松开 Ctrl 键。

STEP 04　输入需要录入的平均值，因为最后一个选择的是 H12 单元格，所以 H12 单元格中出现了录入的平均值“506”。

STEP 05　按 Ctrl＋Enter 组合键，所有选中的单元格都录入了“506”这个平均值，完成缺失值的替换，如图 3-65 所示。

	A	B	C	D	E	F	G	H	I
1	款号	客单价	销售日期	PV（浏览量）	UV（访客数）	支付转化率	加购数（件）	销售量（件）	剩余库存（件）
2	C00001	142	9月1日	21100	12500	1.25%	568	168	566
3	C00002	121	9月2日	18200	98496	1.06%	666	1068	113
4	C00003	163	9月1日	17200	16900	1.15%	465	866	466
5	C00004	513	9月5日	16200	34600	0.86%	416	166	164
6	C00008	229	9月10日	14200	26800	0.94%	268	486	465
7	C00005	201	9月4日	15690	18600	0.68%	266	595	298
8	C00007	243	9月3日	14200	18900	1.45%	346	506	336
9	C00012	368	9月8日	12800	15600	0.18%	269	276	498
10	C00008	229	9月10日	14200	26800	0.94%	268	486	465
11	C00010	193	9月10日	13260	36800	1.16%	765	267	785
12	C00011	394	9月11日	13480	41500	0.23%	168	506	682
13	C00016	324	9月7日	11540	18500	1.07%	569	483	654
14	C00015	261	9月6日	13460	19650	0.36%	266	564	413
15	C00017	282	9月14日	15640	48980	1.62%	659	649	116

图 3-65　使用平均值替代缺失值

3. 异常值的处理方法

异常值也叫离群值，是指在数据中有一个或几个数值与其他数值相比差异比较大。

处理离群值时要认真检查原始数据，核实数据的逻辑性与真实性。如果数据没有明显的逻辑错误，可予以保留，如果数据没有明显的逻辑错误或者与事实不符，则需要将其删除。

在这里还是以前面所使用的“叮叮网产品销售明细表”为源数据，讲解如何查找和处理异常值。假设“叮叮网产品销售明细表”中的产品均为大批量销售，不支持零售，所以销售数量不会低于 200，可以使用 Excel 中的条件格式查看销售数量有无离群值，方法如下。

STEP 01　选中单元格区域 H2：H15，切换到“开始”选项卡，单击“样式”组中的“条件格式”按钮，在弹出的下拉列表中选择“突出显示单元格规则”→“小于”菜单项。

STEP 02　弹出“小于”对话框后，在“为小于以下值的单元格设置格式”文本框中输入“200”，然后在“设置为”下拉列表中选择“自定义格式”选项，如图 3-66 所示。

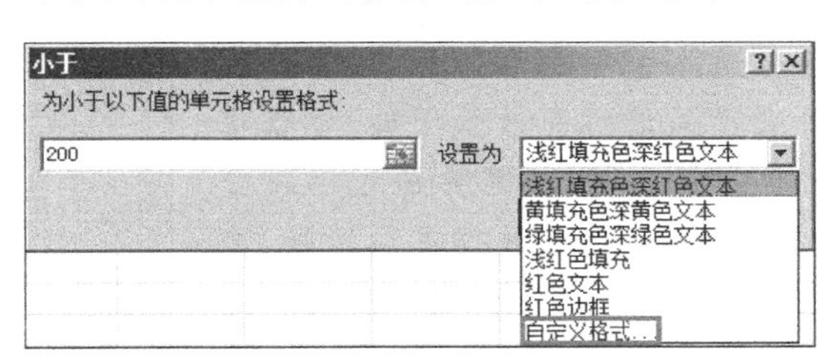

图 3-66　处理数据中的异常值 01

STEP 03　弹出“设置单元格格式”对话框后，切换到“字体”选项卡中，在“字形”列表框中选择“加粗”选项，在“颜色”下拉表中选择“红色”选项。

STEP 04　切换到“填充”选项卡中，在“背景色”组合框中选择“黄色”选项。

STEP 05　单击“确定”按钮，返回“小于”对话框，然后再次单击“确定”按钮，返回工作表，看到销售数量为“168”“166”的单元格被标记出来，如图 3-67 所示。

因为表格中的产品均为大批量销售，销售量不低于 200，所以需要数据分析人员查看这两条销售量数据是否录入错误，如果录入有误则需要重新录入。如果数据录入无误，则需要

款号	重复计数	客单价	销售日期	PV（浏览量）	UV（访客数）	支付转化率	加购数/件	销售量/件	剩余库存/件
C00001	1	142	9月1日	21100	12500	1.25%	568	168	566
C00002	1	121	9月2日	18200	98496	1.06%	666	1068	113
C00003	1	163	9月1日	17200	16900	1.15%	465	866	466
C00004	1	513	9月5日	16200	34600	0.86%	416	166	164
C00008	2	229	9月10日	14200	26800	0.94%	268	486	465
C00005	1	201	9月4日	15690	18600	0.68%	266	595	298
C00007	1	243	9月3日	14200	18900	1.45%	346	552	336
C00012	1	368	9月8日	12800	15600	0.18%	269	276	498
C00010	1	193	9月10日	13260	36800	1.16%	765	267	785
C00011	1	394	9月11日	13480	41500	0.23%	168	552	682
C00016	1	324	9月7日	11540	18500	1.07%	569	483	654
C00015	1	261	9月6日	13460	19650	0.36%	266	564	413
C00017	1	282	9月14日	15640	48980	1.62%	659	649	116

图 3-67　处理数据中的异常值 02

结合其他数据和数据对应期间内网站的销售情况做进一步的分析，找出原因。

3.2.2　数据加工

数据加工是数据处理的重要流程之一，之所以要对数据进行加工，是因为数据表中现有的数据字段不能满足数据分析的需求，所以要对现有字段进行抽取、计算或者转换，形成能满足数据分析需要的一系列新数据字段，本节将进行详细讲解。

1. 数据抽取

数据抽取是指保留原数据表中某些字段的部分信息，组合成一个新字段。主要有字段分列、字段合并、字段匹配三种形式，下面进行详细讲解。

1）字段分列

字段分列是指在数据表中截取某一字段的部分信息，提高数据分析效率，并且对这些信息进行更加准确的深入分析，得到更为理想的分析结果。下面通过例 3-2 对字段分列的方法进行讲解。

例 3-2　对产品进货记录进行整理

如图 3-68 所示为叮叮网部分产品的进货记录，通过该图可以看出，数据表中的信息是比较混乱的，每一个单元格中包含日期、产品和数量三个字段的信息，如果这样记录数据，是不利于对企业产品进行高效管理的，也很难对这样的数据进行深入的分析。所以，需要通过字段分列的方法对表格中的数据进行处理，使数据更加清晰，能够用于数据分析当中。

要对数据表中的字段进行分列，可以按照以下方法进行操作。

STEP 01　选择需要转换的数据区域，在导航栏中“数据”选项卡的“数据”工具组中，单击“分列”按钮。

STEP 02　在“文本分列向导-第 1 步”对话框中，单击“分隔符号”，然后单击“下一步”按钮，如图 3-69 所示。

STEP 03　在“文本分列向导-第 2 步”对话框中，根据需要选择分隔符号。表格中的数据是以“，”符号分开的，所以选中“其他”复选框，在复选框后方输入“，”，单击“完

	A
1	2018年10月1日，面膜，500
2	2018年10月1日，口红，600
3	2018年10月1日，眼霜，800
4	2018年10月1日，粉底，500
5	2018年10月1日，防晒霜，500
6	2018年10月4日，润肤乳，800
7	2018年10月4日，洁面霜，600
8	2018年10月4日，爽肤水，400
9	2018年10月8日，口红，500
10	2018年10月8日，防晒霜，1000
11	2018年10月8日，洗面奶，600
12	2018年10月8日，面膜，800
13	2018年10月15日，眼霜，800
14	2018年10月15日，粉底，800
15	2018年10月20日，润肤乳，600
16	2018年10月20日，洁面霜，1000
17	2018年10月20日，面膜，500
18	2018年10月20日，口红，1000
19	2018年10月20日，爽肤水，600
20	2018年10月25日，粉底，600
21	2018年10月25日，防晒霜，800
22	2018年10月25日，面膜，400
23	2018年10月25日，洗面奶，800
24	2018年10月31日，口红，800
25	2018年10月31日，润肤乳，500
26	2018年10月31日，爽肤水，800
27	2018年10月31日，眼霜，900
28	2018年10月31日，洁面霜，600

图 3-68　叮叮网部分产品进货信息

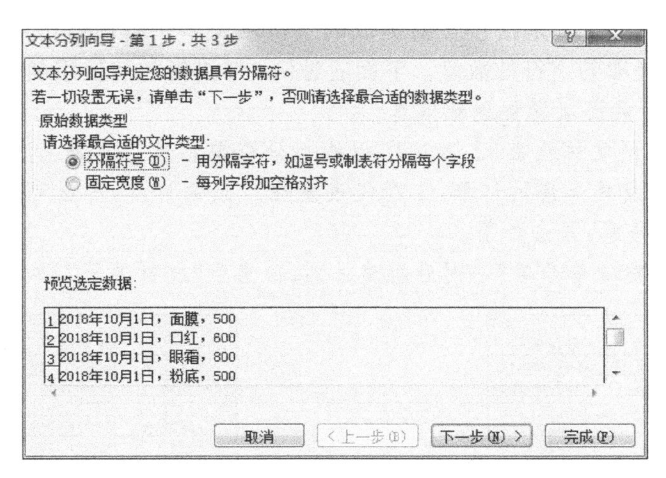

图 3-69　文本分列向导-第 1 步

成”按钮，如图 3-70 所示，就完成字段分列了。最后根据需求重新调整数据表样式即可，效果如图 3-71 所示。

文本分列向导 - 第 2 步，共 3 步

请设置分列数据所包含的分隔符号。在预览窗口内可看到分列的效果。

分隔符号

- ☑ Tab 键(T)
- ☐ 分号(M)
- ☐ 逗号(C)
- ☐ 空格(S)
- ☑ 其他(O)：，

☐ 连续分隔符号视为单个处理(R)

文本识别符号(Q)："

数据预览(P)

2018年10月1日	面膜	500
2018年10月1日	口红	600
2018年10月1日	眼霜	800
2018年10月1日	粉底	500

取消　<上一步(B)　下一步(N)>　完成(F)

图 3-70　文本分列向导-第 2 步

日期	产品	进货量
2018年10月1日	面膜	500
2018年10月1日	口红	600
2018年10月1日	眼霜	800
2018年10月1日	粉底	500
2018年10月1日	防晒霜	500
2018年10月4日	润肤乳	800
2018年10月4日	洁面霜	600
2018年10月4日	爽肤水	400
2018年10月8日	口红	500
2018年10月8日	防晒霜	1000
2018年10月8日	洗面奶	600
2018年10月8日	面膜	800
2018年10月15日	眼霜	800
2018年10月15日	粉底	800
2018年10月20日	润肤乳	600
2018年10月20日	洁面霜	1000
2018年10月20日	面膜	500
2018年10月20日	口红	1000
2018年10月20日	爽肤水	600
2018年10月25日	粉底	600
2018年10月25日	防晒霜	800
2018年10月25日	面膜	400
2018年10月25日	洗面奶	800
2018年10月31日	口红	800
2018年10月31日	润肤乳	500
2018年10月31日	爽肤水	800
2018年10月31日	眼霜	900
2018年10月31日	洁面霜	600

图 3-71　字段分列效果

例 3-2 是通过分隔符号实现字段分列的，如果数据中有特定的分隔符，使用这种方法会比较方便。但是有时需要提取特定的几个字符，或者提取其中的第几个字符，并且没有特定的分隔符，遇到这种情况可以使用 LEFT 和 RIGHT 函数解决，LEFT 和 RIGHT 函数的用法如下。

LEFT(text, [num_chars])：得到字符串左部指定个数的字符。

RIGHT(text, [num_chars])：得到字符串右部指定个数的字符。

在这两个函数中，text 是指包含要提取的字符的文本字符串；num_chars 是指定要由 LEFT 或 RIGHT 提取的字符的数量。下面通过例 3-3 讲解如何使用函数实现数据分列。

例 3-3 使用函数提取发货地址信息

图 3-72 为叮叮网发往北京、上海和广州的部分订单信息。在发货单号中，B 代表发往北京的订单，S 代表发往上海的订单，G 则代表发往广州的订单，那么可以使用 LEFT 函数快速获取发货地址信息，方法如下。

STEP 01 在“发货单号后”一列后新建一列，命名为“发货地址”，如图 3-73 所示。

	A	B
1	产品	发货单号
2	洁面霜	B89263518
3	眼霜	B89263565
4	口红	B89263628
5	爽肤水	B89263769
6	口红	B89263798
7	眼霜	B89263966
8	粉底	B89263925
9	防晒霜	B89263865
10	眼霜	S86652695
11	粉底	S86652626
12	防晒霜	S86652795
13	润肤乳	S86652788
14	洁面霜	S86652816
15	眼霜	S86652846
16	口红	S86652906
17	爽肤水	G88483695
18	粉底	G88483626
19	防晒霜	G88483589
20	眼霜	G88483659
21	粉底	G88483752
22	防晒霜	G88483788
23	洁面霜	G88483796

图 3-72 叮叮网部分客户信息

	A	B	C
1	产品	发货单号	发货地址
2	洁面霜	B89263518	
3	眼霜	B89263565	
4	口红	B89263628	
5	爽肤水	B89263769	
6	口红	B89263798	
7	眼霜	B89263966	
8	粉底	B89263925	
9	防晒霜	B89263865	
10	眼霜	S86652695	
11	粉底	S86652626	
12	防晒霜	S86652795	
13	润肤乳	S86652788	
14	洁面霜	S86652816	
15	眼霜	S86652846	
16	口红	S86652906	
17	爽肤水	G88483695	
18	粉底	G88483626	
19	防晒霜	G88483589	
20	眼霜	G88483659	
21	粉底	G88483752	
22	防晒霜	G88483788	
23	洁面霜	G88483796	

图 3-73 使用函数提取数据 01

STEP 02 在 C2 单元格输入函数“=IF(LEFT(B2,1)="B","北京",IF(LEFT(B2,1)="S","上海","广州"))”，然后按 Enter 键，即可将 B2 获取的地址填入 C2 单元格中，如图 3-74 所示。

C2 =IF(LEFT(B2,1)="B","北京",IF(LEFT(B2,1)="S","上海","广州"))

	A	B	C	D	E	F	G	H	I	J
1	产品	发货单号	发货地址							
2	洁面霜	B89263518	北京							
3	眼霜	B89263565								
4	口红	B89263628								
5	爽肤水	B89263769								
6	口红	B89263798								
7	眼霜	B89263966								
8	粉底	B89263925								
9	防晒霜	B89263865								
10	眼霜	S86652695								
11	粉底	S86652626								
12	防晒霜	S86652795								
13	润肤乳	S86652788								
14	洁面霜	S86652816								
15	眼霜	S86652846								
16	口红	S86652906								
17	爽肤水	G88483695								
18	粉底	G88483626								
19	防晒霜	G88483589								
20	眼霜	G88483659								
21	粉底	G88483752								
22	防晒霜	G88483788								
23	洁面霜	G88483796								
24										

图 3-74 使用函数提取数据 02

STEP 03 将 C2 单元格中的公式下拉填充到 C2:C23 单元格，即可将表格中剩余发货单号中的地址提取出来，最终提取完成的效果如图 3-75 所示。

在上面的案例中，公式"=IF(LEFT(B2,1)="B","北京",IF(LEFT(B2,1)="S","上海","广州"))"的含义是如果 B2 单元格中左起第 1 个字符是"B"，那么就返回"北京"；如果 B2 单元格中左起第 1 个字符是"S"，则返回"上海"；既不是"B"也不是"S"，则返回"广州"。

	A	B	C
1	产品	发货单号	发货地址
2	洁面霜	B89263518	北京
3	眼霜	B89263565	北京
4	口红	B89263628	北京
5	爽肤水	B89263769	北京
6	口红	B89263798	北京
7	眼霜	B89263966	北京
8	粉底	B89263925	北京
9	防晒霜	B89263865	北京
10	眼霜	S86652695	上海
11	粉底	S86652626	上海
12	防晒霜	S86652795	上海
13	润肤乳	S86652788	上海
14	洁面霜	S86652816	上海
15	眼霜	S86652846	上海
16	口红	S86652906	上海
17	爽肤水	G88483695	广州
18	粉底	G88483626	广州
19	防晒霜	G88483589	广州
20	眼霜	G88483659	广州
21	粉底	G88483752	广州
22	防晒霜	G88483788	广州
23	洁面霜	G88483796	广州

图 3-75 使用函数提取数据 03

2）字段合并

字段合并是指将某几个字段合并为一个新字段，例如在表格中，A 列是"××年"，B 列是"××月"，那么可以通过字段合并将这两列合并为 C 列"××年××月"。如果要用文本格式化数字而不影响使用这些数字的公式，就需要用到字段合并的方法。利用 CONCATENATE 函数和"&"（逻辑与）运算符这两种方式可以实现合并文本和数字。其中，CONCATENATE 函数的含义及用法如下：

```
CONCATENATE(text1,text2,…)
```

这个函数表示将几个文本字符串合并为一个文本字符串。其中，text1、text2，…分别为需要合并的第 1、2、…、N 个文本项，这些文本项可以是文本字符串、数值或对单个单元格引用。

需要注意的是，在将数字和文本合并在一个单元格中时，数字将成为文本，不能再对其进行任何数学运算。

下面以叮叮网产品销量统计为源数据，可以通过以下方法对表格中的字段合并。

（1）使用"&"运算符。

STEP 01 打开"叮叮网产品销量统计.xlsx"表格，如图 3-76 所示。

STEP 02 在 C2 单元格中输入"=A2&"销售量"&B2&"件""，按 Enter 键，即可将 A2 与 B2 单元格中的数据合并，如图 3-77 所示。

	A	B
1	产品	销售量/件
2	洁面霜	168
3	爽肤水	1068
4	眼霜	866
5	面膜	166
6	护手霜	486
7	润肤乳	595

图 3-76 叮叮网部分产品销售信息

C2 =A2&"销售量"&B2&"件"

	A	B	C
1	产品	销售量/件	合并
2	洁面霜	168	洁面霜销售量168件
3	爽肤水	1068	
4	眼霜	866	
5	面膜	166	
6	护手霜	486	
7	润肤乳	595	

图 3-77 使用"&"运算符合并数据 01

STEP 03 将 C2 单元格中的公式下拉填充到 C3:C7 单元格，即可将 A 列和 B 列剩余数据进行合并，如图 3-78 所示。

	A	B	C
1	产品	销售量/件	合并
2	洁面霜	168	洁面霜销售量168件
3	爽肤水	1068	爽肤水销售量1068件
4	眼霜	866	眼霜销售量866件
5	面膜	166	面膜销售量166件
6	护手霜	486	护手霜销售量486件
7	润肤乳	595	润肤乳销售量595件

图 3-78 使用"&"运算符合并数据 02

(2) 使用 CONCATENATE 函数。

STEP 01 在 C2 单元格中输入公式"=CONCATENATE(A2,"销售量",B2,"件")",按 Enter 键,即可将 A2 与 B2 单元格中的数据合并。

STEP 02 将 C2 单元格中的公式下拉填充到 C3:C7 单元格,即可将 A 列和 B 列剩余数据进行合并。

3) 字段匹配

字段匹配是数据抽取的另一种重要方法,是指将原数据表中没有但其他数据表有的数据有效地匹配过来。前面所讲的字段分列和字段合并都是在原数据表中的某些字段提取信息,但是有时原数据表中没有我们所需要的字段,而需要从其他数据表中获取字段,这时就需要用到字段匹配。

字段匹配可以使用 VLOOKUP 函数来完成,VLOOKUP 函数在查找与匹配中的应用非常广泛,它的作用是在表格的首列查找指定的数据,并返回指定的数据所在行中的指定列的单元格内容。VLOOKUP 函数的含义和用法如下:

```
VLOOKUP(lookup_value,table_array,col_index_num,range_lookup)
```

(1) lookup_value:要在表格或区域的第一列中查找的值,其参数可以是值或引用。

(2) table_array:包含数据的单元格区域,可以使用绝对区域(例如 A1:C8)或区域名称的引用;table_array 第一列中的值是由 lookup_value 搜索的值,这些值可以是文本、数字或逻辑值。

(3) col_index_num:希望返回的匹配值的序列号,参数为 1 时,返回 table_array 第一列中的值;参数为 2 时,返回 table_array 第二列中的值,以此类推。

(4) range_lookup:近似匹配(1)还是精确匹配(0)。

需要注意的是,table_array 第一列的值必须是要查找的值(lookup_value),否则就会出现错误标识符"#N/A"。

下面以叮叮网 Q3 部分产品销售统计为源数据讲解如何使用 VLOOKUP 函数进行字段匹配。

STEP 01 打开叮叮网 Q3 产品销售数据和 Q3 产品库存数据,如图 3-79 和图 3-80 所示。

现在想将库存数据中的 SKU 数截取到如图 3-79 所示的销售数据中,可以按以下流程继续操作。

STEP 02 在"叮叮网 Q3 产品销售数据"表中的

	A	B	C	D
1	品类	SKU数	销量	销售额
2	面膜		4147	1480479
3	口红		3762	1700424
4	眼霜		4974	1775718
5	粉底		3615	1127880
6	润肤乳		3101	1138067
7	保湿霜		2924	1114044
8	洁面霜		4954	2021232
9	爽肤水		2761	1212079
10	防晒霜		4804	2099348
11	护手霜		2923	1046434
12	卸妆水		4015	1963335
13	洗面奶		4645	1472465

图 3-79 叮叮网 Q3 销售数据

	A	B	C	D	E	F	G
1	品类	SKU数	目前库存	目前库存	动销率	当前售罄率	计划售罄率
2	面膜	20	480	5.83%	68.75%	88.69%	60.03%
3	口红	25	777	9.44%	73.67%	57.98%	73.39%
4	眼霜	23	880	10.69%	87.20%	55.87%	67.21%
5	粉底	15	585	7.10%	63.45%	93.41%	76.17%
6	润肤乳	17	924	11.22%	64.25%	85.75%	72.60%
7	保湿霜	26	847	10.29%	78.60%	79.94%	63.89%
8	洁面霜	15	383	4.65%	71.35%	86.79%	78.52%
9	爽肤水	15	748	9.08%	74.51%	50.64%	77.45%
10	防晒霜	21	620	7.53%	86.72%	80.68%	73.66%
11	护手霜	16	834	10.13%	73.89%	97.28%	75.95%
12	卸妆水	26	738	8.96%	63.06%	76.31%	83.70%
13	洗面奶	25	419	5.09%	71.41%	51.54%	80.21%

图 3-80　叮叮网 Q3 库存数据

B2 单元格输入公式"=VLOOKUP(A2,[叮叮网 Q3 库存数据.xlsx]Sheet1!$A$1:$G$13,2,0)",按 Enter 键,即可将 Q3 库存数据 B2 单元格中的 SKU 数截取到销售数据的 B2 单元格中,如图 3-81 所示。

	A	B	C	D
1	品类	SKU数	销量	销售额
2	面膜	20	4147	1480479
3	口红		3762	1700424
4	眼霜		4974	1775718
5	粉底		3615	1127880
6	润肤乳		3101	1138067
7	保湿霜		2924	1114044
8	洁面霜		4954	2021232
9	爽肤水		2761	1212079
10	防晒霜		4804	2099348
11	护手霜		2923	1046434
12	卸妆水		4015	1963335
13	洗面奶		4645	1472465

图 3-81　使用 VLOOKUP 函数匹配字段 01

STEP 03　将 Q3 产品销售数据中 B2 单元格的公式下拉填充至 B3:B13 单元格,即可完成数据提取,为了方便查看公式,将 C、D 两列数据隐藏,把公式粘贴至 E2:E13 单元格,最终效果及对应公式如图 3-82 所示。

	A	B	E
1	品类	SKU数	公式
2	面膜	20	=VLOOKUP(A2,[叮叮网Q3库存数据.xlsx]Sheet1!$A$1:$G$13,2,0)
3	口红	25	=VLOOKUP(A3,[叮叮网Q3库存数据.xlsx]Sheet1!$A$1:$G$13,2,0)
4	眼霜	23	=VLOOKUP(A4,[叮叮网Q3库存数据.xlsx]Sheet1!$A$1:$G$13,2,0)
5	粉底	15	=VLOOKUP(A5,[叮叮网Q3库存数据.xlsx]Sheet1!$A$1:$G$13,2,0)
6	润肤乳	17	=VLOOKUP(A6,[叮叮网Q3库存数据.xlsx]Sheet1!$A$1:$G$13,2,0)
7	保湿霜	26	=VLOOKUP(A7,[叮叮网Q3库存数据.xlsx]Sheet1!$A$1:$G$13,2,0)
8	洁面霜	15	=VLOOKUP(A8,[叮叮网Q3库存数据.xlsx]Sheet1!$A$1:$G$13,2,0)
9	爽肤水	15	=VLOOKUP(A9,[叮叮网Q3库存数据.xlsx]Sheet1!$A$1:$G$13,2,0)
10	防晒霜	21	=VLOOKUP(A10,[叮叮网Q3库存数据.xlsx]Sheet1!$A$1:$G$13,2,0)
11	护手霜	16	=VLOOKUP(A11,[叮叮网Q3库存数据.xlsx]Sheet1!$A$1:$G$13,2,0)
12	卸妆水	26	=VLOOKUP(A12,[叮叮网Q3库存数据.xlsx]Sheet1!$A$1:$G$13,2,0)
13	洗面奶	25	=VLOOKUP(A13,[叮叮网Q3库存数据.xlsx]Sheet1!$A$1:$G$13,2,0)

图 3-82　使用 VLOOKUP 函数匹配字段 02

2. 数据计算

在实际的数据分析工作中,经常无法直接从数据源表格中提取出所需要的字段,但是可以通过计算来得到能够进行分析的新字段，让数据分析的结果更加完善和丰富，所以数据计算也是数据加工工作中非常重要的一个环节，如图 3-83 所示即比较常用的计算方式。

计算方式	说明
加	简单计算
减	简单计算
乘	简单计算
除	简单计算
AVERAGE ()	函数计算，求平均值
SUM ()	函数计算，求和
DATE (year, month, day)	函数计算，返回某指定日期
DATEDIF	函数计算，返回两个日期之间的年/月/日/间隔数
TODAY()	函数计算，快速输入当前日期
NOW ()	函数计算，快速输入当前时间

图 3-83　常用的计算方式

3. 数据分组

数据分组是根据统计研究的需要，将原始数据按照某种标准划分成不同的组别，分组后的数据称为分组数据。通过对数据进行分组，可以反映数据分布规律及特征，进而通过对数据的分析找到企业运营中的问题，及时做出相关决策。

数据分组通常是通过 VLOOKUP 函数实现的，下面以"叮叮网产品价格"为源数据讲解如何通过 VLOOKUP 函数实现数据分组。具体方法如下。

STEP 01　打开"叮叮网产品价格. xlsx"表格，如图 3-84 所示。

	A	B	C
1	产品	价格	价格分组
2	面膜	158	
3	口红	488	
4	眼霜	357	
5	粉底	218	
6	润肤乳	86	
7	保湿霜	520	
8	洁面霜	68	
9	爽肤水	268	
10	防晒霜	316	
11	护手霜	36	
12	卸妆水	108	
13	洗面奶	58	

图 3-84　叮叮网部分产品价格

STEP 02　准备一个分组对应表，用以确定分组的范围和标准，如图 3-85 中右表所示。数据分析师要注意在"备注"中标明分组标准，便于其他人识别和理解。

	A	B	C	D	E	F	G
1	产品	价格	价格分组		阈值	分组	备注
2	面膜	158			0	0至50元	0≤X<50
3	口红	488			50	50至100元	50≤X<100
4	眼霜	357			100	100至150元	100≤X<150
5	粉底	218			150	150至200元	150≤X<200
6	润肤乳	86			200	200至250元	200≤X<250
7	保湿霜	520			250	250至300元	250≤X<300
8	洁面霜	68			300	300至350元	300≤X<350
9	爽肤水	268			350	350至400元	350≤X<400
10	防晒霜	316			400	400至450元	400≤X<450
11	护手霜	36			450	450至500元	450≤X<500
12	卸妆水	108			500	500元及以上	500≤X
13	洗面奶	58					

图 3-85　对产品价格进行分组 01

STEP 03　在 C2 单元格中输入"=VLOOKUP(A2,$E$2:$F$12,2)"，按 Enter 键获得计算结果，如图 3-86 所示。

STEP 04　将鼠标移动到 C2 单元格右下角，直到出现填充柄，双击填充柄，C3:C13 数据区域即可自动填充 C2 单元格的公式，最终完成价格分组的效果如图 3-87 所示。

C2　f_x　=VLOOKUP(B2,$E$2:$F$12,2)

	A	B	C	D	E	F	G
1	产品	价格	价格分组		阈值	分组	备注
2	面膜	158	150至200元		0	0至50元	0≤X<50
3	口红	488			50	50至100元	50≤X<100
4	眼霜	357			100	100至150元	100≤X<150
5	粉底	218			150	150至200元	150≤X<200
6	润肤乳	86			200	200至250元	200≤X<250
7	保湿霜	520			250	250至300元	250≤X<300
8	洁面霜	68			300	300至350元	300≤X<350
9	爽肤水	268			350	350至400元	350≤X<400
10	防晒霜	316			400	400至450元	400≤X<450
11	护手霜	36			450	450至500元	450≤X<500
12	卸妆水	108			500	500元及以上	500≤X
13	洗面奶	58					

图 3-86　对产品价格进行分组 02

通过对产品价格进行分组，结合产品销量，可以了解什么价位的产品是比较畅销的，以后可针对这些价位的产品做重点运营，对于其他销量不好的产品则需要调整营销策略刺激销量。

	A	B	C
1	产品	价格	价格分组
2	面膜	158	150至200元
3	口红	488	450至500元
4	眼霜	357	350至400元
5	粉底	218	200至250元
6	润肤乳	86	50至100元
7	保湿霜	520	500元及以上
8	洁面霜	68	50至100元
9	爽肤水	268	250至300元
10	防晒霜	316	300至350元
11	护手霜	36	0至50元
12	卸妆水	108	100至150元
13	洗面奶	58	50至100元

图 3-87　对产品价格进行分组 03

4. 数据转换

数据转换是将数据从一种表现形式转换为一种表现形式的过程，也是数据加工的重要内容，由于数据量增加或者原有的数据结构不合理，不能满足数据分析的要求，就需要对数据进行转换。

数据表的行列互换、文本与数值的转换是数据分析中比较常用的数据转换，下面分别进行讲解。

1）数据表的行列互换

数据分析人员经常会遇到因为数据表的行列排版形式有问题而需要重新排列的情况，这时一个单元格一个单元格地去粘贴，会很麻烦也很费时间。其实，数据表中行和列的转换可以通过选择性粘贴一步到位，如图 3-88 所示。

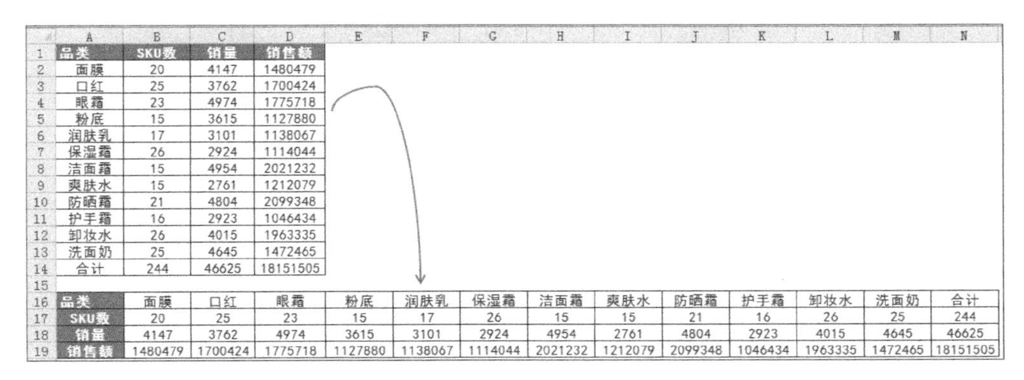

	A	B	C	D
1	品类	SKU数	销量	销售额
2	面膜	20	4147	1480479
3	口红	25	3762	1700424
4	眼霜	23	4974	1775718
5	粉底	15	3615	1127880
6	润肤乳	17	3101	1138067
7	保湿霜	26	2924	1114044
8	洁面霜	15	4954	2021232
9	爽肤水	15	2761	1212079
10	防晒霜	21	4804	2099348
11	护手霜	16	2923	1046434
12	卸妆水	26	4015	1963335
13	洗面奶	25	4645	1472465
14	合计	244	46625	18151505

	A	B	C	D	E	F	G	H	I	J	K	L	M	N
16	品类	面膜	口红	眼霜	粉底	润肤乳	保湿霜	洁面霜	爽肤水	防晒霜	护手霜	卸妆水	洗面奶	合计
17	SKU数	20	25	23	15	17	26	15	15	21	16	26	25	244
18	销量	4147	3762	4974	3615	3101	2924	4954	2761	4804	2923	4015	4645	46625
19	销售额	1480479	1700424	1775718	1127880	1138067	1114044	2021232	1212079	2099348	1046434	1963335	1472465	18151505

图 3-88　行列互换

STEP 01　选中需要进行转换的表格数据，单击“开始”功能区中的“复制”按钮，如图 3-89 所示。

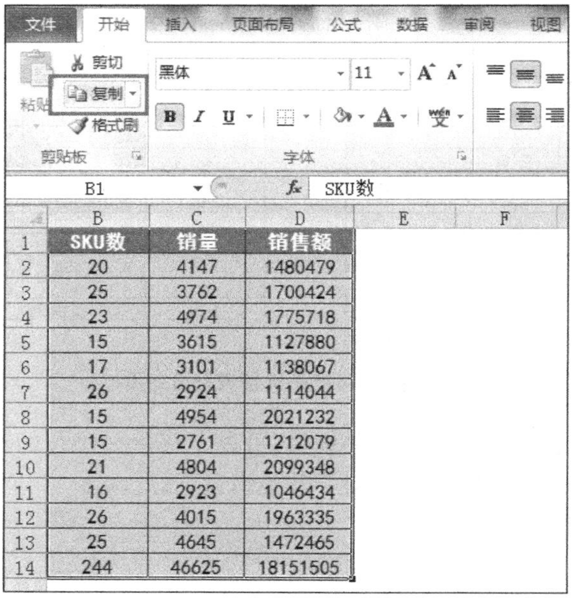

SKU数	销量	销售额
20	4147	1480479
25	3762	1700424
23	4974	1775718
15	3615	1127880
17	3101	1138067
26	2924	1114044
15	4954	2021232
15	2761	1212079
21	4804	2099348
16	2923	1046434
26	4015	1963335
25	4645	1472465
244	46625	18151505

图 3-89 复制数据

STEP 02 单击要放置数据的单元格位置，单击“粘贴”→“选择性粘贴”选项，如图 3-90 所示。

图 3-90 选择性粘贴

STEP 03 在弹出的“选择性粘贴”对话框中，勾选“转置”复选框，最后单击“确定”按钮，如图 3-91 所示。最终转换效果如图 3-88 所示。

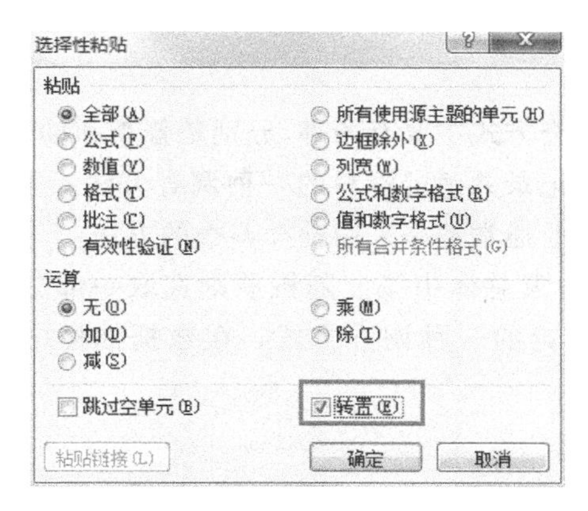

图 3-91　选择性粘贴设置

2）文本与数值之间的转换

有时数据表中的数据是以文本的形式存在的，这样的数据无法通过相关的计算获得更多有用信息。例如，图 3-92 所示的产品销量数据就是以文本的格式存在的，如果直接计算总销量，得到的结果会是 0，显然是不正确的。

所以为了保证数据分析的准确性，需要将文本格式的数据转换为数值。方法很简单，选中需要转换的数据并右击，在“设置单元格格式”中选择“数字”，在“数字”选项卡下面选择“数值”，根据实际情况设置好小数位数，单击“确定”按钮，即可完成转换，如图 3-93 所示。

使用数值格式的数据重新计算可以得到正确的结果。

	A	B
1	品类	销量
2	面膜	3632
3	口红	2703
4	眼霜	3515
5	粉底	4163
6	润肤乳	3080
7	保湿霜	4456
8	洁面霜	4176
9	爽肤水	4337
10	防晒霜	3473
11	护手霜	2790
12	卸妆水	4261
13	洗面奶	4526
14	合计	0

图 3-92　文本格式的数据计算出错误的结果

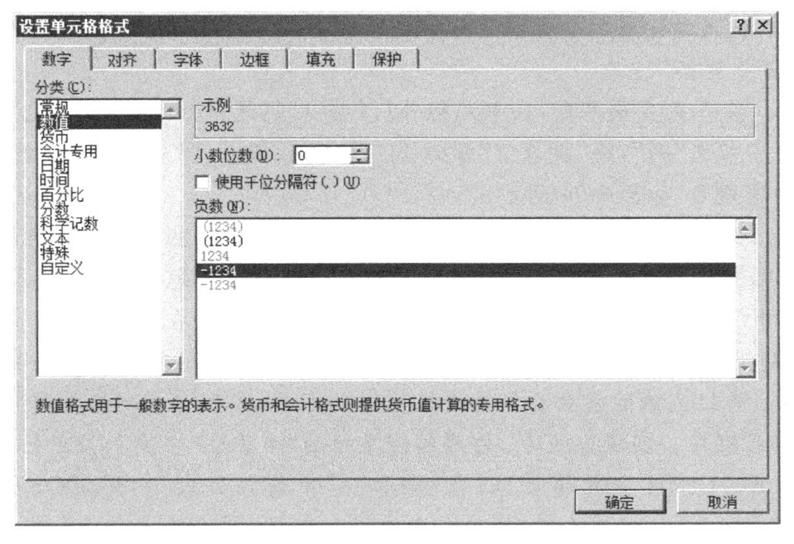

图 3-93　将文本格式的数据转换为数值格式

3.2.3 数据抽样

一般来说，最常见的调查方式主要有两种，分别是普查和抽样调查。普查是对总体中的对象一一进行观察、访问与记录并确定资料的一种调查方法。不过，普查是一种费时、费力又费钱的调查方法，所以企业通常都是采用抽样调查的方法。

抽样调查是指从调查对象总体中按照随机原则选取一部分对象作为样本进行调查分析，以此对总体状况进行推论的一种调查方式。在数据抽样中，比较常用的 RAND 函数如下。

```
RAND():
```

RAND(表示)返回[0,1]的均匀分布随机数，并且每次计算都返回一个新的数值。不过 RAND 并不是只能返回 0～1 的数，a、b 分别代表两个数字，其中 a<b，如果要生成 a 与 b 之间的随机实数，可以用公式“=RAND()×(b-a)+a”。

例如，想要产生 40～50 的随机数可以写成“=RAND() * 10+40”，如果要取整可以用公式“=INT(RAND() * 10+40)”。“RAND() * 10”即把 RAND()的区间扩大了 10 倍，即从[0,1]扩大到[0,10]，再加上 40，就变成[40,50]了。

下面以叮叮网服务满意度调查会员抽样为例，讲解使用函数进行数据抽样的方法，如例 3-4 所示。

例 3-4 使用函数进行数据抽样

叮叮网要进行服务满意度调查，假设网站总共有 10 000 名会员，这次服务满意度调查想节省成本，只抽取 1000 名会员进行调查来推测总体会员的满意度，则可以按照以下步骤进行操作来抽取调查对象。

STEP 01 把网站记录的会员编号粘贴到表格中，这里粘贴到 B 列，选中 B3 单元格，单击“视图”→“冻结窗格”。

STEP 02 在 A 列生成序号，在单元格 A1 中输入 1，选择“开始”→“填充”→“系列”，在弹出的对话框中勾选“列”，将“步长值”设为 1，“终止值”设为 10 000，单击“确定”按钮即可生成不重复的序列号，如图 3-94 所示。

STEP 03 在 D 列中随机生成 1000 个 1～10 000 的序号，在表格左上角的“名称”框中输入“D2:D1001”，按 Enter 键选定 D2:D1001 单元格区域；在“编辑栏”中输入公式“=INT(RAND() * 10000)”，按 Ctrl+Enter 组合键，则公式自动填充在 D2:D1001 单元格区域并生成 1000 个随机数；将生成的随机数复制并选择性粘贴为数值，如图 3-95 中的 D 列所示。

STEP 04 把 D 列的随机数看作是随机生成的序号，参照 A、B 列，把随机数对应的会员编号匹配到 E 列中。实现方法为：在表格左上角的“名称框”中输入“E2:E1001”，然后按 Enter 键选定 E2:E1001 单元格区域；在“编辑栏”中输入公式“=VLOOKUP(D2, $A:$B,2,0)”，按 Ctrl+Enter 组合键，则公式自动填充在 E2:E1001 单元格区域并生成随机抽取的会员编号，如图 3-95 所示。

STEP 05 最后只需对抽取出来的会员编号进行去重，再用同样的随机抽样方法，凑足 1000 名不重复的员工编号，对抽取的每一个编号对应的会员进行调查即可。

	A	B
1	序号	会员编号
2	1	HY1
492	491	HY491
493	492	HY492
494	493	HY493
495	494	HY494
496	495	HY495
497	496	HY496
498	497	HY497
499	498	HY498
500	499	HY499
501	500	HY500
502	501	HY501
503	502	HY502
504	503	HY503
505	504	HY504
506	505	HY505
507	506	HY506

图 3-94　生成不重复的序列号

	A	B	C	D	E
1	序号	会员编号		随机数	抽样
2	1	HY1		2626	HY2626
980	979	HY979		3644	HY3644
981	980	HY980		309	HY309
982	981	HY981		6362	HY6362
983	982	HY982		6098	HY6098
984	983	HY983		3953	HY3953
985	984	HY984		8152	HY8152
986	985	HY985		3753	HY3753
987	986	HY986		9142	HY9142
988	987	HY987		9777	HY9777
989	988	HY988		9872	HY9872
990	989	HY989		5557	HY5557
991	990	HY990		6117	HY6117
992	991	HY991		8692	HY8692
993	992	HY992		5266	HY5266
994	993	HY993		330	HY330
995	994	HY994		2235	HY2235
996	995	HY995		1604	HY1604
997	996	HY996		7919	HY7919
998	997	HY997		5294	HY5294
999	998	HY998		6357	HY6357
1000	999	HY999		8907	HY8907
1001	1000	HY1000		8811	HY8811

图 3-95　随机抽取出的会员

小结

本章主要讲解了数据准备和数据处理，数据准备包括认识数据表和获取数据两部分；数据处理包括数据清洗、数据加工和数据抽样三部分。

通过本章的学习，读者应该了解数据准备与数据处理在数据分析中的重要性，能够理解数据中的字段含义，掌握常用的数据处理方法。

第 4 章

数据分析常用方法

思政案例

【学习目标】

知识目标	➢ 了解常用数据方法论基础概念 ➢ 了解数据分析法基础概念
技能目标	➢ 掌握数据分析法使用方法，能够应用在数据分析中

【案例引导】

电商网站注册转化率分析

某电商网站最近出现了注册转化率低的问题，所以需要负责数据分析的小王将最近一个月的相关数据整理出来，然后进行分析，找出可优化的环节。

小王首先将网站的注册人数及转化率整理到 Excel 表中，发现注册流程分为三步，单独看数据表无法分析出哪一步出现了问题，所以他将与注册转化率相关的数据整理为漏斗形状，如图 4-1 所示。

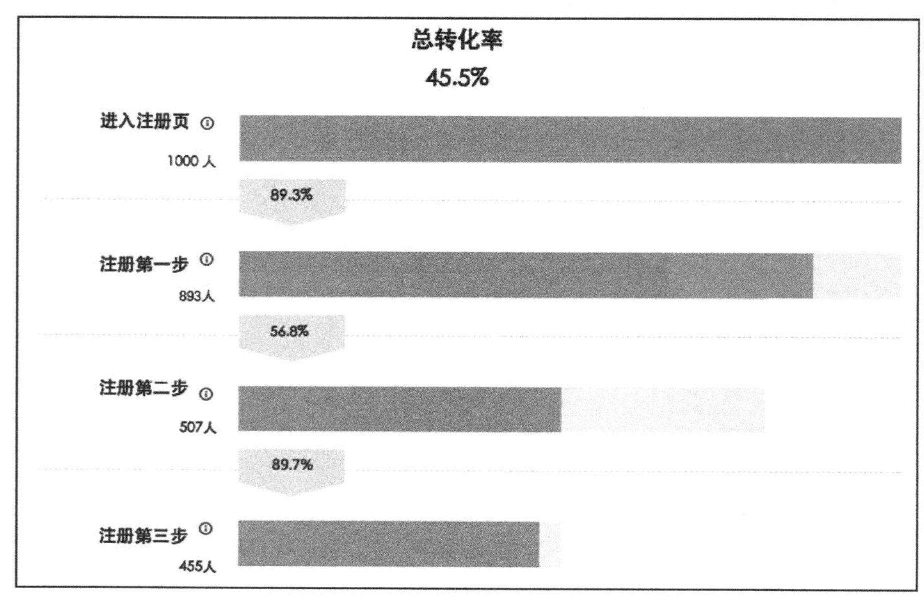

图 4-1　某网站注册流程漏斗图

通过该注册流程漏斗图，小王总结了以下 3 个需要关注的问题。

(1) 从注册第一步到注册第三步，整体的转化率是多少？

(2) 每一步的转化率是多少？

(3) 哪一步流失最多，原因在什么地方？

结合三个分析方向，小王得出了以下结论：

图 4-1 中注册流程分为 3 个步骤，总体转化率为 45.5%；也就是说有 1000 个用户来到注册页面，其中 455 个成功完成了注册。但是不难发现第二步的转化率是 56.8%，显著低于第一步 89.3% 和第三步转化率 89.7%，可以推测第二步注册流程存在问题。显而易见第二步的提升空间是最大的，投入回报比一定不低，所以想要提高注册转化率，应该优先解决第二步。

【案例思考】

案例中要分析电商网站的注册转化率，但是能够影响注册转化率的因素会有很多，且注册流程较多，这时就可以用一些常用的数据分析方法(例如上面使用的漏斗分析法)，在复杂的数据中，厘清规律。

数据分析不单单是指会用数据工具，还必须懂得数据分析原理，没有理论的指导，就无法知晓该从哪些方面入手，要分析的关键点是哪些。那么，数据分析的常用方法有哪些？该如何使用这些理论进行数据分析？本章将对数据分析常用方法进行详细讲解。

4.1 常用数据分析方法论

在确定数据分析思路时需要以营销、管理相关的理论为指导，我们把这些与数据分析相关的营销、管理理论统称为数据分析方法论。数据分析方法论主要是从宏观角度指导如何进行数据分析，就像是一个数据分析的前期规划，指导着后期数据分析工作的开展。

数据分析方法论的主要内容有 PEST 分析法、4P 营销理论、逻辑树分析法、用户行为理论、5W2H 分析法，本节将进行详细讲解。

4.1.1 PEST 分析法

PEST 分析是指对宏观环境的分析，宏观环境也称宏观营销环境，是指对企业营销活动造成市场机会和环境威胁的主要社会力量。在 PEST 分析法中，P 指的是政治环境(Politics)，E 指的是经济环境(Economy)，S 指的是社会环境(Society)，T 指的是技术环境(Technology)，这是企业的外部环境，一般不受企业掌控。如图 4-2 所示为 PEST 分析法示例图。

1. 政治环境

政治环境是指一个国家或地区的政治制度、体制、方针政策、法律法规等方面。这些因素影响着企业的经营行为，政治会对企业监管、消费能力以及其他与企业有关的活动产生十分重大的影响力，不同的国家有不同的社会性质，不同的社会制度对组织活动有不同的限制和要求。

构成政治环境的关键指标有：政治体制、经济体制、税收政策、财务政策、投资政策、产业政策、专利数量、政府补贴水平、民众对政治的参与度等。这些因素常常制约、影响着企业

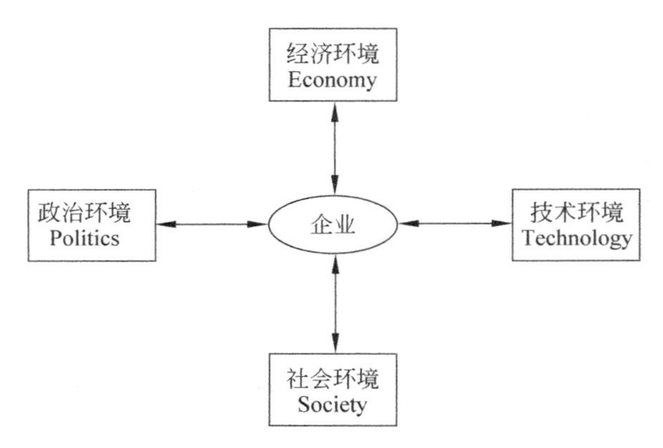

图 4-2 PEST 分析法示例图

的经营行为，尤其影响企业较长期的投资行为。所以，企业必须牢记以下几点：

- 政治环境是否稳定；
- 国家政策是否会改变法律从而增强对企业的监管并收取更多的赋税；
- 政府所持的市场道德标准是什么；
- 政府的经济政策是什么；
- 政府是否关注文化与宗教；
- 政府是否与其他组织，例如欧盟、东盟等签订过贸易协定。

2. 经济环境

经济环境可以分为宏观和微观两个方面。宏观经济环境是指一个国家的国民收入、国民生产总值及其变化情况，以及通过这些指标反映的国民经济发展水平和发展速度；微观经济环境是指企业所在地区或所服务地区的消费者的收入水平、消费偏好、储蓄情况、就业程度等因素，这些因素对企业目前及未来的市场大小会有直接影响。

构成经济环境的关键指标有：GDP 及增长率、进出口总额及增长率、利率、汇率、通货膨胀率、消费价格指数、居民可支配收入、失业率、劳动生产率等。

例如，一个人在一线城市有一家店铺，近期他想在属于三线城市的家乡开一家分店，这时就需要了解家乡的可支配收入水平、消费水平、市场需求、消费者偏好(店铺利润来源)、竞争对手情况，同时还需要了解一些财政政策，因为这些都是成本压力。

3. 社会环境

社会环境是指在一定时期内整个社会发展的一般状况，包括一个国家或地区的居民受教育程度和文化水平、宗教信仰、风俗习惯、审美观点、价值观念等。文化水平能够影响居民的需求层次；宗教信仰和风俗习惯会禁止或抵制某些活动的进行；审美观点会影响人们对组织活动内容、活动方式以及活动成果的态度。

构成社会环境的关键指标有：人口规模、性别比例、年龄结构、出生率、死亡率、种族结构、生活方式、教育状况、购买习惯、城市特点、宗教信仰状况等因素。

例如，我国共有五十六个民族，每个民族有不同的信仰、生活习惯、社会习俗，也会有不同的价值观。同时我国地域广阔，东西南北四维上下跨度极大，一方水土养育一方人民，不同地域的人又有不同的性格、习俗、文化，要研究起来也绝非易事。但我们可以把握一个原则，叫作“入乡随俗”。有时我们不能强硬地灌输我们的理念和文化给他们，而是应该主动适应他们的文化，并慢慢将两种文化进行交流融合。

4. 技术环境

技术环境是指社会技术总水平及变化趋势，技术变迁、技术突破对企业影响，以及技术对政治、经济社会环境之间的相互作用的表现等(具有变化快、变化大、影响面大等特点)。科技不仅是全球化的驱动力，也是企业的竞争优势所在。

技术环境除了要考察与企业所处领域直接相关的技术手段的发展变化外，还需要及时了解以下几方面因素：

- 国家对科技开发的投资和支持重点；
- 该领域技术发展动态和研究开发费用总额；
- 技术转移和技术商品化速度；
- 专利及其保护情况等。

构成技术环境的关键指标有：新技术的发明和进展、折旧和报废速度、技术更新速度、技术传播速度、技术商品化速度、国家重点支持项目、国家投入的研发费用、专利个数、专利保护情况等因素。

下面以中国农业电子商务竞争环境分析为例，采用 PEST 分析法整理分析思路，构建中国农业电子商务竞争环境分析框架。

例 4-1　用 PEST 分析法对中国农业电子商务竞争环境进行分析

如图 4-3 所示即根据 PEST 分析法列出了中国农业电子商务竞争环境分析背景，例如，中国农民在购买习惯、生活方式、教育状况等方面处于什么水平。此处仅为 PEST 分析方法使用示例，并不代表中国农业电子商务竞争环境分析只需要做这几方面的分析，还可以根据实际情况对相关分析指标进一步调整和细化。

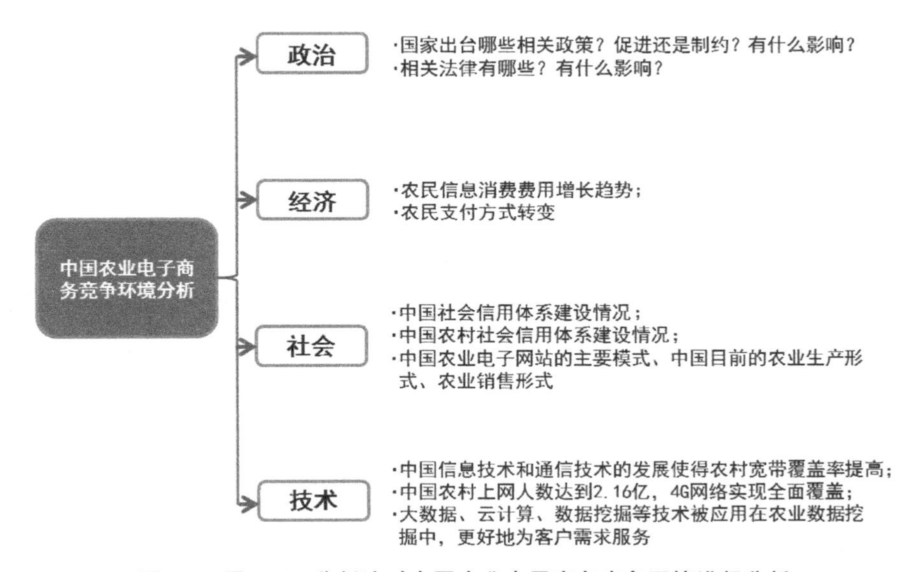

图 4-3　用 PEST 分析法对中国农业电子商务竞争环境进行分析

4.1.2 4P 营销理论

4P 营销理论诞生于 20 世纪 60 年代的美国，1967 年，菲利普·科特勒在其畅销书《营销管理：分析、规划与控制》中进一步确认了“4P's”(简称)为核心的营销组合方法。4P 营销理论被归结为 4 个基本策略的组合，即产品(Product)、价格(Price)、渠道(Place)、促销(Promotion)，下面进行详细讲解。

1. 产品

从市场营销的角度看，产品是指能够提供给市场，被人们使用和消费并满足人们某种需要的任何东西，包括有形产品、服务、组织、人员、观念或它们的组合。对于企业来说，产品是企业进行所有营销活动的基础，也是企业进行盈利必不可少的东西。

在推行产品时，商家首先要确定消费者的需求，然后根据消费者的需求有针对性地开发出多种产品以满足不同消费者。例如肯德基，在消费者的印象里，它们的产品主要是可乐、薯条、汉堡，但是这只能满足部分消费者的需求。对于大部分中国人来说，正餐都是以米饭为主，在了解这些潜在消费者的饮食习惯后，肯德基推出了一系列米饭套餐，以及豆浆、粥、老北京鸡肉卷等。

2. 价格

价格是指顾客购买产品时的费用，包括基本价格、折扣价格、支付期限等。价格或价格决策关系到企业的利润、成本补偿，以及是否有利于产品销售、促销等问题，可以说价格在一定程度上影响着产品的生命力。

影响定价的主要因素有 3 个：成本、需求与竞争。产品的最高价格取决于市场需求，最低价格取决于该产品的成本费用，在最高价格与最低价格的幅度内，企业可以把这种产品的价格定多高取决于竞争者的同种产品的价格。

3. 渠道

渠道是指产品从企业生产流转到用户手上的全过程中所经历的各个环节。对于企业来说，产品只有在市场上正常地运转和流通才能够使其得以生存。电商企业需要在市场流通中注重产品的渠道维护，才能从根本上杜绝产品滞销带来的诸多风险问题。

新零售时代已经到来，布局营销渠道要线下结合线上。例如，良品铺子在渠道布局方面就值得很多商家学习，在线上它开通了微信公众号，与其他的大 V 号多次合作引流促销活动，将流量导入线下店铺。在线下，它在一些人流密集的地方开设分店，在店内粘贴微信二维码，让消费者扫码关注它的微信公众号了解其促销信息。良品铺子通过这样的 O2O 模式，形成了一个营销的闭环。

4. 促销

促销是指企业向消费者传播有关企业产品的各种信息，这种信息可以刺激消费者，说服或者吸引他们购买产品，以达到扩大销量的目的。常用的促销手段有广告、宣传推广、人员推销、公共关系等。对于电商企业来说，促销是市场竞争过程中的一把利剑，使产品能够更快地进入市场，扩大市场占有率，从而获得更高的利润。

上述所讲的就是 4P 营销的基本策略，在企业的运营活动中，4P 营销理论有着广泛应用，例如，想要了解网站的整体运营情况，就可以使用 4P 营销理论对数据分析进行指导，这样就可以比较全面地了解到网站的整体运营情况。以 4P 营销理论为指导，搭建好的网站运营分析框架如图 4-4 所示。根据这些确定的问题，可以再将它们细化为数据分析指标。当然，分析网站运营状况并不仅局限于图 4-4 中的内容，这里只是举例说明 4P 营销理论对数据分析的指导作用。在实际工作中，应该根据实际业务情况灵活调整，不能生搬硬套。

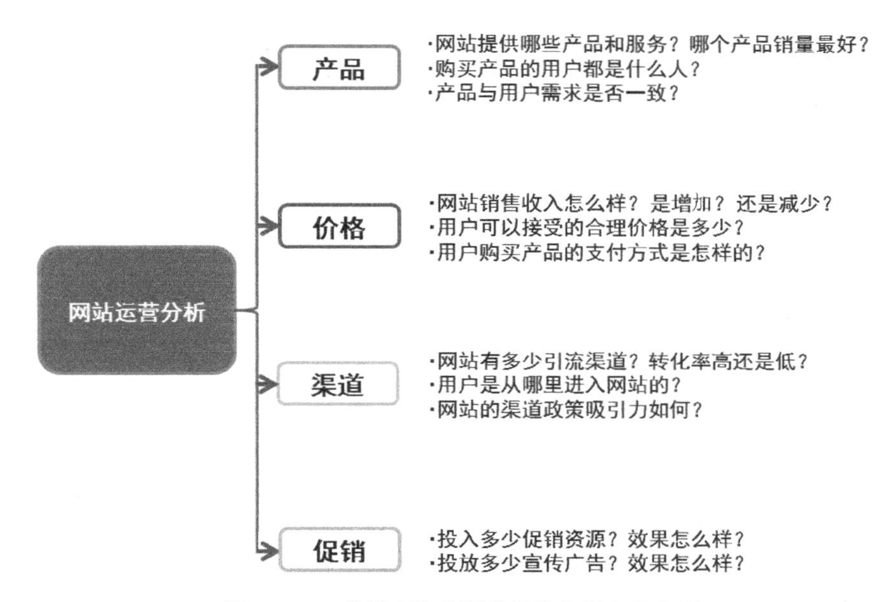

图 4-4　4P 营销理论在网站运营分析中的应用

4.1.3　逻辑树分析法

逻辑树是分析问题最常用的方法之一，又称问题树、演绎树或分解树等。逻辑树分析法就是把一个已知问题当作树干，然后开始考虑这个问题和哪些问题相关。每想到一点就给这个问题所在的树干加一个“树枝”，并注明这个“树枝”代表什么问题，一个大的“树枝”上还可以有小的“树枝”，以此类推可以找出与问题相关联的所有项目，如图 4-5 所示。

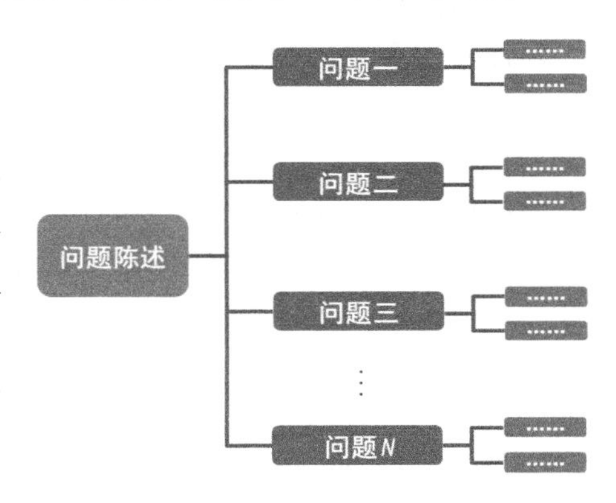

图 4-5　逻辑树分析法示例

逻辑树的主要作用是帮助数据分析人员厘清思路，避免重复和无关的思考。例如，要进行网站销售额增长变缓的专题研究，可以采用如图 4-6 所示的框架进行数据分析，不过一定要具体问题具体分析，根据自己网站的实际情况调整框架内容。

使用逻辑树能够保证解决问题过程的完整性，它可以把工作细分为更加便于操作的任务，确定各部分的优先顺序，明确地把责任落实到个人。

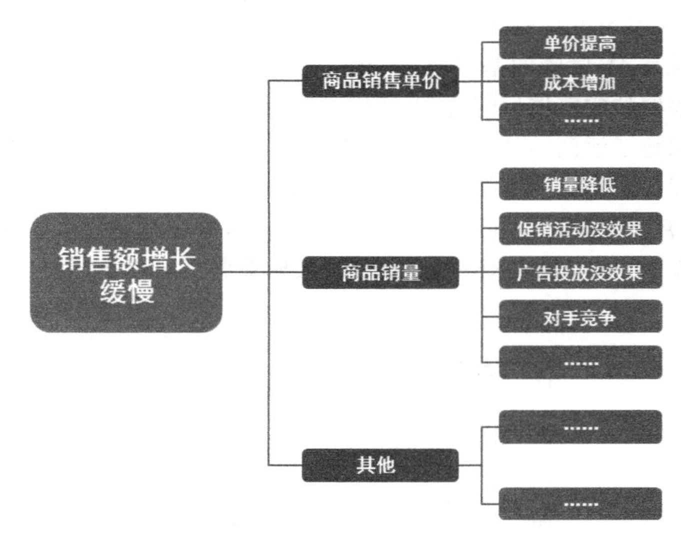

图 4-6 逻辑树分析法在销售额分析中的应用

在使用逻辑树时一定要遵循以下 3 个原则。

- 要素化：把相同问题总结归纳成要素。
- 框架化：把各个要素组织成框架，遵守不重不漏的原则。
- 关联化：框架内的各要素保持必要的相互关系，简单而不孤立。

当然，逻辑树分析法并不是没有缺点。它的缺点就是可能会遗漏涉及的相关问题，虽然可以用头脑风暴法把涉及的问题总结归纳出来，但还是难以避免存在考虑不周全的地方。所以，在使用逻辑树分析法搭建数据分析框架时，要尽量把涉及的问题和要素考虑周全。

4.1.4 用户行为理论

用户使用行为是指用户为获取、使用物品或服务所采取的各种行动，用户对产品首先需要有一个认知、熟悉的过程，试用产品之后决定是否继续消费使用，最后成为忠诚用户。完整的用户使用行为过程为“认知”→“熟悉”→“试用”→“使用”→“忠诚”。

例如，在分析网站数据时，可以使用用户行为理论，对网站分析各关键指标之间的逻辑关系进行梳理，构建与实际业务相关的网站分析指标体系，如图 4-7 所示。

在使用这个方法建立数据分析框架时同样需要具体问题具体分析，灵活运用该理论。

4.1.5 5W2H 分析法

5W2H 分析法又叫七问分析法，以五个 W 开头的英文单词和两个 H 开头的英文单词进行提问，从回答中发现解决问题的线索，即何因（Why）、何事（What）、何人（Who）、何时（When）、何地（Where）、如何做（How）、何价（How much），具体含义如下。

- Why——为什么要做？可不可以不做？有没有替代方案？
- What——是什么？目的是什么？做什么工作？
- Who——谁？由谁来做？
- When——何时？什么时间做？什么时机最适宜？

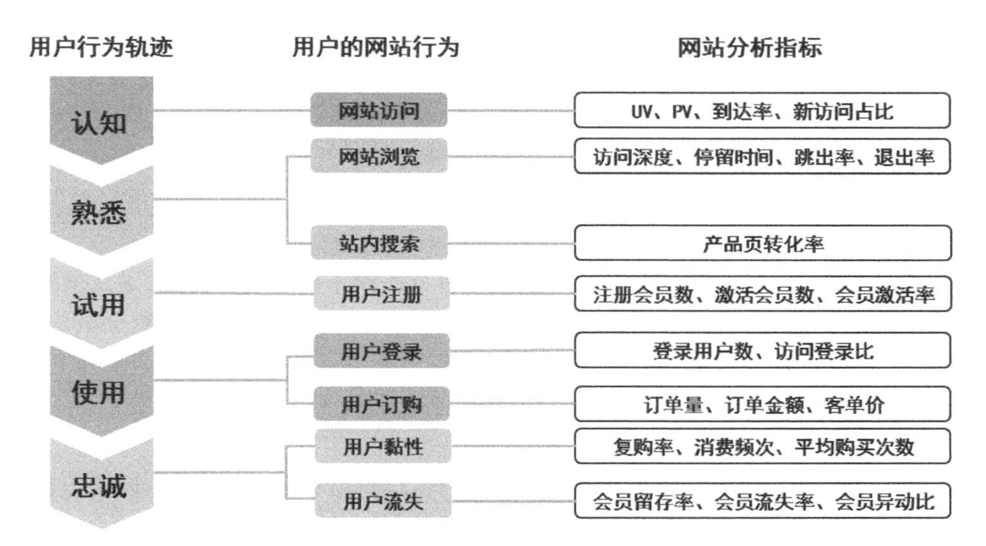

图 4-7　用户使用行为理论在网站分析中的应用

- Where——何处？在哪里做？
- How——怎么做？如何提高效率？如何实施？方法是什么？
- Howmuch——多少？做到什么程度？数量如何？质量水平如何？费用产出如何？

如果方案或产品经过七个问题的有关思考后符合逻辑关系，便可认为方案或产品具有可操作性。如果七个问题中有一个答复不能令人满意，则说明这方面还有改进的空间。

5W2H 分析法简单方便、易于理解和使用，富有启发意义，在企业营销和管理活动中广泛应用，对于决策和执行性的活动措施也非常有帮助，也有助于弥补考虑问题的疏漏。任何事情都可以通过这七个方面去思考，不善于分析的人只需要多练习就可以上手，所以 5W2H 分析法同样适用于指导建立数据分析框架。

使用 5W2H 分析法可以搭建用户购买行为分析框架，如图 4-8 所示，某企业根据 5W2H 分析法列出了分析用户购买行为需要了解的一些情况，例如，用户购买的目的是什

图 4-8　5W2H 分析法在用户购买行为分析中的应用

么,公司产品在哪些方面吸引了客户等问题。确定分析框架后,企业再根据分析框架中所列问题后所形成的可量化指标进行衡量和评价,如月均购买次数、人均凑买量等,进而针对问题做出相应方案。

4.2 数据分析法

数据分析法就是分析数据的方法,与数据分析方法论不同,数据分析法是从微观角度指导数据分析如何去进行,常用的数据分析法有对比分析法、结构分析法、分组分析法、平均分析法等,本节将对这几种数据分析法进行详细讲解。

4.2.1 对比分析法

对比分析法就是将两个或两个以上的数据进行比较,分析它们的差异,以认识被研究对象的规律,如规模、速度等,并做出正确的判断和评价。

在数据分析中,各项数据指标本身没有好坏之分,企业需要做的是通过对比分析法,选择可参照的数值,然后分析数值之间的联系与区别,思考其所展示的结果,能够有效地发现数据中蕴含的有价值的信息。下面从分类和分析维度两方面讲解对比分析法。

1. 分类

对比分析法可以分为静态比较和动态比较两类,具体介绍如下。

- 静态比较是在同一时间条件下对不同总体指标的比较,如不同部门、不同地区、不同国家的比较,也叫横向比较,简称横比。
- 动态比较是在同一总体条件下,对不同时期总体数值的比较,也称纵向比较,简称纵比。

这两种方法既可以单独使用,也可以结合在一起使用。在进行对比分析时,可以单独使用总量指标、相对指标或平均指标,也可以将它们结合起来进行对比。比较的结果可以用相对数表示,例如百分数、倍数等指标。

2. 分析维度

目前对比分析常用的纬度有与目标对比、不同时期对比、行业内对比、活动效果对比,与同级部门、单位、地区进行对比。

1) 与目标对比

把实际完成值与目标值进行对比,属于横比。例如,企业每年都会有自己的年度计划或业绩目标。所以首先可以将目前的业绩与全年的业绩目标进行对比,看是否完成了目标,如图 4-9 所示。如果一年尚未结束,正处于某一阶段,那么可以把目标按照时间进行拆分然后再对比,或者直接计算完成率,再跟时间进度(当天为止的累计天数/全年天数)进行对比。

2) 不同时期对比

选择不同时期的指标数值作为对比标准,属于纵比。如果企业未赶上年度业绩目标的时间进度,则可以继续与去年同期及上个月完成情况做对比,如图 4-10 所示。

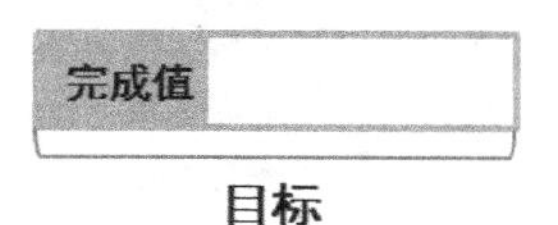

图 4-9 完成值与目标值对比示例

与去年同期进行对比简称同比，与上个月完成情况进行对比简称环比。

需要注意的是，之所以选择与去年同期数据对比是考虑到季节周期性的变化，当年会有淡旺季之分，只有选择去年的同期(同个季节)才具有可比性。另外，在选取对比对象时需要考虑其是否具有对比意义。

3）行业内对比

一般来说，企业都会与行业中的标杆企业、竞争对手或行业的平均水平进行对比，这属于横比，如图 4-11 所示。通过行业内对比，企业可以了解自身在某一方面或各方面的发展水平在行业内处于什么样的位置，知道自己有哪些指标是领先的，哪些指标是落后的，从而找到下一步的发展方向和目标。

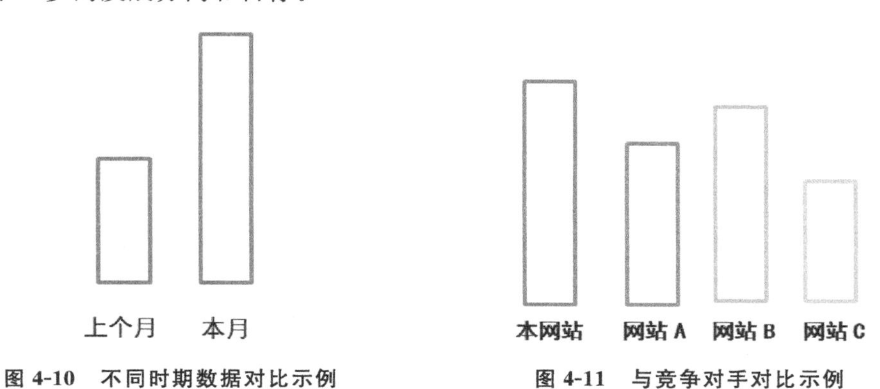

图 4-10　不同时期数据对比示例　　图 4-11　与竞争对手对比示例

4）活动效果对比

针对某项营销活动开展前后的数据进行对比，这属于纵比，如图 4-12 所示。企业进行活动效果的对比可以分析其营销活动的效果如何，进行活动复盘。例如品牌曝光率是否提升、销售额是否增长、流量是否增加等。

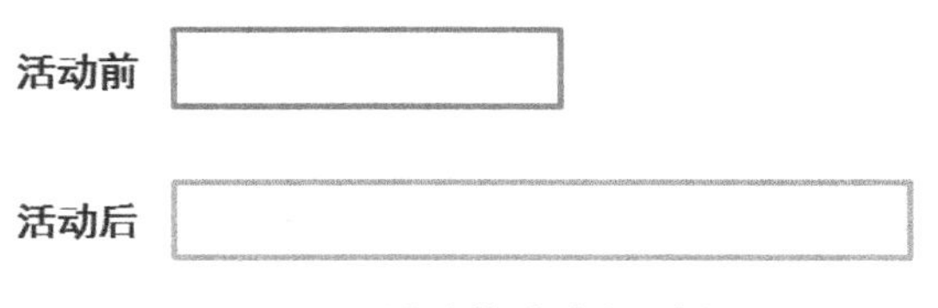

图 4-12　活动前后对比示例

当然，还可以对活动的开展状况进行分组对比，这属于横比。例如，网站对 A 组(会员)开展了优惠活动，而对 B 组(非会员)保持原来的策略运营，通过对两组的业绩进行对比分析，可以了解活动是否有效果。不过，企业在选择对照组的时候需要考虑如何确保分析结果的准确性。

5）与同级部门、单位、地区进行对比

与同级部门、单位和地区进行对比属于横比，如图 4-13 所示。通过对比，可以了解自身某一方面或各方面的发展水平在企业、集团内部或各地区处于什么样的水平，明确哪些指标是领先的，哪些指标是落后的，从而找出下一步发展的方向和目标。

以上列出的是对比分析中常用的五种维度，当然对比分析的维度并不局限于这五种，还

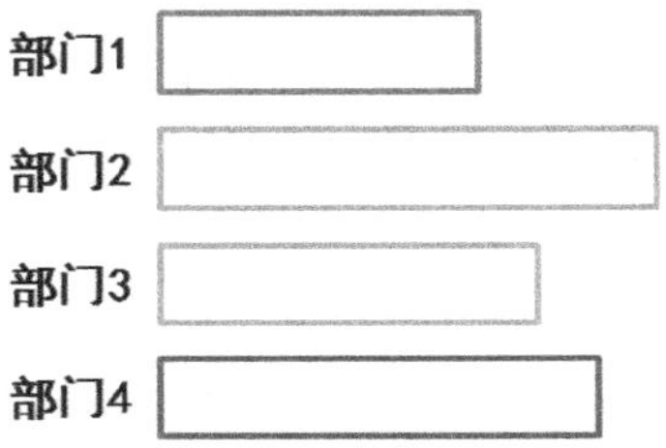

部门1
部门2
部门3
部门4

图 4-13 同级别对比示例

有其他的维度，数据分析师需要根据实际情况决定采用不同的维度进行对比分析，不可生搬硬套。

3. 对比分析注意事项

数据分析师在进行对比分析时需要考虑到以下几点因素。

1）计算单位必须一致

指标的口径范围、计算方法及计量单位必须一致，也就是用同一种单位或标准去衡量。如果各指标的口径范围不一致，则必须调整之后才能进行对比。没有统一的标准，是无法进行比较的，也就无法确认比较的结果。例如，20 000 日元与 2000 人民币是无法直接比较的，要根据当前的汇率进行换算之后才能比较，否则是没有可比性的。

2）指标类型必须一致

对比的指标类型必须是一致的。无论是相对数指标、绝对数指标、平均数指标还是其他不同类型的指标，在进行对比时，双方必须统一。例如，某网站 7 月份的销售额跟 8 月份的 UV 数据肯定是不能进行对比的，因为这两个指标类型是不同的。

3）对比对象必须具有可比性

对比的对象要有可比性，例如，不能拿双十一销售额与日常销售额、全年销量与日均销量进行对比。对比对象之间的相似之处越多，就越具有可比性。所以，数据分析师在选择和确定对比对象时，一定要分析它们进行对比是否有意义。

4.2.2 结构分析法

结构分析法是将被分析总体内的各部分与总体之间进行比较的分析方法，其实结构分析法所分析的就是总体内各部分占总体的比例，这个比例就是结构相对比例。结构相对指标（比例）的计算公式为：

$$\text{结构相对指标（比例）}=\left(\frac{\text{总体某部分的数值}}{\text{总体总量}}\right)\times 100\%$$

一般结构相对比例越大，说明其重要程度越高，对总体的影响也就越大。例如，对网站销售额的构成分析，可以了解服饰配件、日用百货、母婴用品等各类目商品占总销售额的比重，揭示各类目商品之间的相互联系及其变化规律。

结构分析法是一种简单实用的数据分析方法，在企业的实际运营中，市场占有率是一个非常经典的结构分析法的应用，市场占有率的计算公式为：

$$市场占有率 = \left(\frac{某种商品销售量}{该种商品销售市场总量}\right)\times 100\%$$

对于电商网站或平台来说，市场占有率是分析行业竞争状况的重要指标，也是衡量网站运营状况的综合经济指标。如果网站或平台的市场占有率高，说明运营状况好，竞争能力比较强，在市场竞争中处于有利地位；反之则说明网站或平台运营状况不理想，竞争能力薄弱，在市场竞争中处于不利的地位。

所以，要评价一个网站或平台运营状况是否良好，不仅需要了解用户数、销售额等绝对数值指标是否增长，还要了解其在行业中的比重是否保持稳定或者也在增长。如果企业在行业中的市场占比下降，那么说明自身经营活动出现了问题或者竞争对手的发展更为迅猛，企业应该及时分析原因，调整运营策略。

4.2.3　分组分析法

在进行数据分析时，不仅要对总体的数量特征和数量关系进行分析，还要深入总体内部进行分组分析。分组分析法是指根据数据分析的目的要求，把所研究的总体按照一个或几个标志划分为若干个部分加以整理，进行观察、分析，以揭示其内在的联系和规律性。

对数据进行分组的目的是为了便于对比，把总体中具有不同性质的对象进行区分，把性质相同的对象合并在一起，保持各组内对象属性的一致性、组与组之间属性的差异性，以便进一步运用各种数据分析方法，来解构内在的数量关系，所以分组分析法必须要与对比分析法结合使用。

使用分组分析法的关键在于确定组数与组距。在数据分组中，各组之间的取值界限称为组限，一个组的最大值称为上限，最小值称为下限；上限与下限的差值称为组距；上限值与下限值的平均数称为组中值，它是一组变量值的代表值。

使用组距进行数据分组的步骤如下。

1. 确定组数

这个可以由数据分析师根据数据本身的特点（数据的大小）判断确定。因为分组的目的之一是为了观察数据分布的特征，所以确定的组数应该适中。如果组数太多，数据的分布会过于分散，组数太少，数据的分布会过于集中，二者都不利于观察数据分布的规律和特征。

2. 确定各组的组距

组距是一个组中最大值与最小值之差，可以根据全部数据的最大值和最小值所分的组数来确定，其公式为：

$$组距 = \frac{最大值 - 最小值}{组数}$$

3. 根据组距大小，对数据进行分组整理

完成分组后，就可以根据相应信息的分组汇总分析，从而分析各个组之间的差异以及与总体间的差异情况。

需要注意的是，以上所介绍的分组是等距分组，当然也可以使用不等距分组。使用等距

分组还是不等距分组，要根据所分析对象的性质特点决定。在各单位数据变动比较均匀的情况下比较适合采用等距分组；在各单位数据变动很不均匀的情况下比较适合采用不等距分组，这时不等距分组或许更能反映现象的本质特征。

4.2.4 平均分析法

平均分析法是通过特征数据的平均指标，反映总体在一定时间、地点条件下某一数量特征的一般水平。平均指标可用于同一个现象在不同单位、部门或地区间的对比，也可以用于同一个现象在不同时间的对比。

在平均分析法中，平均指标包括算术平均数、几何平均数、调和平均数、众数和中位数。其中，最为常用的是算术平均数，也就是日常所说的平均值或平均数。算术平均数是最重要的基础性指标，也是综合性指标，其特点是把总体内各单位的数量差异抽象化，掩盖了在平均数后各单位的差异，所以只能代表总体的一般水平。算术平均数的计算公式为：

$$\text{算术平均数} = \frac{\text{总体各单位数值的总和}}{\text{总体单位个数}}$$

使用平均分析法需要结合各种分组和指标对比来进行，例如，分析网站不同品类、周期的平均销售额、平均销售量等。总之，对于所有数量指标都可以依据不同的分组用单位数来平均，然后对比和分析。

利用平均指标对比同类现象在不同地区、不同行业、不同类型单位等之间的差异程度，这样比使用总量指标对比更有说服力；对比某些现象在不同历史时期的变化，更能说明其发展规律和趋势。

4.2.5 矩阵关联分析法

矩阵关联分析法又叫矩阵分析法、象限图分析法，是将事物（产品或服务）的两个属性（指标）作为分析的依据，进行分类关联分析，找到问题解决方案的一种分析方法。在分配资源和解决问题时，矩阵关联分析法能够为决策者提供重要的参考依据。先解决主要矛盾，再解决次要矛盾，有利于提高工作效率，并将资源分配到创造更多效益的部门或商品中，有利于决策者优化资源配置。

矩阵分析法以属性 A 为横轴，以属性 B 为纵轴，组成一个坐标系，在两个坐标轴上分别按照某一标准（可以取平均数、经验值等）进行刻度划分，这样会构成四个象限，将待分析的主体项目对应投射进四象限中，可以直观地表现出两属性的关联性，从而分析每一个项目在这两个属性上的表现，下面通过例 4-2 进一步理解矩阵关联分析法的作用。

例 4-2 叮叮网商品销售数据分析

如图 4-14 所示为叮叮网最近一周商品销售情况，通过矩阵可以很直观地看出网站销售情况最好和最差的产品分别是哪些，从而合理分配有限的资源，有针对性地确定网站在营销方面需要重点提升的内容。

从图 4-14 中可知：

（1）第一象限（优势区）属于销售量高，利润率也高的象限。C06、C12、C16 三个款号的产品落在这个象限上，标志着 C06、C12、C16 这三款产品为网站的优势区产品，是网站的核心竞争所在，对这个象限上的三款产品，公司应继续保持现有的营销策略。

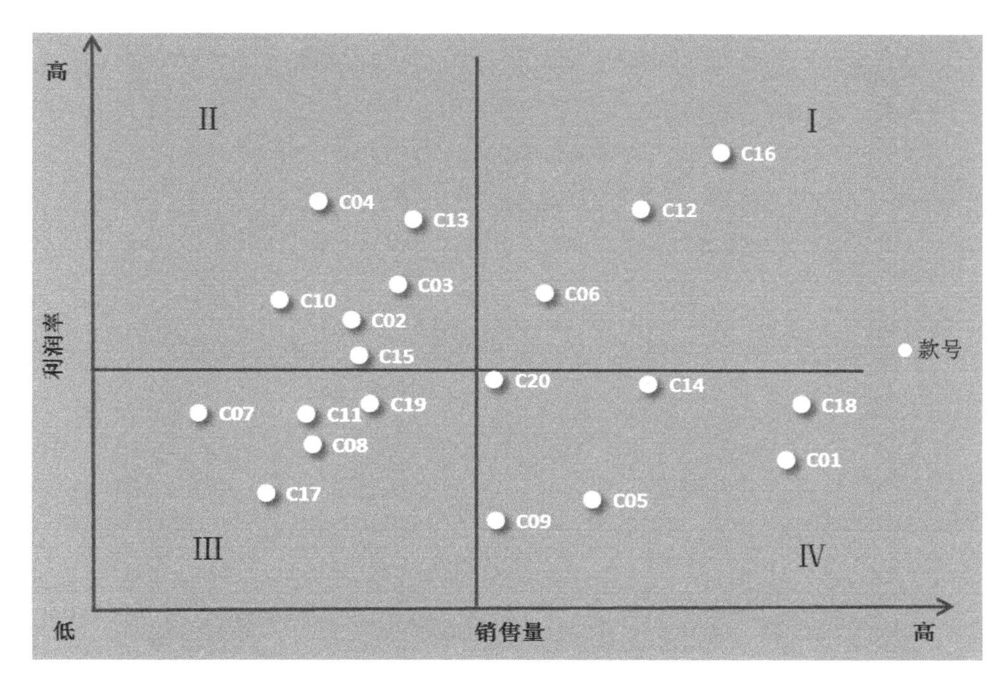

图 4-14　叮叮网产品销售分析

(2) 落在第二象限(发展区)的 C02、C03、C04、C10、C13、C15 等几款产品为发展区产品,可以结合产品特点有针对性地制订改良方案,提升销量使其成为优势区的产品。

(3) 落在第三象限(劣势区)的 C07、C08、C11、C17、C19 等几款产品为劣势区产品,利润低、销量低,建议放弃或更新其他替代产品。

(4) 落在第四象限(维持区)的 C01、C05、C09、C14、C18、C20 等几款产品为维持区产品,销量高、利润率低,可以根据网站特点制定合理的营销策略,充分利用高销量带来的流量优势。

另外,很多企业会使用利润率和市场占有率这两个关键指标来绘制产品矩阵,以此来衡量企业业绩的好坏,如图 4-15 所示。通过产品矩阵的确可以衡量业绩的好坏,不过也存在不足,那就是无法将产品对企业的贡献真正体现出来,例如,企业中哪一款产品利润最高,分别是多少?

通过图 4-15 可以看出,虽然款号为 C01 的产品市场占有率高、利润率也高,但是其贡献的利润可能不如 C02、C07 两款产品。这时可以在图 4-15 产品矩阵的基础上,增加一个产品利润指标的维度,构成产品战略发展矩阵,如图 4-16 所示。

1. 第一象限

虽然 C01、C04、C09、C10、C13 这几款产品的市场占有率和利润率都比较高,但是利润较小,需要继续关注其发展动态。

2. 第二象限

虽然 C02、C08、C12、C15 这几款产品的利润率比较低,但是其利润仍然在公司利润中占有一定的比重,需要继续保持。

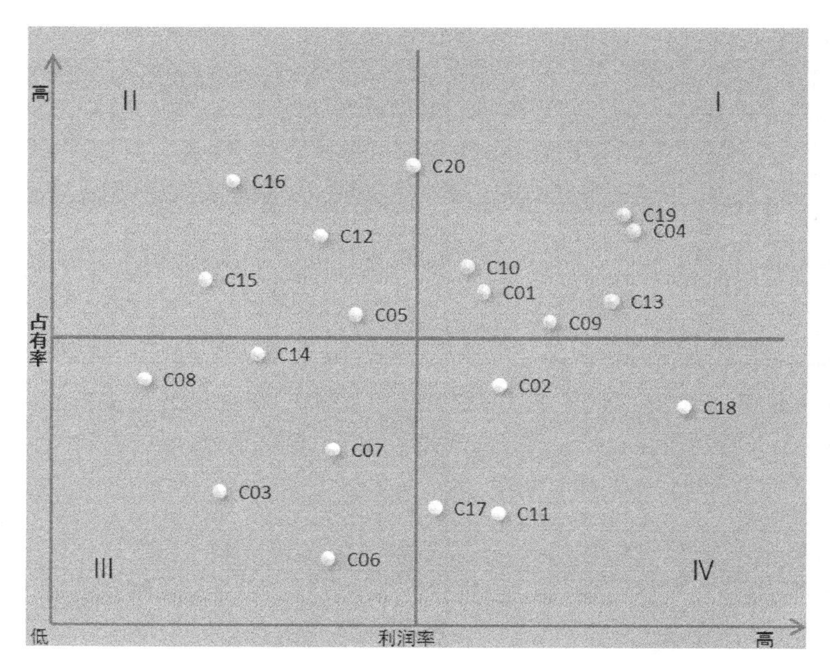

图 4-15 叮叮网产品利润率及市场占有率矩阵示例

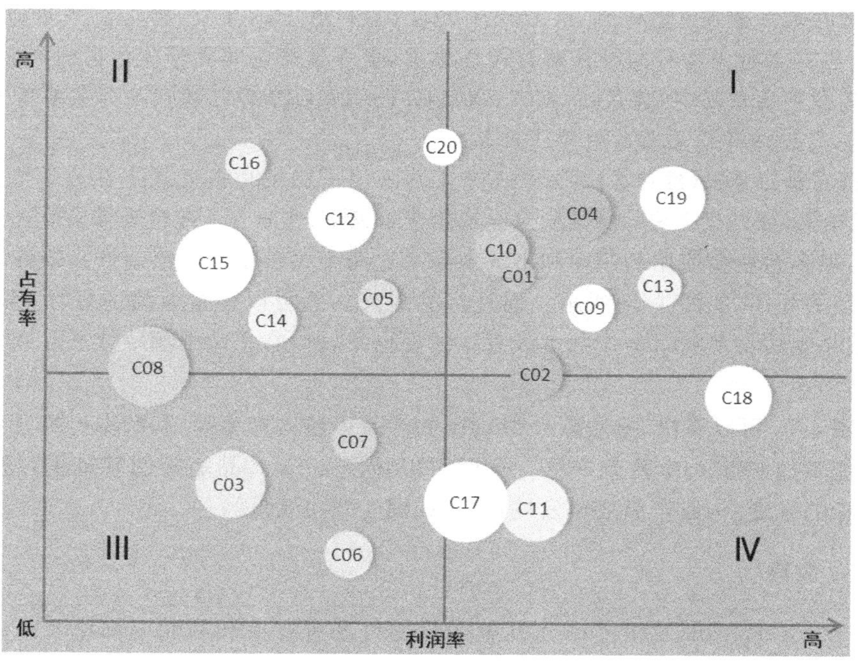

注：气泡大小代表利润，气泡越大，利润越大，反之利润越小。

图 4-16 产品战略发展矩阵示例

3. 第三象限

虽然 C03 这款产品的利润率和市场占有率都不理想，但是其利润同样在公司利润中占有一定的比重，所以需要继续维持；而 C06、C07 这两款产品由于产品利润率、市场占有率都很低，利润也不高，所以可以考虑将产品战略转移到 C11、C17、C18 等几款产品上。

4. 第四象限

虽然 C11、C17、C18 等几款产品的市场占有率比较低，但是其利润率比较高，有发展潜力，可以制定相应的产品战略提升其市场占有率，以提升公司利润总额。

4.2.6　交叉分析法

交叉分析法也称交叉列表分析法，是指同时将两个或两个以上有一定联系的变量及其变量值按照一定的顺序交叉排列在一张统计表内，使各变量值成为不同变量的交叉结点，形成交叉表，从而分析变量之间的相关关系，并得出科学结论的一种数据分析技术。交叉表分为多个维度（例如，二维交叉表和三维交叉表），维度越多，交叉表的结构就越复杂。一般需要根据数据分析的目的决定交叉表中有几个维度，本节主要介绍二维交叉表分析法，二维交叉表也就是第 3 章所讲过的二维表，下面以计算国庆期间的产品销售数据为例对交叉分析法进行详细讲解，如例 4-3 所示。

例 4-3　使用交叉分析法计算国庆期间产品销售数据

如图 4-17 所示为叮叮网国庆期间 4 款产品的销售数据，那么 9 月份和 10 月份 A 地区的所有产品销量是多少呢？9 月份和 10 月份 B 地区的 C02 产品销量是多少呢？

	A	B	C	D
1	日期	地区	款号	销量/件
2	9月	A	C01	3334
3	9月	B	C01	2682
4	9月	C	C01	4753
5	9月	A	C02	3372
6	9月	B	C02	2289
7	9月	C	C02	2711
8	9月	A	C03	3976
9	9月	B	C03	3897
10	9月	C	C03	2581
11	9月	A	C04	4625
12	9月	B	C04	3496
13	9月	C	C04	4575
14	10月	A	C01	2122
15	10月	B	C01	4833
16	10月	C	C01	3355
17	10月	A	C02	2071
18	10月	B	C02	3073
19	10月	C	C02	2922
20	10月	A	C03	2964
21	10月	B	C03	4626
22	10月	C	C03	3825
23	10月	A	C04	4740
24	10月	B	C04	2413
25	10月	C	C04	4930

图 4-17　某店铺国庆期间产品销售数据

按照一般思路，要计算 9 月份和 10 月份 A 地区的所有产品销量，需要先把这两个月 A 地区的所有销量数据筛选出来，然后求和；要计算 9 月份和 10 月份 B 地区的 C02 产品销量,需要把这两个月B地区的C02产品的销量筛选出来,然后再求和。这样的计算方法没问题,但是非常麻烦,一旦计算的数据量很大或者维度更多,就会很费时间。而使用交叉分析法分析计算则会简单很多。对于图4-17中的数据,可以使用交叉表进行分析。将图4-17中的销售数据表转换为交叉表(二维表),如图4-18所示。

地区	C01	C02	C03	C04	行小计
A	5456	5443	6940	9365	27204
B	7515	5362	8523	5909	27309
C	8108	5633	6406	9505	29652
列小计	21079	16438	21869	24779	84165

图4-18　9、10月份A、B、C三个地区产品销量交叉表示例

在图4-18中,交叉表中的行沿水平方向延伸,A、B、C三个地区的销售量数据各占一行。交叉表中的列沿垂直方向延伸,C01、C02、C03、C04各占一列,汇总字段位于行和列的交叉结点,每个交叉结点的值表示对既满足行条件又满足列条件的记录的汇总(求和、计数等)。如B地区和C02交叉结点的值是5362,表示B地区9、10月份的C02产品销量之和为5362。

通过交叉表分析,可以直观了解到:

(1) 9、10月份所有地区所有产品的总销量(行小计与列小计交叉点)。

(2) 9、10月份不同地区所有产品的总销量(行小计)。

(3) 9、10月份不同产品所有地区的总销量(列小计)。

(4) 9、10月份各个地区不同水果的总销量(各交叉结点值)。

使用交叉分析法比先筛数据再进行计算效率提高了很多。

4.2.7　综合评价分析法

前面所讲的对比分析法、结构分析法、分组分析法等都是简单分析法,用来分析简单的对象和问题是可以的。但是随着数据分析的深入,分析评价的问题会越来越复杂,简单分析法的局限性也更加明显,经常会出现单从某个指标看难以评价分析对象是好是坏的情况。所以,通过对实践活动的总结,形成了一系列运用多个指标对多个参评单位进行评价的方法,称为多变量综合评价分析方法,简称综合评价分析法。

综合评价分析法的基本思想就是将多个指标转换为一个能够反映综合情况的指标进行分析评价,综合评价是指企业通过多元化评价对企业的发展方向进行一个综合的统计评价,进而判断企业的走向及目标,这对任何一个企业和行业发展都大有益处,所以综合评价对企业和市场都有决定性作用。

综合评价分析法主要有以下3个特点。

(1) 评价过程不是逐个指标顺次完成的,而是通过一些特殊方法同时完成对多个指标的评价。

(2) 在综合评价过程中,一般要根据指标的重要性进行加权处理。

(3) 评价结果不再是有具体含义的统计指标,而是以指数或分值表示参评单位综合状况的排序。

进行综合评价分析主要有以下5个步骤。

（1）确定综合评价指标体系，即该分析包含哪些指标，是进行综合评价的基础和依据。

（2）收集数据，并对不同计量单位的指标数据进行标准化处理。

（3）确定指标体系中各指标的权重，以保证分析评价的客观性和科学性。

（4）对处理后的指标再进行汇总，计算出综合评价指数或综合评价分值。

（5）根据评价指数或分值对参评单位进行排序，并由此得出结论。

使用综合评价分析法的关键是对数据进行标准化处理和确定各指标的权重，下面就来讲一下如何将数据标准化以及如何确定权重。

1. 对数据进行标准化处理

数据的标准化是把数据按比例缩放，使其落入一个小的特定区间。在比较和评价某些指标时，会经常用到数据标准化，去除数据的单位限制，将其转换为无量纲（没有单位的物理量）的纯数值，这样会便于不同单位或量级的指标进行比较和加权。而最典型的就是 0-1 标准化和 Z 标准化，下面主要讲解 0-1 标准化方法。

0-1 标准化也叫离差标准化，就是对原始数据做线性变换，使结果落到[0,1]区间，如图 4-19 所示。做[0,1]标准化时，对数据的转换公式如下：

$$\text{第 } N \text{ 个经标准化处理的值} = \frac{\text{第 } N \text{ 个原始值} - \text{最小值}}{\text{最大值} - \text{最小值}}$$

0-1 标准法有一个不足之处，那就是当有新数据加入时，最大值或最小值可能会发生变化，这时就需要重新计算。

	A	B
1	原始数据	0-1标准值
2	34	0.57
3	36	0.64
4	37	0.68
5	45	0.96
6	20	0.07
7	33	0.54
8	44	0.93
9	33	0.54
10	33	0.54
11	18	0.00
12	45	0.96
13	33	0.54
14	38	0.71
15	40	0.79
16	46	1.00
17	19	0.04
18	30	0.43
19	42	0.86
20	20	0.07

图 4-19　数据 0-1 标准化示例

2. 权重的确定方法

当对某个对象进行多维度的评估分析时，通常需要为每个维度赋予一个权重值。确定每个维度指标权重的方法主要有以下四种。

1）主观意见法

主观意见法是企业或者部门负责人根据业务实际发展需要，对各维度指标权重主管赋值的一种方法，例如，某店铺运营经理 KPI 考核有销售达成、利润达成、流量达成、库存天数、顾客投诉 5 项指标，总经理可以根据当年的业务需要分别确定它们的权重值。

2）历史数据法

历史数据法通常用在寻找销售规律的时候，如图 4-20 所示，可以通过 2015 年、2016 年、2017 年每月的销售比重来推测 2018 年每个月的贡献率，而这个贡献率实际上就是月销售权重值。

	A	B	C	D	E	F	G	H	I	J	K	L	M
1		1月	2月	3月	4月	5月	6月	7月	8月	9月	10月	11月	12月
2	2015	7.16%	5.66%	10.00%	5.57%	8.54%	5.41%	7.64%	9.81%	7.02%	8.67%	5.36%	5.71%
3	2016	9.09%	5.64%	6.05%	5.27%	8.57%	7.33%	7.80%	9.70%	6.41%	5.20%	5.23%	8.61%
4	2017	9.12%	6.69%	7.85%	9.88%	8.95%	6.20%	8.89%	8.57%	5.81%	8.83%	8.40%	6.20%
5	2018预计	8.46%	6.00%	7.96%	6.91%	8.69%	6.32%	8.11%	9.36%	6.41%	7.57%	6.33%	6.84%

图 4-20　2018 年月销售权重值——历史数据法

3）矩阵对比法

通常来说，离现在时间越近的数据参考价值也就越大，意味着权重值也应该更大，在图 4-20中 2018 年的权重为前三年权重的平均值，没有体现出权重的差异性。为了让 2018 年的规律有更大的参考价值，需要对前三年的贡献率赋予不同的权重值，如图 4-21 所示，这样计算出来的结果与图 4-20 略有差异。

	A	B	C	D	E	F	G	H	I	J	K	L	M	N
1		权重	1月	2月	3月	4月	5月	6月	7月	8月	9月	10月	11月	12月
2	2015	0.17 ①	7.16% ④	5.66%	10.00%	5.57%	8.54%	5.41%	7.64%	9.81%	7.02%	8.67%	5.36%	5.71%
3	2016	0.33 ②	9.09% ⑤	5.64%	6.05%	5.27%	8.57%	7.33%	7.80%	9.70%	6.41%	5.20%	5.23%	8.61%
4	2017	0.50 ③	9.12% ⑥	6.69%	7.85%	9.88%	8.95%	6.20%	8.89%	8.57%	5.81%	8.83%	8.40%	6.20%
5	2018	预计 ⑦	8.78%	6.17%	7.62%	7.63%	8.76%	6.44%	8.32%	9.15%	6.21%	7.60%	6.84%	6.91%
6	备注：C5=B2*C2+B3*C3+B4*C4													

图 4-21　2018 年月销售权重值——矩阵对比法

2015 年、2016 年、2017 年这三年对应的权重值 0.17、0.33、0.50 表示离现在越近的历史数据参考价值越大，这三个权重值可以通过矩阵对比的方法计算出来，如图 4-22 所示，权重 2 中的数值即为图 4-21 中的权重值。

	A	B	C	D	E	F	G	H
1	年份	2015	2016	2017	合计1	权重1	合计2	权重2
2	2015		0	0	0	0.00	1	0.17
3	2016	1	①	0	1	② 0.33	2	③ 0.33
4	2017	1	1		2	0.67	3	0.50

图 4-22　用矩阵对比法确定权重值

用矩阵对比法确定权重值的步骤如下。

（1）把需要赋予权重的对象按矩阵排列，如图 4-22 中①所示。

（2）将每个对象间两两对比，如果左侧重要则填 1，否则为 0。例如，2016 年的数据肯定要比 2015 年的重要，所以①左侧空格的数字为 1，2017 年比前两年都重要，所以都为 1。

（3）计算合计得分，再根据“合计 1”占总分的比例算出“权重 1”。这个权重遗弃了总得分为 0 的 2015 年选项（不是每次对比都会出现得分为 0 的选项）。

（4）如果 2015 年这个选项一定要有，则可以在“合计 1”的基础上分别加 1 得到“合计 2”以及对应的“权重 2”。

矩阵对比法适合单人进行分析，权重结果基本上是体现个人的意志，是对主观判断的具体量化，如果多人同时对一个对象进行权重评估，则需要用到专家打分法。

4）专家打分法

如果需要综合多人意见确定分析指标权重时，专家打分法是比较合适的方法。如图 4-23 所示，这是电子商务网站几个关键运营指标的权重化。每位专家手中有 100 分，专家根据自己的理解对这 7 项指标分别打分，然后根据平均得分分别算出每一项的权重值。这里所说的专家并不一定是真正意义上的专家，只要有打分资格的人都可以是专家，所以这种方法实用性很强。

在确定每一项指标的权重之后，即可按照权重对这些指标进行排序，然后按序分析，得出结论。

4.2.8　漏斗图分析法

漏斗图分析法是以漏斗图的形式展现分析过程及结果的方法。漏斗图是一个适合业务

指标	专家1	专家2	专家3	专家4	专家5	平均分	权重
流量	12	20	15	18	20	17	17.00%
转化率	20	10	18	12	15	15	15.00%
客单价	15	10	20	10	12	13.4	13.40%
销售额	15	14	12	15	13	13.8	13.80%
ROI	10	15	12	15	10	12.4	12.40%
活跃会员数	13	15	13	20	10	14.2	14.20%
会员流失率	15	16	10	10	20	14.2	14.20%
合计	100	100	100	100	100	100	100.00%

图 4-23　确定电商网站运营指标权重——专家打分法

流程规范、周期比较长、各流程环节涉及复杂业务过程比较多的管理分析工具。漏斗图可以对业务流程进行直观展现，通过漏斗图能够很快发现业务流程中存在问题的环节。例如，用漏斗图对网站中某些关键路径的转化率分析，不仅能显示用户从进入网站到实现购买的最终转化率，同时还可以显示整个关键路径中每一步的转化率，如图 4-24 所示。

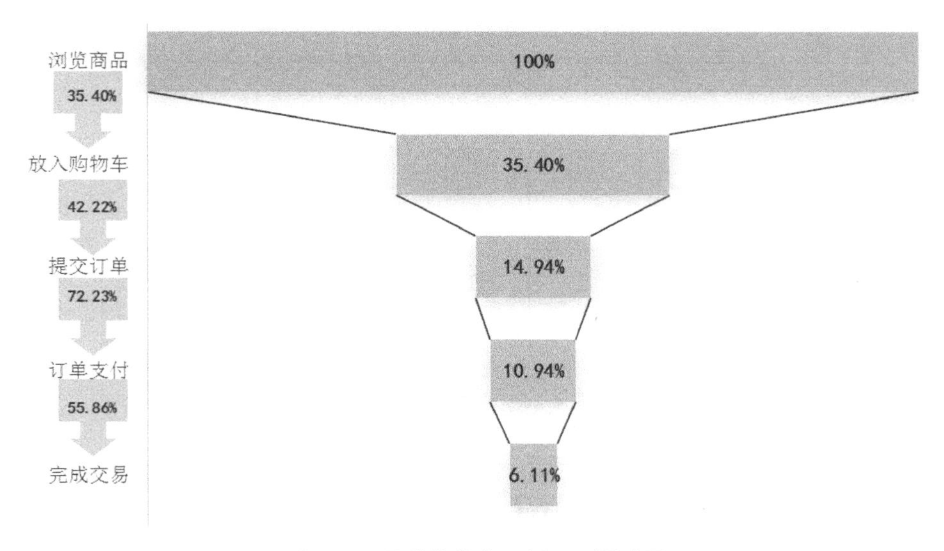

图 4-24　网站转化率示例——漏斗图

单一的漏斗图无法评价网站某个关键流程中各步骤转化率的好坏，这时可以使用 4.2.1 节中所讲的对比分析法，对同一环节优化前后的效果进行对比分析，或者对同一环节不同细分用户群的转化率进行比较，或者对同行业类似产品的转化率进行对比等，从而对网站关键流程各步骤的转化率做出客观评价。下面以电商网站客户转化率漏斗图制作为例对漏斗分析法进行详细讲解，如例 4-4 所示。

例 4-4　电商网站客户转化率漏斗图制作

某电商公司领导要求小李将网站转化率数据通过漏斗图的形式展现出来，于是小李得到一份网站转化率统计数据，如图 4-25 所示。

小李在拿到网站转化率统计数据后，进行了以下操作。

STEP 01　在表中设置占位数据，目的是将整体转化率的条形进行居中显示，占位数的计算公式是"(第一环节整体转化率－整体转化率)/2"，最终效果如图 4-26 所示。

STEP 02　选中所处环节、占位数据、整体转化率，在导航栏选中"插入"→"图表"→"条形图"→"堆积条形图"，然后得到如图 4-27 所示条形图。

	A	B	C	D
1	所处环节	当前人数	环节转化率	整体转化率
2	选购商品	1000	100%	100.00%
3	添加购物车	600	40%	60.00%
4	购物车结算	450	25%	45.00%
5	核对订单信息	225	50%	22.50%
6	提交订单	90	60%	9.00%
7	选择支付方式	36	60%	3.60%
8	完成支付	29	20%	2.90%

图 4-25　网站转化率统计数据

D2　　f_x　=($E$2-E2)/2

	A	B	C	D	E
1	所处环节	当前人数	环节转化率	占位数据	整体转化率
2	选购商品	1000	100%	0%	100.00%
3	添加购物车	600	40%	20%	60.00%
4	购物车结算	450	25%	28%	45.00%
5	核对订单信息	225	50%	39%	22.50%
6	提交订单	90	60%	46%	9.00%
7	选择支付方式	36	60%	48%	3.60%
8	完成支付	29	20%	49%	2.90%

图 4-26　设置占位数据

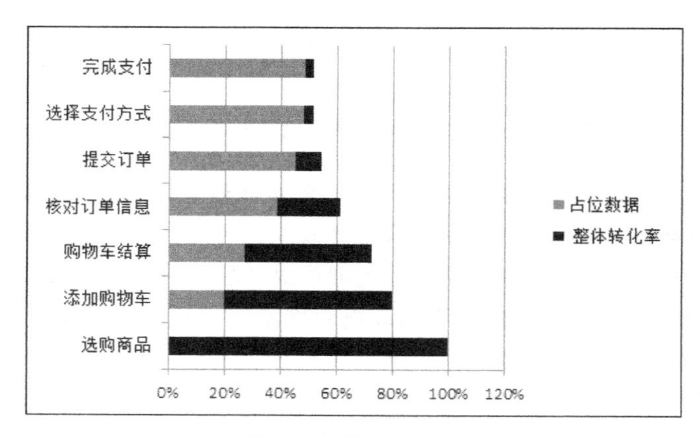

图 4-27　堆积条形图

STEP 03　右击纵坐标标签，选择“设置坐标轴格式”命令，在打开的对话框中选中“逆序类别”复选框，将“主要刻度线类型”设置为“无”，如图 4-28 所示。

STEP 04　右击“占位数据”数据系列的条形，选择“设置数据系列格式”命令，在打开的对话框中设置填充颜色为“无填充”，隐藏该数据系列的条形显示，如图 4-29 所示。

STEP 05　在图表工具的“布局”功能区中，依次选择“坐标轴”→“主要横坐标轴”设置

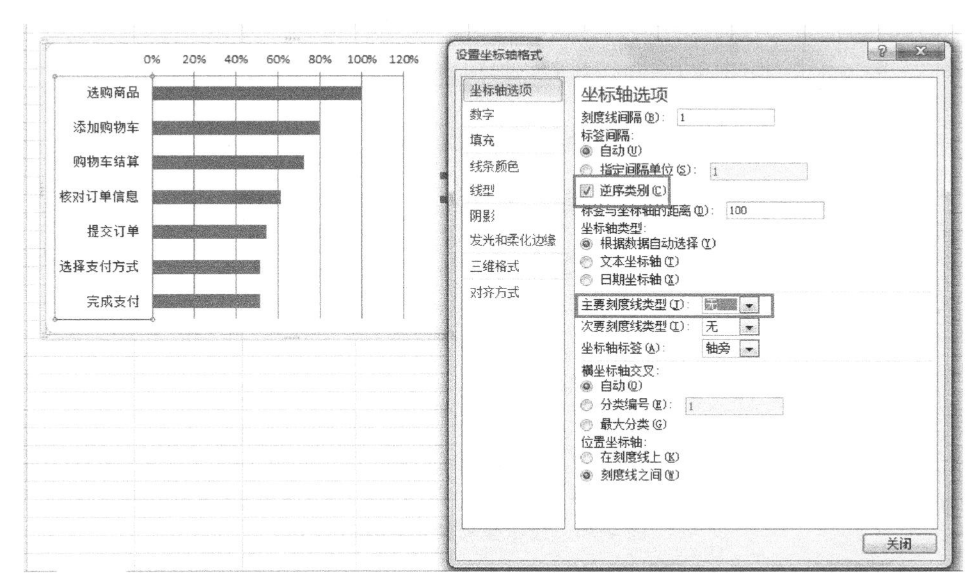

图 4-28　设置坐标轴格式

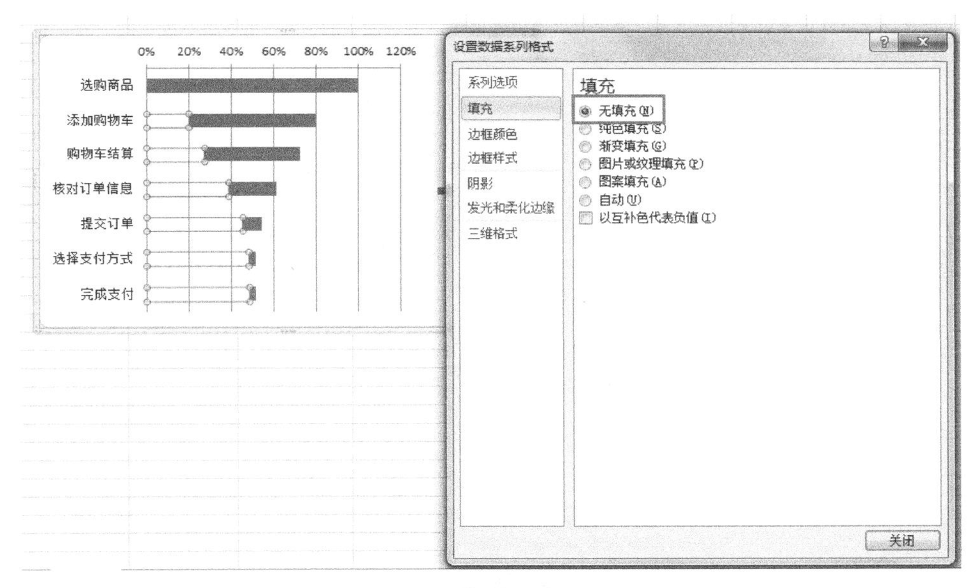

图 4-29　隐藏"占位数据"显示

为"无",去除横坐标轴,然后使用同样的方法去除网格线,如图 4-30 所示。

STEP 06　删除图表的图例部分,选中"整体转化率"数据条形,右击,选择"设置数据系列格式"命令,设置条形填充颜色为"纯色填充",进行图表美化,如图 4-31 所示。

STEP 07　在导航区选择"形状"→"直线",绘制漏斗的边框,直至全部完成。然后在纵坐标轴标签上插入箭头形状,并在箭头中输入环节转化率,如图 4-32 所示。

STEP 08　最后,选中"整体转化率"数据条形,右击,选择"添加数据标签"命令,并修改数据标签格式,最终效果如图 4-33 所示。

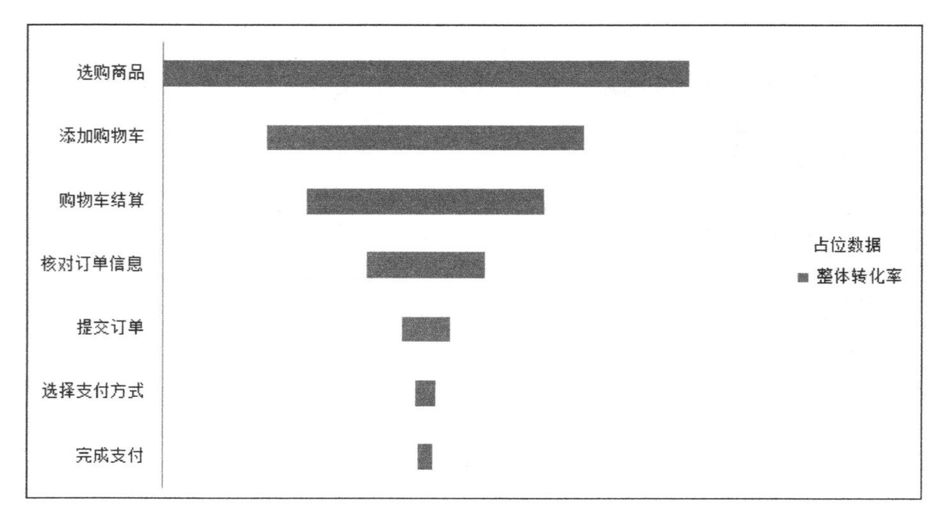

图 4-30 去除坐标轴及网格线

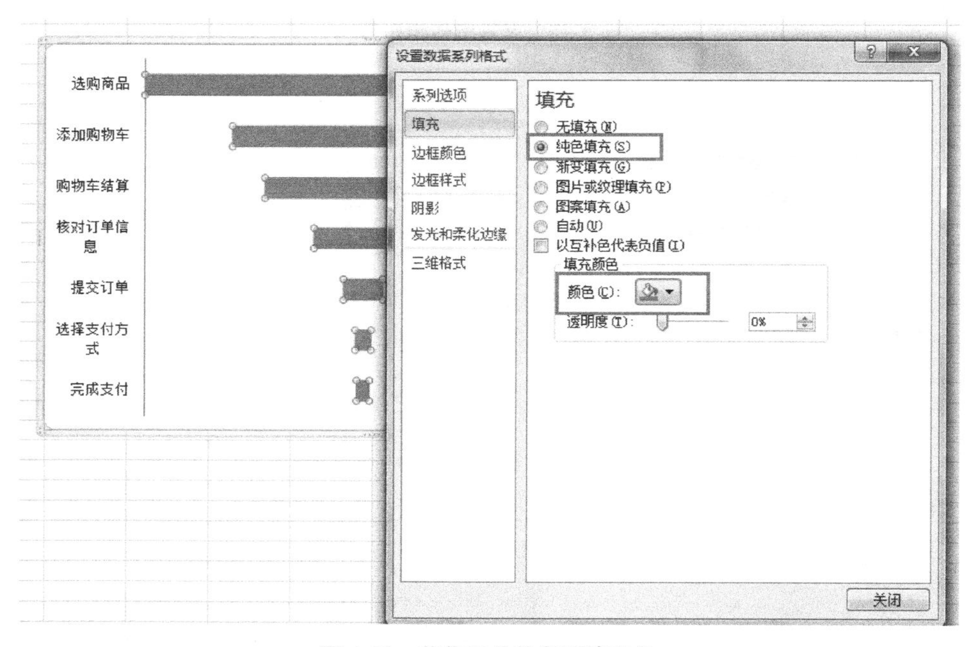

图 4-31 美化漏斗的条形填充色

从最终得到的漏斗图可以明显发现购物中的第二环节转化率为25%，最后一个环节的转化率为20%，这两个环节的转化率明显低于其他环节，所以这两个环节需要改进和提升。

通过漏斗图不仅可以了解用户在业务中的转化率和流失率，还可以知道各种业务在网站中的受欢迎程度或者重要程度。通过对不同业务的漏斗图进行对比，可以找出哪种业务在网站中更吸引用户，掌握4.2.1节所讲的对比分析法，就可以从不同业务角度发现隐藏在其中的业务问题。

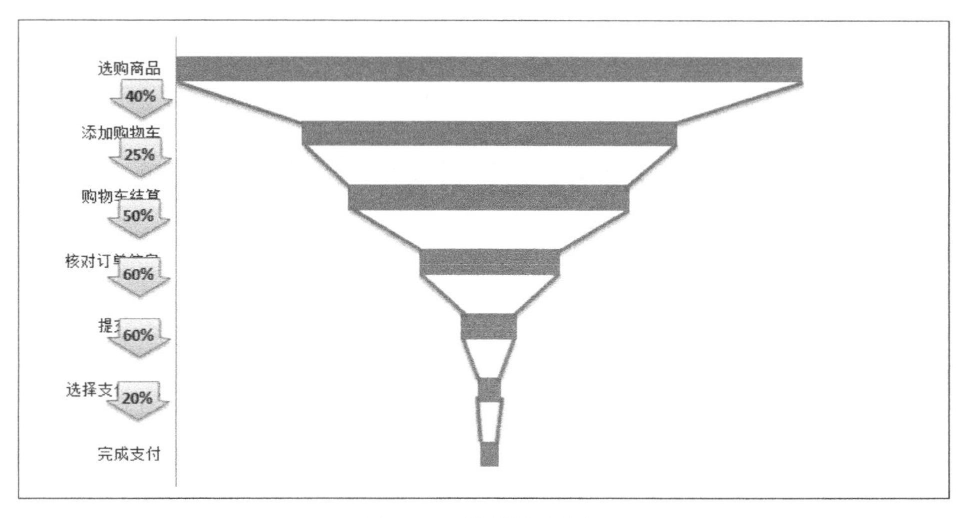

图 4-32　绘制漏斗边框

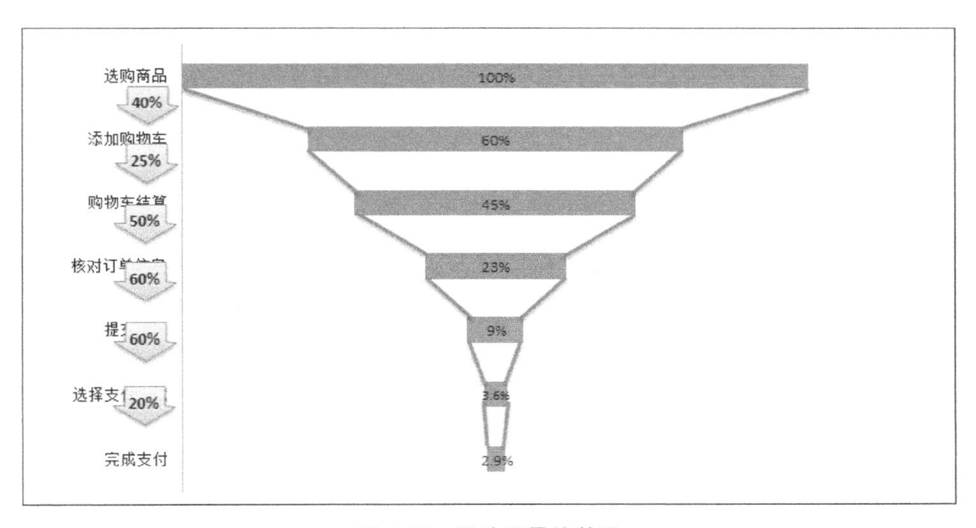

图 4-33　漏斗图最终效果

小结

本章主要介绍了数据分析的常用方法，包括常用数据分析方法论和数据分析法两个主要部分。通过本章的学习，读者应该了解常用的数据分析方法论，掌握数据分析法，为数据分析提供理论依据及指导方法。

第 5 章 常用数据分析工具

思政案例

【学习目标】

知识目标	➢ 了解 SPSS 的主要功能及优势 ➢ 了解生意参谋、京东商智的应用途径 ➢ 了解百度统计与 CNZZ 的应用途径
技能目标	➢ 掌握 SPSS 的主要功能 ➢ 掌握生意参谋与京东商智的主要功能 ➢ 掌握百度统计与 CNZZ 的主要功能

【案例引导】

小数据的大作用

每年的 6 月份，既是全国高考的时间，也是全国各大高校学生毕业的时间。毕业季的来临，意味着众多的毕业生从校园走向社会，参加社会工作，是他们人生的另一个分水岭。有些人选择出国留学，有些人选择考公务员，也有些人选择到企业就业参加工作。不同的人选择不同的发展道路，王强选择了创业。

王强是一名电子商务专业的毕业生，不同于其他学生找工作，王强选择了回乡创业之路。王强的老家是浙江温州，受家庭环境影响，王强从小对商业经营就充满了兴趣。王强的父母经营着一家服装厂，专门生产女装。王强从自己的专业角度出发，并结合家庭资源，开设了一家专门卖女装的淘宝店铺。

于是，王强很快就开设了自己的淘宝店，投入紧张的店铺运营当中，但是店铺运营一段时间之后，经营并不理想，如图 5-1～图 5-3 所示为店铺经营相关数据。这让王强十分的苦恼。

出现这些情况后，王强很着急，因为经验不足没办法找到根本原因。于是王强请教了自己的朋友小李，小李在生意参谋中查看一系列数据后，给出了以下结论。

(1) 店铺整体的访客和流量都较少，商品转化率为 0。可以从以下几方面找问题并进行优化。首先是商品标题、主图以及详情页设置存在问题，通过查询搜索框下拉词或者市场行情选择搜索人气高、竞争指数低的关键词。通过直通车测试宝贝主图，详情页可以挖掘商品卖家针对性地进行优化。其次，商品转化率较低可能是产品竞争力不够好，需要卖家通过行业市场分析，重新选款。最后可能是因为店铺违规遭到系统惩罚，降低店铺权重导致的。对于这类问题，尽量减少违规操作，避免加重店铺惩罚。

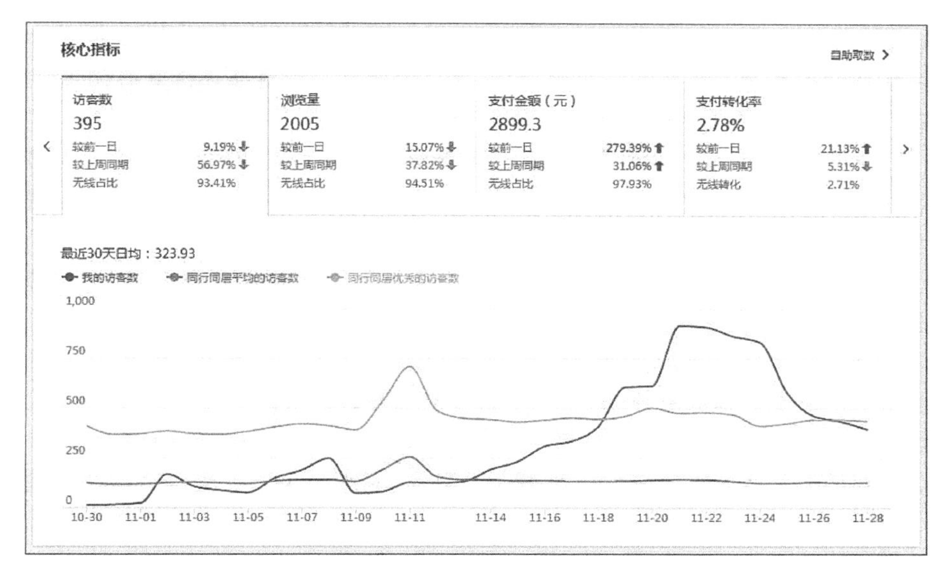

图 5-1 店铺核心数据

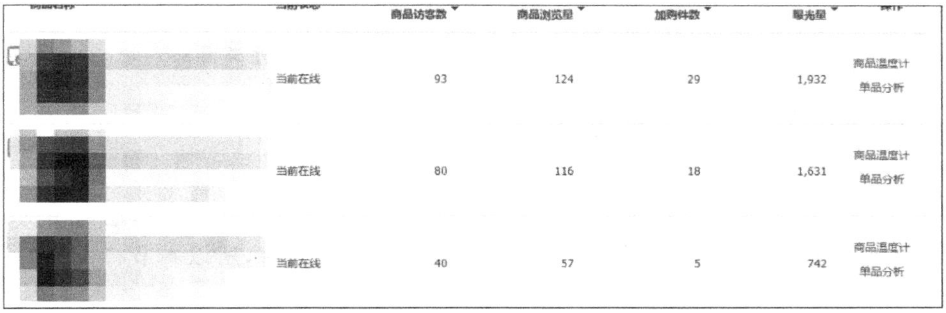

商品名称	当前状态	商品访客数	商品浏览量	加购件数	曝光量	操作
	当前在线	93	124	29	1,932	商品温度计 单品分析
	当前在线	80	116	18	1,631	商品温度计 单品分析
	当前在线	40	57	5	742	商品温度计 单品分析

图 5-2 商品流量分析

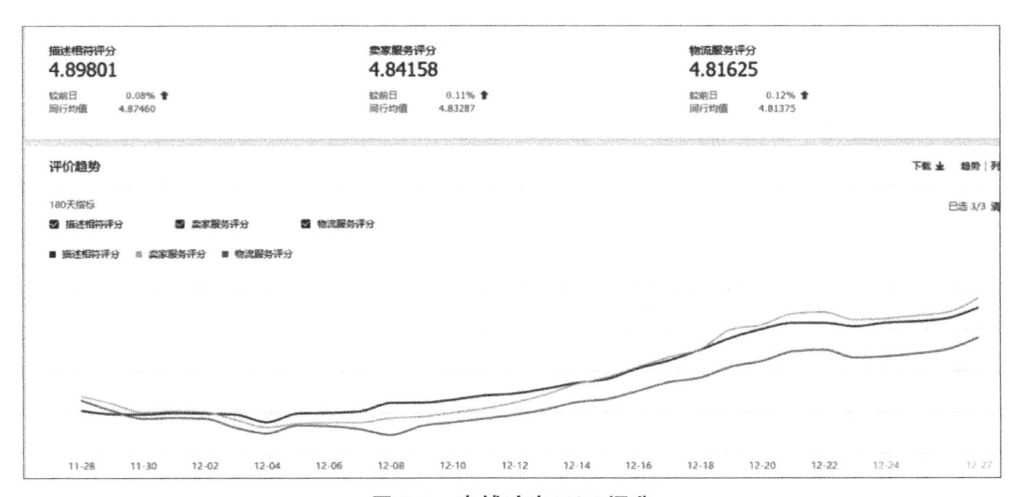

图 5-3 店铺动态 DSR 评分

(2) 通过查看图5-2,可以发现店铺有些商品的人气数据比较好,但转化率还是很低,这与商品详情页引导有着直接关系。因此,卖家需要加强对店铺商品详情页的优化,特别是人气高的宝贝,有利于培养店铺爆款宝贝和带动全店的流量。

(3) 一般来说,一个推广单元内,至少有两条与关键词相关的创意,推广人员可以尝试从产品的不同卖点、风格及表达方式撰写创意,并通过创意报告来对比评估不同创意对网民的吸引力,不断优化创意。

(4) 店铺的DSR评分不断上升,说明卖家的服务水平在不断提高。因此,王强需要继续保持良好的店铺服务,积累更多的老顾客。

王强在得到这些结论后,马上根据小李的指导对店铺进行了优化,经过一段时间,王强的店铺整体的运营情况都有了好转,并有了销售量上升的迹象。

【案例思考】

网店的数据分析是网店运营中的一个重要环节,网店数据不但直接表现了网店的运营情况,而且能反映网店的发展方向,王强正是通过分析生意参谋中反映的店铺数据,才优化了店铺中存在的问题,使店铺正常运转。

网店数据分析中使用的数据分析工具,为运营人员提高了很多效率,那么除网店数据分析工具外,还有哪些数据分析工具呢?本章将从常用本地数据分析工具、常用电商数据分析工具、常用网站数据分析工具三个方面介绍几种常用的数据分析工具。

5.1 常用本地数据分析工具

本地数据是指那些无法自动抓取,需要通过人工整理分析的数据。本地常用的分析工具有很多,如Excel、SPSS,由于前面章节已对Excel进行了讲解,所以本节将介绍另一个本地数据分析工具——SPSS。

5.1.1 SPSS简介

SPSS是公认的最优秀的统计分析软件之一,它是一款在市场研究、医学统计、政府和企业的数据中应用最为广泛的统计分析工具。

SPSS是由美国斯坦福大学三位研究生于1968年一起开发的一个统计软件包,SPSS是该软件英文名称的首字母缩写,最初软件全称为"社会科学统计软件包"(Solutions Statistical Package for the Social Sciences)。

2000年,随着SPSS产品服务领域的扩大和服务深度的增加,SPSS公司正式将英文全称更改为"统计产品与服务解决方案"(Statistical Product and Service Solutions),而英文缩写没有改变。

2009年,SPSS公司宣布重新包装旗下的SPSS产品线,定位为预测统计分析软件(Predictive Analytics Software,PASW),但用户对这个名字难以接受。

2010年,随着SPSS公司被IBM公司并购,软件也相应地更名为IBM SPSS Statistics。现在,SPSS旗下主要有4个产品。

- IBM SPSS Statistics(原SPSS):统计分析产品。
- IBM SPSS Modeler(原Clementine):数据挖掘产品。

- IBM SPSS Data Collection(原 Dimensions)：数据采集产品。
- IBM SPSS Decision Management(原 Predictive Enterprise Services)：企业应用服务。

人们常说的 SPSS，指的是 IBM SPSS Statistics，后续介绍的内容同样采用简称 SPSS。

5.1.2 SPSS 的优势

SPSS 与 Excel 都属于数据分析软件，可以对数据进行统计分析。但不同的是 Excel 更适合简单场景的轻度汇总，如报表数据，而 SPSS 功能较多，适合更加专业的使用场景，如数据建模前的数据预处理等。基于此，可以总结出以下几个优势。

1. 编程方便

SPSS 具有第四代语言(它在表示控制结构和数据结构的抽象基础上，不再需要规定算法细节)的特点，只要了解统计分析的原理，无须通晓统计方法的各种算法，即可得到需要的统计分析结果。对于常见的统计方法，SPSS 的命令语句、子命令及选择项的选择绝大部分由“对话框”的操作完成。因此，用户无须花大量时间记忆大量的命令、过程、选择项。

2. 功能强大

SPSS 与 Excel 最大的区别体现在数据统计功能方面，Excel 只内置了几个简单的统计功能，而 SPSS 非常全面地涵盖了数据分析主要操作流程，提供了数据获取、数据处理、数据分析、数据展示等数据分析操作。其中，SPSS 涵盖了各种统计方法与模型，从简单的描述统计分析方法到复杂的多因素统计分析方法，例如数据的描述性分析、相关分析、方差分析、回归分析、Logistic 回归、聚类分析、判别分析、因子分析、对应分析等。

3. 数据兼容

SPSS 能够导入及导出多种格式的数据文件或结果。例如，SPSS 可导入文本、Excel、Access、SAS、Stata 等数据文件，SPSS 还能够把其表格、图形结果直接导出为 Word、Excel、PowerPoint、TXT 文本、PDF、HTML 等格式文件。

4. 扩展便利

SPSS 可以调用 R 语言的各种统计包括 Python 的功能模块，实现最新统计方法的调用，增加 SPSS 的扩展性。

5. 模块组合

SPSS 是一款综合性的产品，它为各分析阶段提供了丰富的模块功能。SPSS Statistics Base 是基础的软件平台，具备强大的数据管理能力、输入输出界面管理能力，以及常见的统计分析功能。其他每个独立扩充功能模块均在 SPSS Statistics Base 的基础上，为其增加某方面的分析功能。用户可以根据自己的分析需要及计算机配置灵活选择组合使用。

根据 SPSS 模块功能的不同，可以将 SPSS 常用模块大致划分为四个分析阶段：数据处理、描述性分析、推断性分析和探索性分析，各分析阶段对应的具体模块如表 5-1 所示。

表 5-1 SPSS 常用模块及功能说明

分析阶段	模　　块	功　　能
数据处理	Data Preparation	提供数据校验、清理等数据处理工具
	Missing Values	提供缺失数据的处理与分析
	Complex Samples	提供多阶段复杂抽样技术
描述性分析	Statistics Samples	提供最常用的数据处理、统计分析
	Custom Tables	提供创建交互式分析报表功能
推断性分析	Advanced Statistics	提供强大且复杂的单变量和多变量分析技术
	Regression	提供线性、非线性回归分析技术
	Forecasting	提供 ARIMA、指数平滑等时间序列模型
探索性分析	Categories	提供针对分类数据的分析工具
	Conjoint	提供联合分析市场研究工具
	Direct Marketing	提供直销活动效果分析工具
	Decision Trees	提供分类决策树模型分析方法
	Neural Networks	提供神经网络模型分析方法

5.1.3 SPSS 的窗口介绍

SPSS 以窗口的形式供用户进行操作及查看，其常用的窗口有两个，分别是数据窗口和输出窗口。

1. 数据窗口

SPSS 窗口与 Excel 窗口类似，数据窗口也叫数据编辑器，主要用于数据处理、数据分析、图表绘制等操作，它由顶部的菜单栏及数据视图、变量视图两个视图窗口组成。

1）菜单栏

菜单栏主要包括“文件”“编辑”“视图”“数据”“转换”“分析”“直销”“图形”“实用程序”“窗口”“帮助”11 个菜单，如图 5-4 所示。其中，“数据”“转换”“分析”三个菜单最为常用，“数据”“转换”主要用于数据处理相关操作，“分析”主要用于数据分析相关操作。

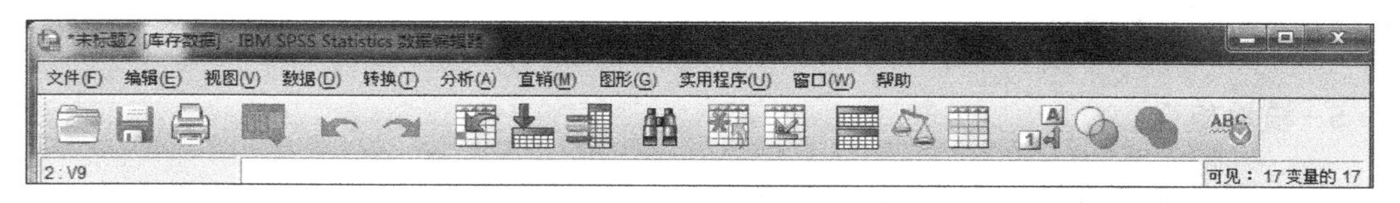

图 5-4 菜单栏

2）数据视图

数据视图是用于输入、编辑、显示数据的窗口，如图 5-5 所示。与 Excel 一样，每一行代表一条记录，在 SPSS 中称为个案（Case）；每一列代表一个字段，在 SPSS 中称为变量（Variable）。用户可以进行添加个案、删除个案、添加变量、删除变量等操作，这与在 Excel

中的操作类似。但也有不同之处，例如，不能在数据单元中进行公式输入、拖动填充的操作，没有 Excel 那么灵活方便。

	V1	V2	V3	V4	V5	V6	V7	V8	V9	V10
1	品类	SKU数	目前库存量	目前库存占比	动销率	当前售罄率	计划售罄率			
2	面膜	20	480	5.83%	68.75%	88.69%	60.03%			
3	口红	25	777	9.44%	73.67%	57.98%	73.39%			
4	眼霜	23	880	10.69%	87.20%	55.87%	67.21%			
5	粉底	15	585	7.10%	63.45%	93.41%	76.17%			
6	润肤乳	17	924	11.22%	64.25%	85.75%	72.60%			
7	保湿霜	26	847	10.29%	78.60%	79.94%	63.89%			
8	洁面霜	15	383	4.65%	71.35%	86.79%	78.52%			
9	爽肤水	15	748	9.08%	74.51%	50.64%	77.45%			
10	防晒霜	21	620	7.53%	86.72%	80.68%	73.66%			
11	护手霜	16	834	10.13%	73.89%	97.28%	75.95%			
12	卸妆水	26	738	8.96%	63.06%	76.31%	83.70%			
13	洗面奶	25	419	5.09%	71.41%	51.54%	80.21%			
14	合计	244	8235	100%	\	\	\			

图 5-5　数据视图

3）变量视图

变量视图是用于设置、定义变量属性的窗口，如图 5-6 所示。通过它可以查看变量相关的信息，例如变量名称、变量类型、格式等信息，并且可以进行相应的设置操作，它与 Excel 中的设置单元格格式功能类似。

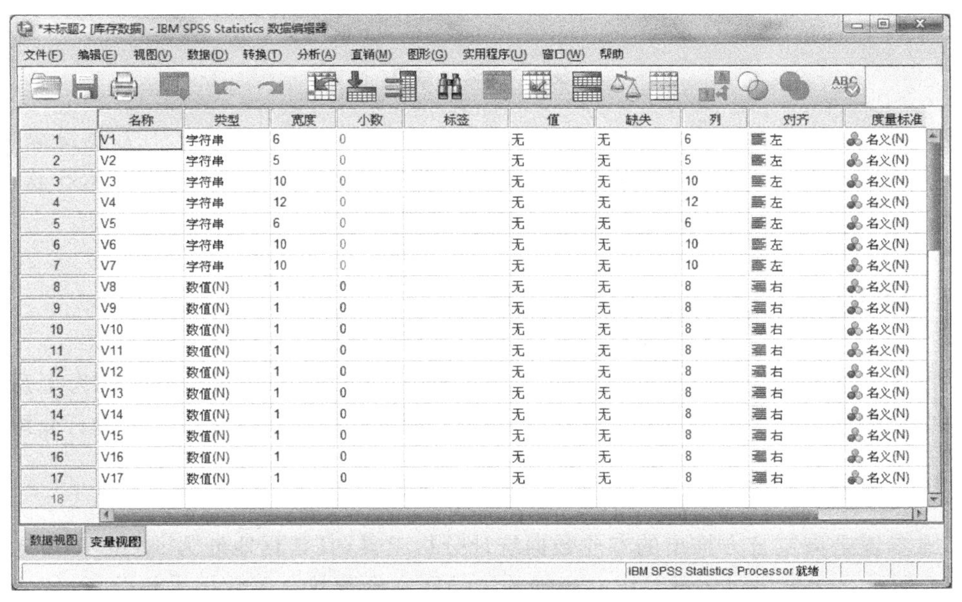

	名称	类型	宽度	小数	标签	值	缺失	列	对齐	度量标准
1	V1	字符串	6	0		无	无	6	左	名义(N)
2	V2	字符串	5	0		无	无	5	左	名义(N)
3	V3	字符串	10	0		无	无	10	左	名义(N)
4	V4	字符串	12	0		无	无	12	左	名义(N)
5	V5	字符串	6	0		无	无	6	左	名义(N)
6	V6	字符串	10	0		无	无	10	左	名义(N)
7	V7	字符串	10	0		无	无	10	左	名义(N)
8	V8	数值(N)	1	0		无	无	8	右	名义(N)
9	V9	数值(N)	1	0		无	无	8	右	名义(N)
10	V10	数值(N)	1	0		无	无	8	右	名义(N)
11	V11	数值(N)	1	0		无	无	8	右	名义(N)
12	V12	数值(N)	1	0		无	无	8	右	名义(N)
13	V13	数值(N)	1	0		无	无	8	右	名义(N)
14	V14	数值(N)	1	0		无	无	8	右	名义(N)
15	V15	数值(N)	1	0		无	无	8	右	名义(N)
16	V16	数值(N)	1	0		无	无	8	右	名义(N)
17	V17	数值(N)	1	0		无	无	8	右	名义(N)

图 5-6　变量视图

注意：在对每个数据进行处理分析前，都要确认检查每个变量属性是否设置正确，特别是变量的数据类型、度量标准、角色三个信息，否则有可能出现无法进行数据处理、数据分析，或者得出错误的结果等情况。

2. **输出窗口**

输出窗口也叫结果查看器，主要用于输出数据分析结果或绘制相关图表，如图 5-7 所示。输出窗口的操作使用与资源管理器的操作使用类似，左边为导航窗口，显示输出结果的目录，单击目录前面的加、减号可以显示或隐藏相关内容；右边为内容区，显示与目录一一对应的内容，可以对输出的结果进行复制、编辑等操作。

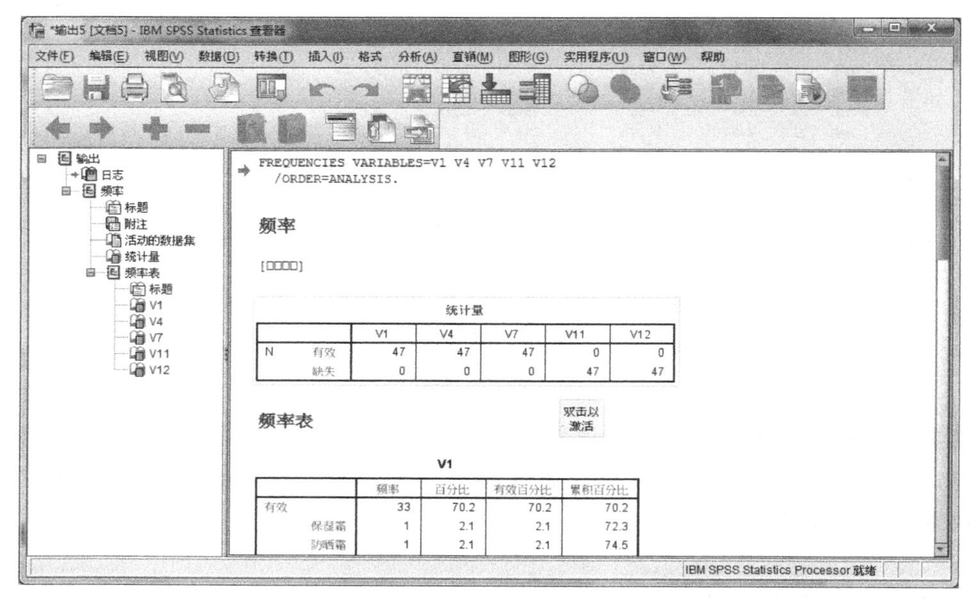

		V1	V4	V7	V11	V12
N	有效	47	47	47	0	0
	缺失	0	0	0	47	47

		频率	百分比	有效百分比	累积百分比
有效		33	70.2	70.2	70.2
	保湿霜	1	2.1	2.1	72.3
	防晒霜	1	2.1	2.1	74.5

图 5-7　输出窗口

输出窗口也有保存功能，可以保存需要的数据分析结果或图表，SPSS 数据结果文件默认保存文件格式为 spv，而 SPSS 数据文件默认保存文件格式为 sav，在安装 SPSS 软件的前提下，均可通过双击打开相应的数据文件或数据结果文件。

5.2　常用电商数据分析工具

目前主流的电商平台即淘宝和京东，其中，淘宝主要使用的数据分析工具为生意参谋，京东主要使用的数据分析工具为京东商智，本节将对两个电商数据分析工具进行介绍。

5.2.1　生意参谋

生意参谋是淘宝官方推出的专业数据统计分析工具，其首页地址为 sycm. taobao. com，如图 5-8 所示。卖家通过生意参谋对店铺的被访问和经营状况等数据进行分析、解读，可以帮助他们更好地了解店铺的优缺点，为店铺经营决策提供充分的数据支持，是卖家经营网店的重要工具。下面将针对生意参谋中常用的数据分析功能进行介绍。

图 5-8　生意参谋首页

1. 实时直播

实时直播就是店铺的实时数据，运营人员需要实时关注店铺的数据，及时发现店铺存在的问题，进而快速解决问题。实时数据包括实时概况、实时来源、实时榜单、实时访客、实时催付宝五个板块，下面介绍前四个常用板块。

1）实时概况

实时概况板块的数据包含实时总览和实时趋势两部分。实时总览可以查看店铺当天的实时数据，包括访客数、浏览量、支付金额、支付子菜单、支付买家数。此外，还可以查看店铺所属类目在支付金额、访客数、支付买家数方面行业排名前 10 卖家的平均值，通过这些行业数据可以了解市场容量以及和 TOP10 卖家的差距，如图 5-9 所示。

图 5-9　实时总览

实时总览下方为实时趋势，以图表的形式展示店铺当日的销售趋势，包括支付金额、访客数、支付买家数和支付子订单数四部分，如图 5-10 所示。卖家通过查看实时趋势图表，可以及时掌握店铺销售趋势。

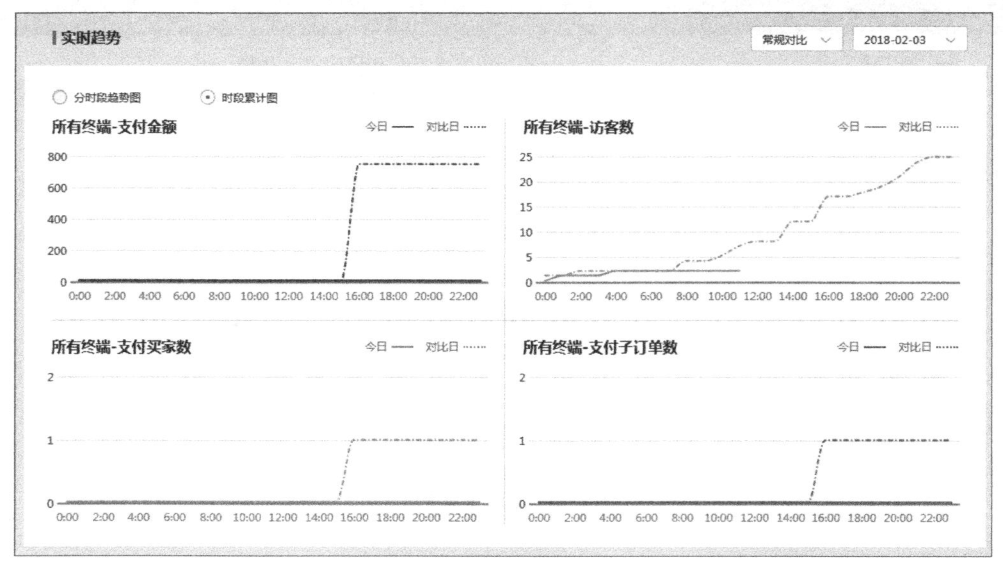

图 5-10 实时趋势

2）实时来源

实时来源板块分为 PC 端来源分布、无线端来源分布及地域分布三部分，从 PC 端来源分布和无线端来源分布中可以直观看到每个渠道的流量占比及实际的访客数，如图 5-11 所示。

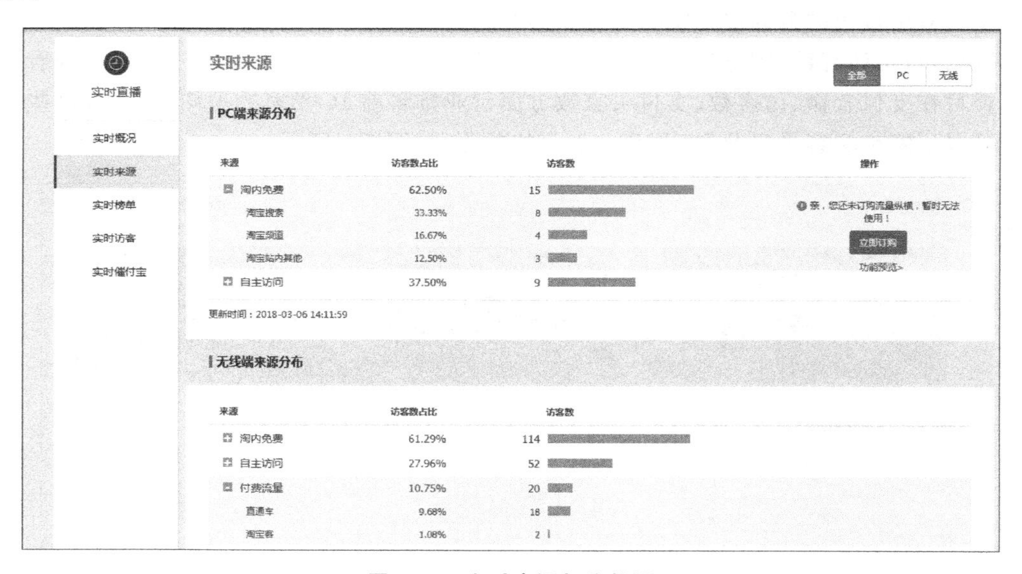

图 5-11 实时来源部分数据

3）实时榜单

实时榜单是对店铺商品访客数和商品支付金额的排名，如图 5-12 所示。通过查看实时榜单可以了解店铺主推款的流量、支付金额及转化率的变化。

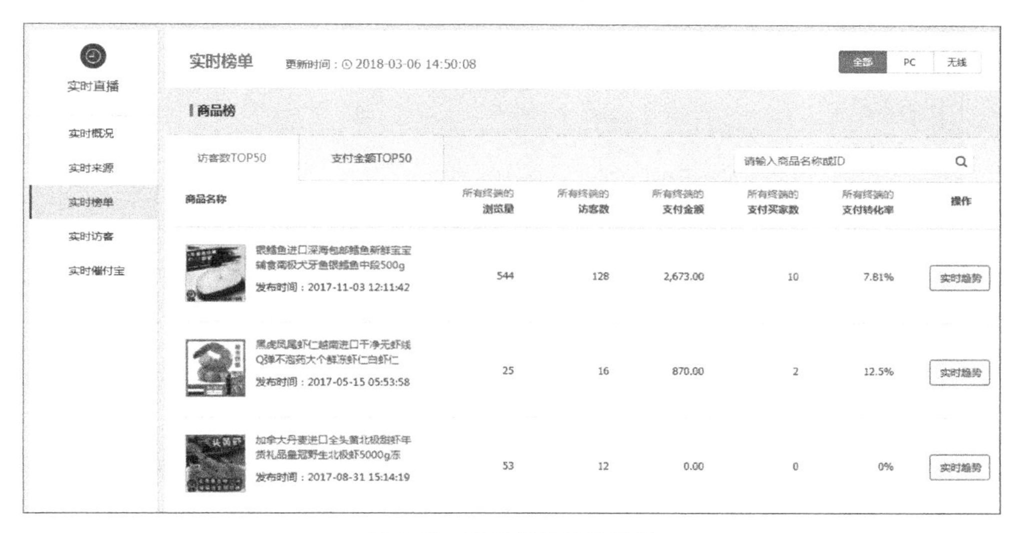

图 5-12　实时榜单部分数据

4）实时访客

实时访客即对访问时间、入店来源及关键词、访问页面、访客位置等数据进行统计，如图 5-13 所示。通过实时访客可以找到目标客户的信息并分析买家浏览习惯，还可以选择单品针对性分析流量来源和访客特征。

图 5-13　实时访客部分数据

2. 流量分析

店铺流量主要分为 PC 端流量和无线端流量，通过流量分析可以查看不同端口的流量数据，还可以查看与同行店铺的流量对比情况。流量分析包括流量概况、来源分析、动线分析和消费者分析等板块，如图 5-14 所示。

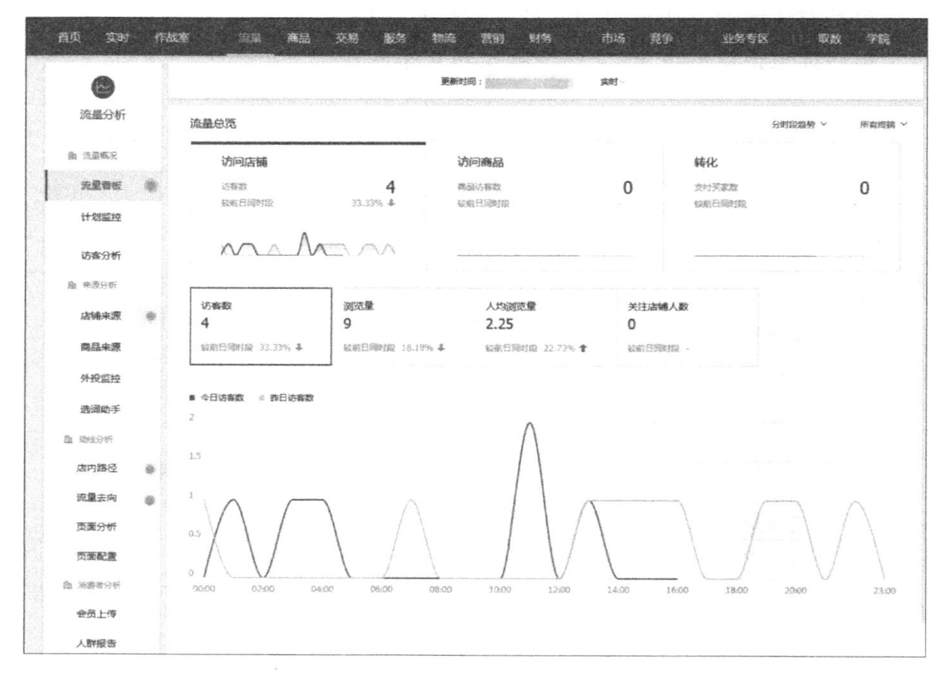

图 5-14　流量分析部分数据

3. 商品分析

生意参谋的商品分析主要包括商品概况、商品效果、异常商品、分类分析、单品分析等板块，帮助卖家实时掌握和监控店铺商品信息，如图 5-15 所示。

4. 交易分析

生意参谋中的交易分析主要包括交易概况、交易构成、交易明细 3 个板块，用于对店铺交易情况进行掌握和监控，如图 5-16 所示。通过交易总览，卖家可以了解最近一段的店铺交易额、支付买家数、客单价、转化率等数据，还可以在“交易趋势”中查看与同行的对比数据。

5.2.2　京东商智

京东商智是京东向第三方商家推出的数据统计工具，提供全方位的数据服务，涵盖销量、流量、用户、商品、行业、竞品六个维度，可以有效帮助商家实现精准化决策，提升精细化运营效率。下面对京东商智的常用功能区进行介绍。

1. 首页

首页是店铺经营数据的汇总，该页面包含实时销售进度，店铺核心指标及趋势等。便于商家及时、全局地把握店铺的整体运营状况，及时发现运营问题并做出快速调整。汇集各个模块的数据，核心数据一目了然。首页模块主要有以下几部分内容。

图 5-15 商品分析部分数据

1）实时指标

实时指标可以查看店铺成交金额、访客数、转化率这三项运营核心指标的实时数据，以及它们的无线占比和昨日数据，如图 5-17 所示。如果想查看更多内容，可以单击该模块的“实时洞察”到实时数据模块查看详情。

2）实时销售额进度

实时销售进度额可以设置“月销售目标”和“年销售目标”，如图 5-18 所示。设置好目标后，系统会帮助商家计算目标完成情况，如图 5-19 所示。

注意：实时指标与实时销售额进度两个模块的数据都是实时更新的，每 6 秒钟更新一次。

3）核心指标

核心指标主要展示访客数、浏览量、成交金额、成交转化率、客单价、店铺关注人数、30 天重复购买率、90 天重复购买率这 8 项核心指标及其前一日对比，其中前五项数据包括无线占比数据，后三项数据包括 APP 渠道占比。在趋势图中可以看到每个指标近三十天的走势。按照店铺分级的结果，还可以看到同行同级均值、同行上级均值的趋势情况，以便对比

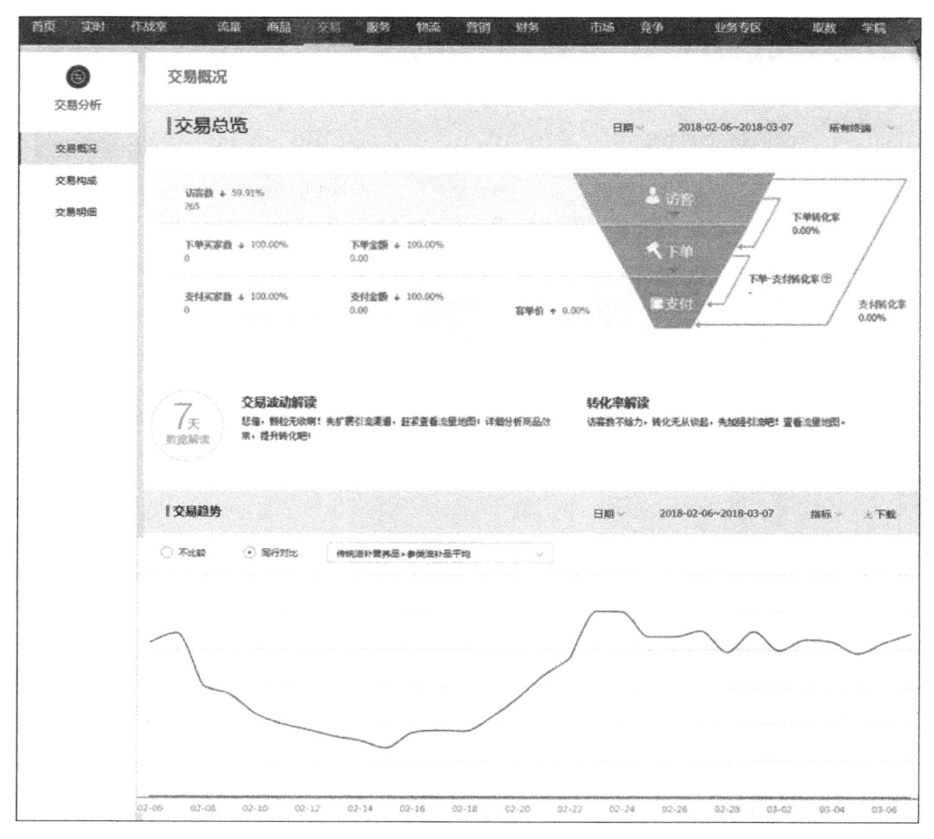

图 5-16　交易分析部分数据

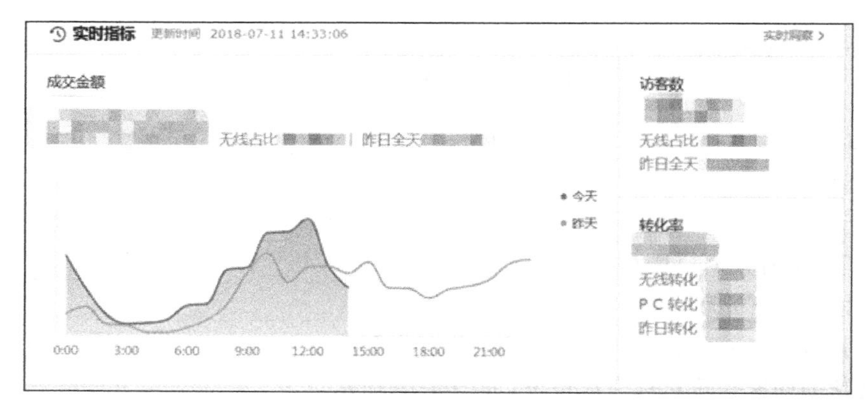

图 5-17　实时指标部分截图

自身店铺与行业均值的数据。如图 5-20 所示为核心指标部分数据截图。

4）店铺排名

店铺排名是根据店铺的商品类目结构和销售情况，对店铺的行业、级别和排名进行划分，便于商家快速了解店铺在当前行业的占位。

(1) 所属行业：根据店铺二级类目的在售 SPU 数量和近三十天销售额综合判断，综合得分最高者为店铺主营类目。

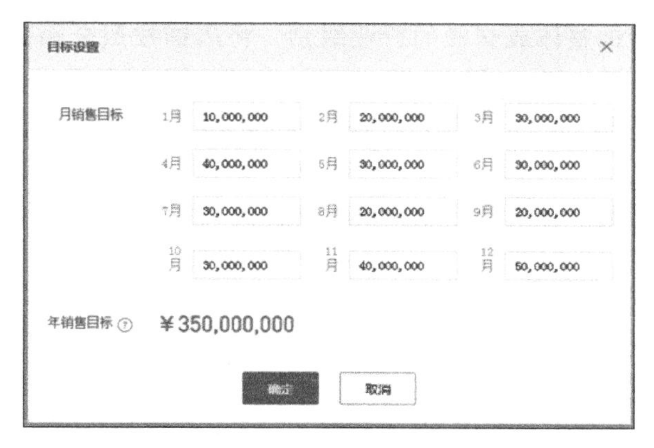

图 5-18　目标销售额设置

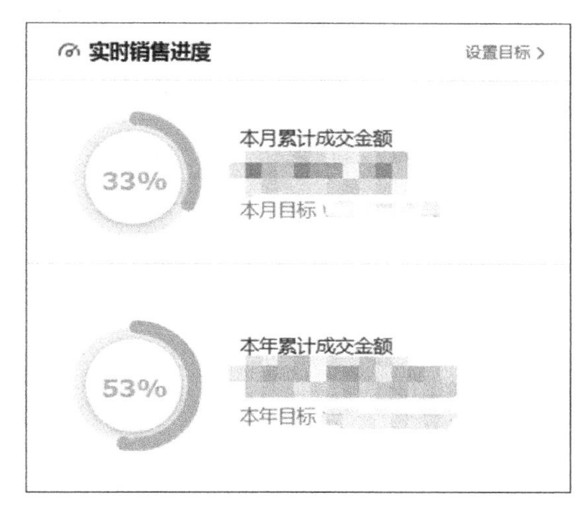

图 5-19　目标销售额完成情况

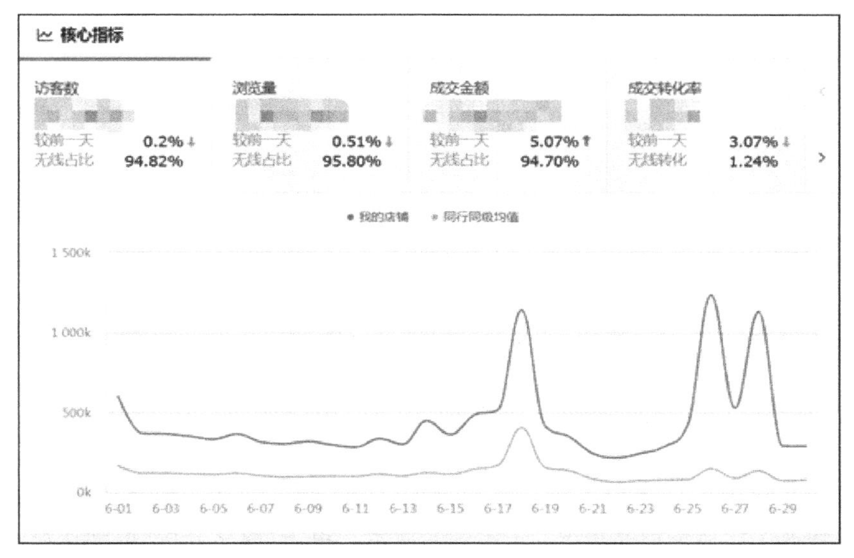

图 5-20　核心指标部分数据

（2）行业级别：店铺整体成交额的行业级别。将店铺按照金额高低进行排序后，共分为5级：A＋级、A级、B＋级、B级、C级；A＋～C级的店铺数量分别占行业店铺总数的1％、4％、15％、30％和50％，A＋级别最高（级别越高，代表店铺在这个行业的销售额排名越靠前）。

（3）级别排名：店铺整体成交金额的级别排名。

5）异常指标

选取店铺异常指标天数最高的三个指标展示，异常指标的判断标准是：如果店铺指标的当前期表现不如前一期，同时也不如当期同行同级均值，则被视为异常指标。

6）流量分析

流量分析主要是店铺流量相关核心指标、店铺流量来源TOP5、入店关键词TOP10，该模块可帮助商家快速了解店铺流量概况。单击“流量分析”可到达流量分析模块看到更多关于流量的数据和分析。

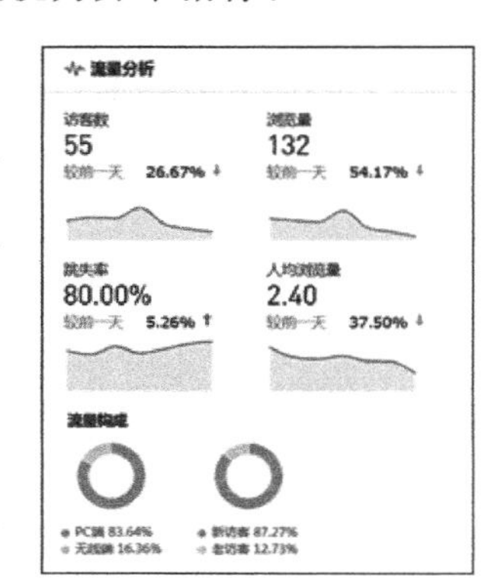

图 5-21　流量分析部分数据

（1）流量核心指标包括访客数、浏览量、跳失率、人均浏览量，主要流量构成包括PC/无线的构成、新/老访客的构成，如图5-21所示。

（2）流量来源TOP5包括每个渠道（PC/APP/微信/手Q/M端）引流最高的5个二级流量来源及其带来的访客数和下单转化率，并加上同行同级的对比来了解自己店铺和行业的对比情况，如图5-22所示。

（3）入店关键词TOP10是指每个渠道（PC/APP/微信/手Q/M端）引流最高的10个关键词带来的访客数和成交转化率，如图5-23所示。

流量来源 TOP5　APP

来源类型	访客数	成交转化率
品牌聚效	50,271	1.57%
	9,607	1.68%
搜索	47,438	0.48%
	27,762	0.67%
综合活动（…	39,441	0.55%
	11,637	0.69%
其他店铺的…	36,567	2.32%
	14,542	2.63%
购物车	33,996	5.01%
	11,377	7.19%

我的店铺　同行同级均值

图 5-22　流量来源TOP5部分数据

流量分析 >

入店关键词 TOP10　APP

关键词	访客数	成交转化率
	13	61.54%
	12	66.67%
	8	100.00%
	4	0.00%
	2	0.00%
	2	0.00%
	2	0.00%
	2	0.00%
	2	0.00%
	2	0.00%

图 5-23　入店关键词TOP10

7）商品分析

商品分析主要展示店铺商品相关核心指标、店铺销售TOP5、商品访问TOP5，通过该模块商家可快速了解店铺商品概况，如图5-24所示。单击“商品分析”可到达商品分析模块查看更多关于商品的数据和分析。

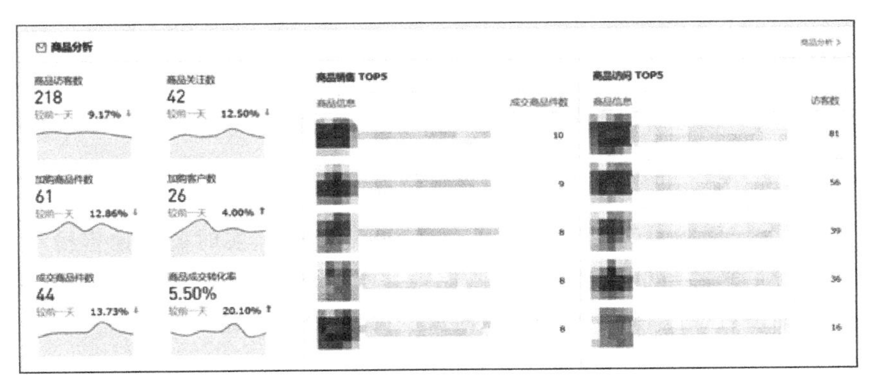

图 5-24　商品分析部分数据

8）交易分析

交易分析主要展示店铺交易相关核心指标、类目交易贡献 TOP3 及销量构成。通过该模块商家可快速了解店铺交易概况，如图 5-25 所示。单击“交易分析”可到达交易分析模块看到更多关于交易的数据和分析。

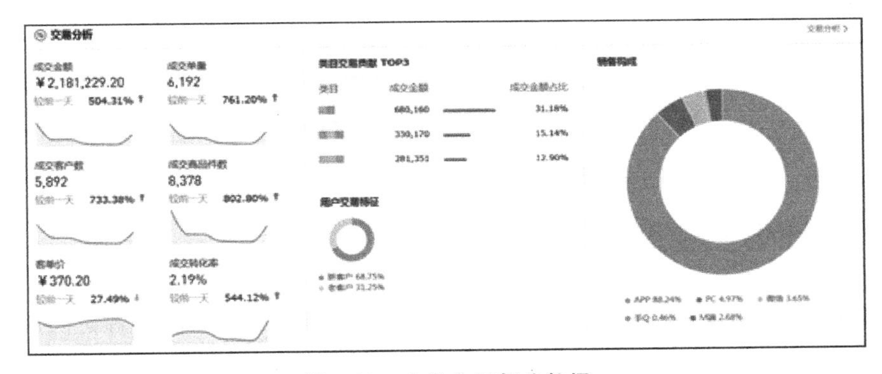

图 5-25　交易分析部分数据

9）行业分析

行业分析展示的是主营行业热销店铺 TOP5、热销商品 TOP5 和搜索关键词 TOP10，该模块可使商家快速了解行业整体情况，如图 5-26 所示。单击“行业分析”可到达行业分析模块查看更多关于行业的数据和分析。

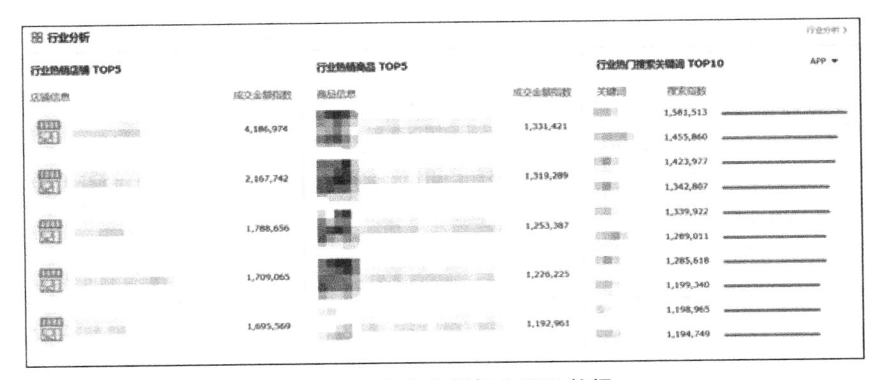

图 5-26　行业分析部分展示数据

2. 其他模块

首页模块汇集了各个模块的数据，但只是展示了一些核心数据，如商家想了解详细数据信息，可以从以下几个模块进行了解。

1）实时洞察

实时洞察包含店铺实时经营数据、实时销售与流量数据、实时商品销售榜单、实时访客访问轨迹、实时流量来源与单品销量流量监控等。实时洞察数据可以直观反映店铺实时运营状态，监测店铺广告投放和活动效果，及时反映突发问题，协助商家抢占先机。

2）经营分析

经营分析包括流量分析、商品分析、交易分析、客户分析、服务分析以及供应链分析六个模块，从六个维度展示了店铺的经营状况，并帮助商家实现历史数据对比分析。

3）行业分析

行业分析展示的是店铺所在行业的整体数据，包含行业实时热点店铺与商品，行业历史商品与店铺榜单，各子行业排名、行业热词、品牌、属性数据等，展示了店铺在行业中的地位，以及行业动态引导。

4）主题分析

主题分析包括搜索排名与降权数据分析、行业爆款数据透视、店铺页面热力图分析、单品买家画像、竞争分析等。根据商家的单一需求，专注解决经营过程中某一环节的问题。

5.3 常用网站数据分析工具

网站数据分析工具可以对网站的相关数据进行统计和分析，以便了解访问用户行为并发现运营中存在的问题，为进一步优化提供依据。下面将介绍两种常用的网站数据分析工具。

5.3.1 百度统计

百度统计(tongji. baidu. com)是百度推出的一款稳定、免费、专业、安全的数据统计与分析工具，如图 5-27 所示。网站运营人员通过它可以了解访客是通过哪种渠道进入的网站，在网站浏览了哪些信息等。有了这些统计数据，可以帮助网站运营人员改善网民在网站上的用户体验，不断提升网站的投资回报率(ROI)。

1. 百度统计的优势

百度统计结合中文搜索引擎，能够为用户提供独家功能，助力 SEO、SEM 优化，其优势可以总结为以下几点。

1）网络爬虫自动提交，助力 SEO 优化

百度统计与百度网页抓取爬虫强强联合，可将网站页面实时推送至百度收录库，加速网站被检索到的速度，更早触达访客，具有先发优势。

图 5-27　百度统计首页

2）搜索词独家披露

由百度统计可独家获取百度搜索词和推广关键词，与百度推广完美结合，挖掘搜索词、关键词与推广 URL 的最佳匹配，帮助用户及时了解百度推广效果并优化推广方案，提升用户的投资回报率。

3）独有的实时访客分析

百度统计提供精确到个人用户的搜索词、设备属性、操作路径、使用信息等，实时访客信息一览无余，一键屏蔽恶意点击的访客。

4）权限管理

百度统计提供多账户统一监控管理功能，授权企业账号查看消费和网站报告，解决多账户管理和数据安全问题。它与百度其他产品线（百度推广、站长品台、司南、推荐等）展开持续合作，为用户抢鲜提供更开放的合作体验。

2. 百度统计的功能

百度统计功能强大但操作简单，用户只需按照系统说明在网站上安装统计代码，百度统计便可马上收集数据。百度统计目前提供的功能主要有流量分析、来源分析、访问分析、转化分析、访客分析、优化分析等多种统计分析服务，如图 5-28 所示。

（1）流量分析：流量分析即网站运营人员通过百度统计查看网站在某时间内的流量变化趋势，及时了解该时间段内网民对用户网站关注情况及各种推广活动的效果。百度统计可以根据不同的地域对网站的流量进行细分。流量分析模块包含流量趋势分析、实时访客、跨屏分析等报告，能了解哪些用户访问过网站，他们分别来自什么地域，以及这些访客是否足够关注网站等，如图 5-29 所示。

（2）来源分析：来源分析指的是网站运营人员通过百度统计可以了解网站访客是从哪些流量入口进入网站的，主要包括搜索引擎、搜索词、外部链接、指定广告跟踪等，如图 5-30 所示。通过来源分析，网站运营人员可以及时了解哪种类型的来源带来的访客最多。

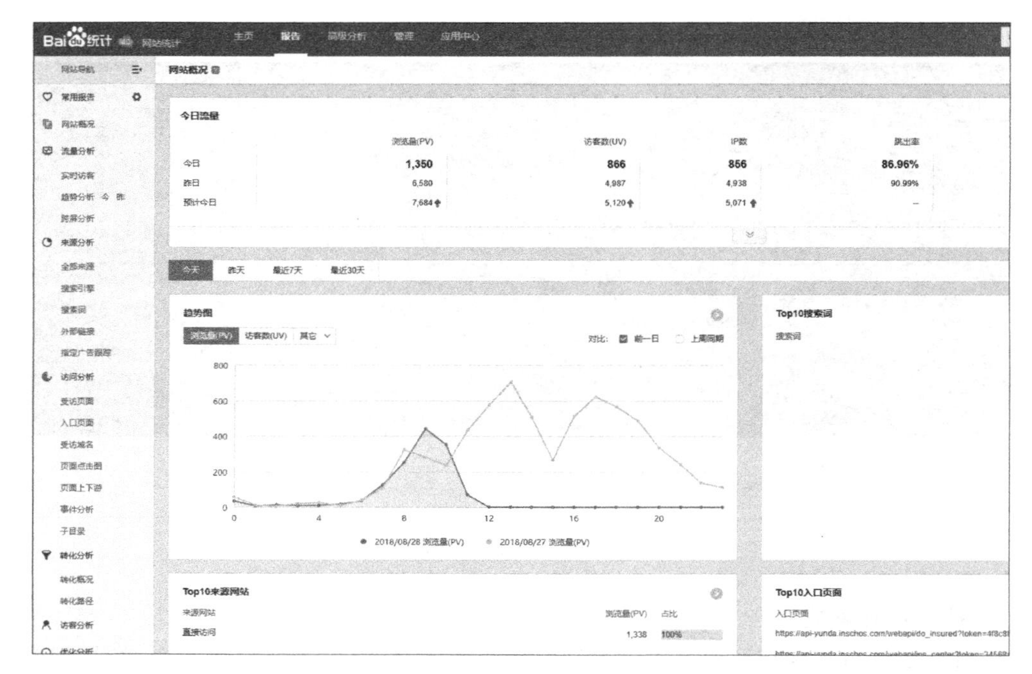

图 5-28 百度统计——网站统计

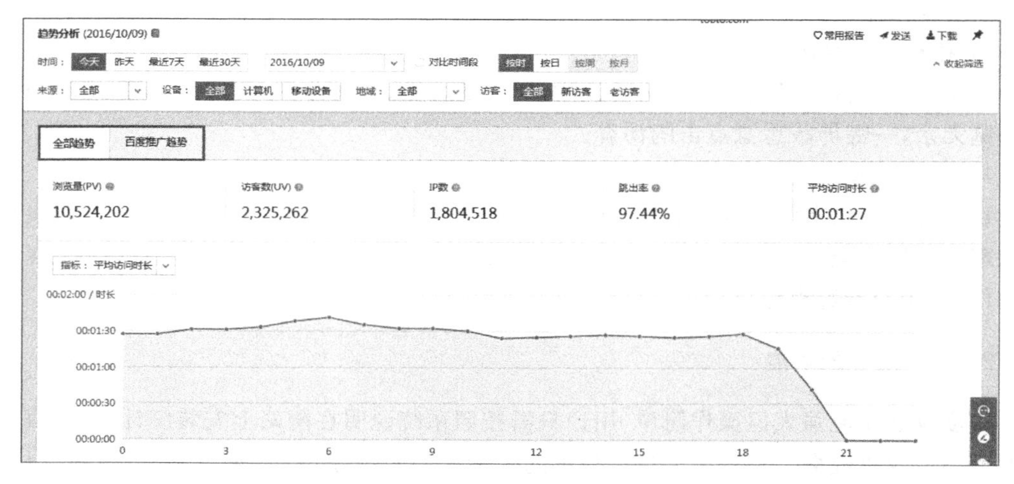

图 5-29 流量分析部分数据展示

(3) 访问分析：即对访客在网站各个页面的访问情况进行分析。通过访问分析可以了解哪些页面最吸引访客以及哪些页面最容易导致访客流失，从而帮助网站运营人员更有针对性地改善网站质量，如图 5-31 所示。

(4) 转化分析：主要提供网站转化概况数据、转化路径漏斗分析等，例如网站注册页面、访客留言等，如图 5-32 所示。网站运营人员可以及时了解一段时间内的各种推广是否达到了预期的业务目标，从而帮助网站运营人员有效评估和提升网络营销投资回报率。

(5) 访客分析：就是对访问过网站的网民进行分析，包括访客数量、分布地域、网络环境、新老访客、访客环境等，如图 5-33 所示。访客分析可帮助网站运营人员更加深入地了解

图 5-30　来源分析部分数据展示

图 5-31　访问分析部分数据展示

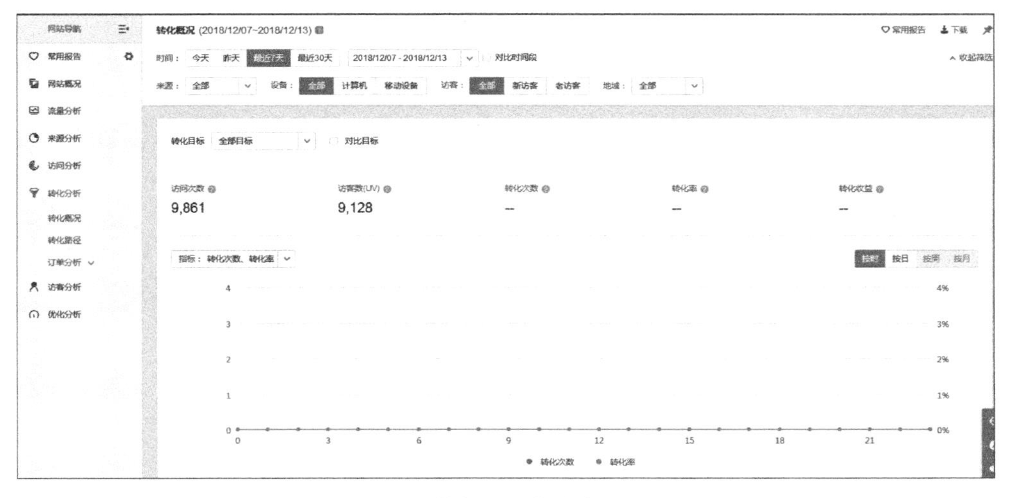

图 5-32　转化分析部分数据展示

网站的目标群体，覆盖更多的目标客户。

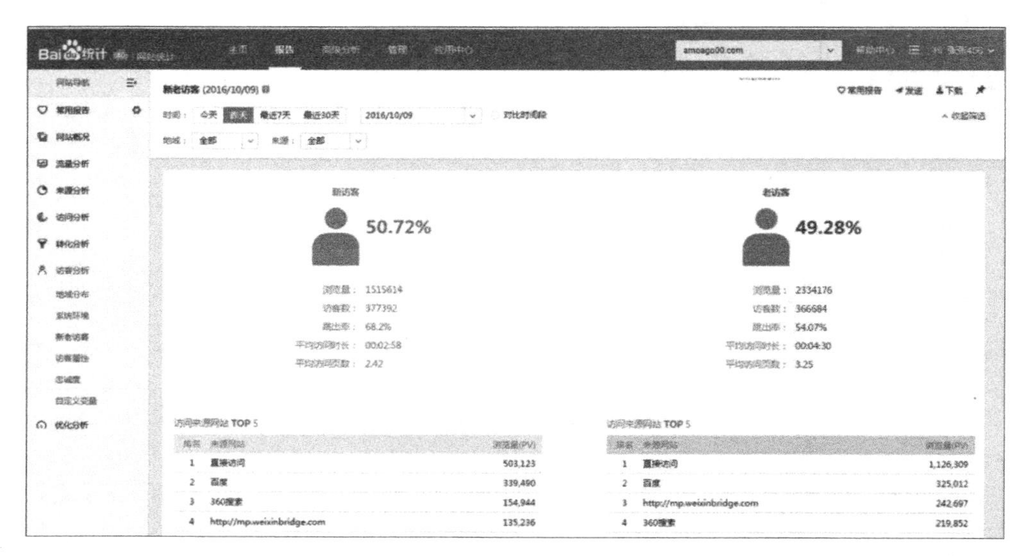

图 5-33　访客分析部分数据展示

除了支持 PC 端的网站统计服务之外，百度统计也适用于移动 APP、移动终端统计分析，如图 5-34 所示。

图 5-34　百度统计——移动统计

下面通过一个案例帮助读者进一步认识百度统计在网站运营中的应用，如例 5-1 所示。

例 5-1　网站热力图分析

久闻网是以创业为中心的自媒体平台，涉及的内容比较广泛，定位主要向站长创业、互联网创业等方向发展。最近，该网站运营人员要对网站的热力图进行分析，以便了解用户体验。下面为该运营人员的操作流程及分析。

STEP 01　登录百度统计账号，单击顶部导航“报告”，进入统计页面，然后单击左侧菜单栏中的“页面点击图”，如图 5-35 所示。

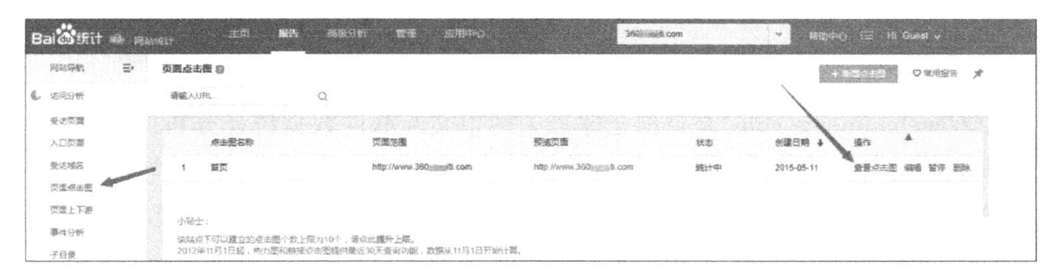

图 5-35　页面点击图

STEP 02　单击“查看点击图”按钮，进入热力图页面，如图 5-36 所示。

图 5-36　网页热力图

从图 5-36 中可以看出，颜色越深的地方，说明点击量越大。通过该热力图可以总结出以下几点。

(1) LOGO 部分，虽然点击的次数相对较少，但是不少人有点击 LOGO 部分返回首页的习惯，如图 5-36 所示的热力图首页。因此有必要在 LOGO 部分加上指向网站首页的超级链接。

(2) 导航部分点击率是比较高的，因为用户网站从上往下看，大多数用户第一眼看到的便是导航，因此可以将重要的信息加入导航之中。例如，企业网站 SEO 优化中会将联系方式、企业文化、案例等营销性质比较强的信息加入导航中。

(3) 右侧的搜索、二维码、登录界面也是点击较多的一块。作为自媒体平台，大多数的站点都会将注册这一块加在右侧顶部，一来不占地方，二来方便用户操作，那么多余的位置可以用于站内搜索以及添加二维码做一个小型的广告。

(4) 顶部二级导航信息为站点的主体定位信息。在二级导航中,加入了微商、淘宝、营销、推广等互联网创业相关信息,符合互联网创业媒体平台的调性。而从图中不难发现的是,其中O2O、众筹、"互联网+"似乎点击率并不是很高,而实际上对于站长创业来讲,这些信息确实是让站长觉得触碰不到的内容,因此可以更换为SEO、引流等内容,这类信息更接地气。

5.3.2 CNZZ

CNZZ(web. umeng. com)是目前全球最大的中文互联网数据统计分析服务商,专注于互联网数据监测、统计分析技术研究和产品应用,主要为中小企业网站提供专业、权威、独立的数据统计与分析服务。2016年1月26日,CNZZ与友盟、缔元信网络数据两家公司合并,更名为"友盟+",如图5-37所示为更名后的网站首页。

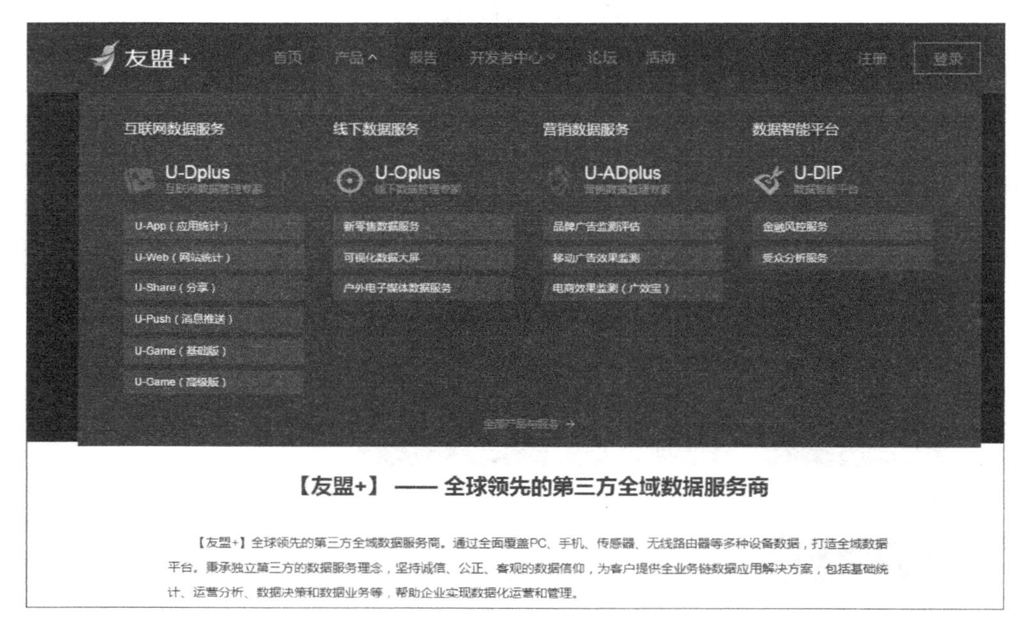

图5-37 "友盟+"网站首页

CNZZ作为第三方推出的一款免费流量统计软件,网站提供的功能与百度统计平台的功能基本相同,主要包括网站概况、流量分析、来源分析、受访分析、访客分析、价值透视及行业监控等,如图5-38所示。

(1) 网站概况:网站概况可以帮助网站运营人员了解网站情况,提供重点指标趋势图,并从来源、受访、访客等分析维度提供统计数据,如图5-39所示。

(2) 流量分析:流量分析可以帮助网站运营人员了解网站流量情况,包括趋势分析、对比分析、当前在线、访问明细等,以及流量的趋势变化形态、数据对比等,如图5-40所示。通过这些数据可分析出网站访客的访问规律、网站发展状况等。

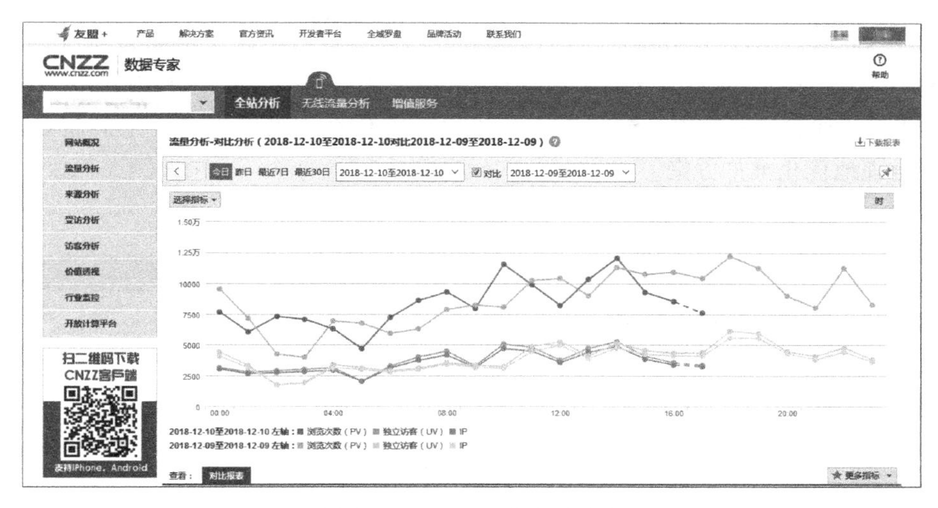

图 5-38　CNZZ 网站统计分析

CNZZ www.cnzz.com　数据专家　帮助

全站分析　无线流量分析　增值服务

网站概况 | 流量分析 | 趋势分析 | 对比分析 | 当前在线 | 访问明细 | 来源分析 | 受访分析 | 访客分析 | 价值透视 | 行业监控 | 开放计算平台 | 扫二维码下载

网站概况（2018-12-12）　下载报表

统计开通日期：2015-03-14　CNZZ网站排名：-　查看Alexa排名

	浏览次数(PV)	独立访客(UV)	IP	新独立访客	访问次数
今日	69688	32581	21970	18110	37064
昨日	218057	93880	48742	63678	118846
今日预计	248882	127287	85834	62137	123188
昨日此时	55815	24030	12476	16981	32572
近90日平均	232743	92140	47648	65937	108823
历史最高	589420 (2016-05-23)	288190 (2016-02-19)	200619 (2016-02-19)	178841 (2016-02-19)	348153 (2016-02-17)
历史累计	300952137	122632381	74637559	-	-

	当日回头访客(占比)	访客平均访问频度	平均访问时长	平均访问深度	人均浏览页数
今日	12418(38.11%)	1.14	1分17秒	1.88	2.14
昨日	14910(15.88%)	1.27	1分29秒	1.83	2.32

图 5-39　网站概况

图 5-40　流量分析

(3) 来源分析：来源分析可以帮助网站运营人员了解网站流量来源明细，包括来源分类、搜索引擎、搜索词、最近搜索、SEO推荐、来路域名、来路页面、来源升降榜等数据，如图5-41所示。通过这些数据网站运营人员可以了解什么类型的来源产生的流量多、效果好，以便合理地优化推广方案。

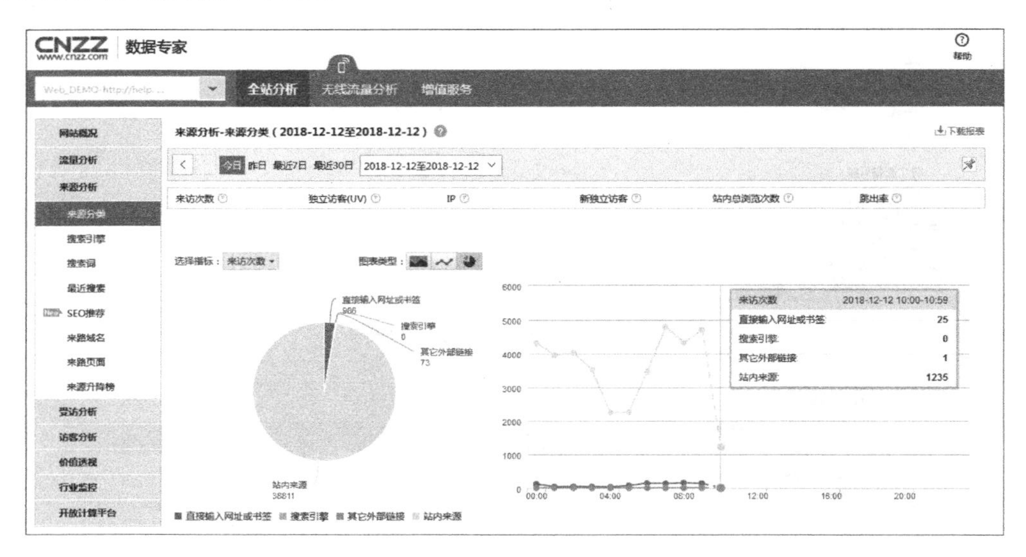

图 5-41 来源分析

(4) 受访分析：受访分析包括受访域名、受访页面、受访升降榜、热点图等数据，如图5-42所示。通过这些数据网站运营人员可以了解网站哪些页面、域名最吸引访客以及哪些最容易导致访客流失，从而帮助网站运营人员更有针对性地改善网站质量。

图 5-42 受访分析

(5) 访客分析：就是对访问过网站的网民进行分析，包括地区/运营商、终端详情、新老访客、忠诚度、活跃度等，如图 5-43 所示。这些数据可以帮助网站运营人员更加深入地了解网站的目标群体，覆盖更多的目标客户。

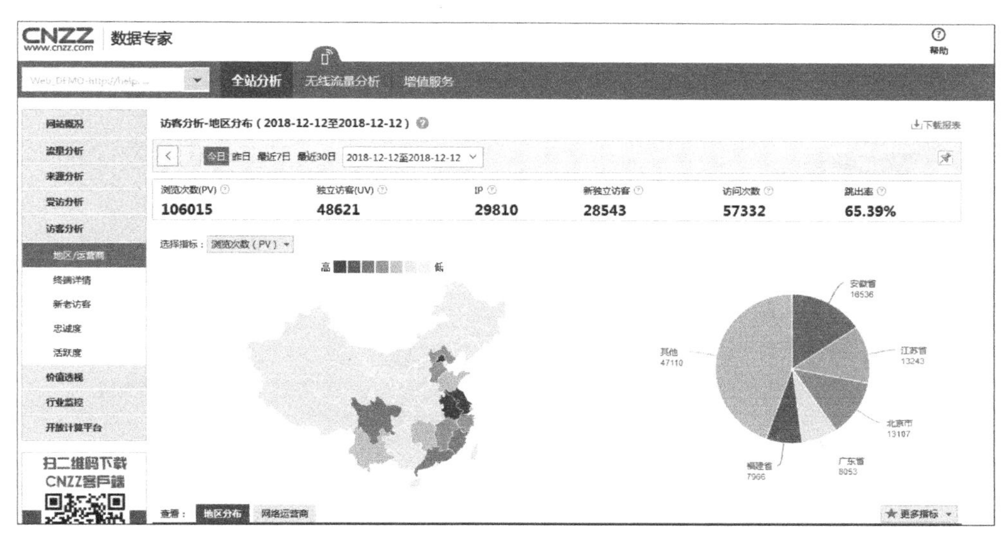

图 5-43　访客分析

(6) 价值透视：价值透视主要是对人群价值、流量地图、频道流转的数据的展示，如图 5-44 所示。这些数据可以帮助网站运营人员更形象化地了解访客所属人群、全部频道和目录的流量分布、来源及去向。网站运营人员可以通过这份报告，分析网站的内容、投放的广告如何才能更贴近访客兴趣，加以优化，从而提升流量，获得更多广告收入。

图 5-44　价值透视

(7) 行业监控：行业监控包括行业指数、网站黏性、流量拓展，如图 5-45 所示。

此外，CNZZ 也支持无线流量分析，包括 APP 访问、移动设备及神马搜索统计等服务，如图 5-46 所示。

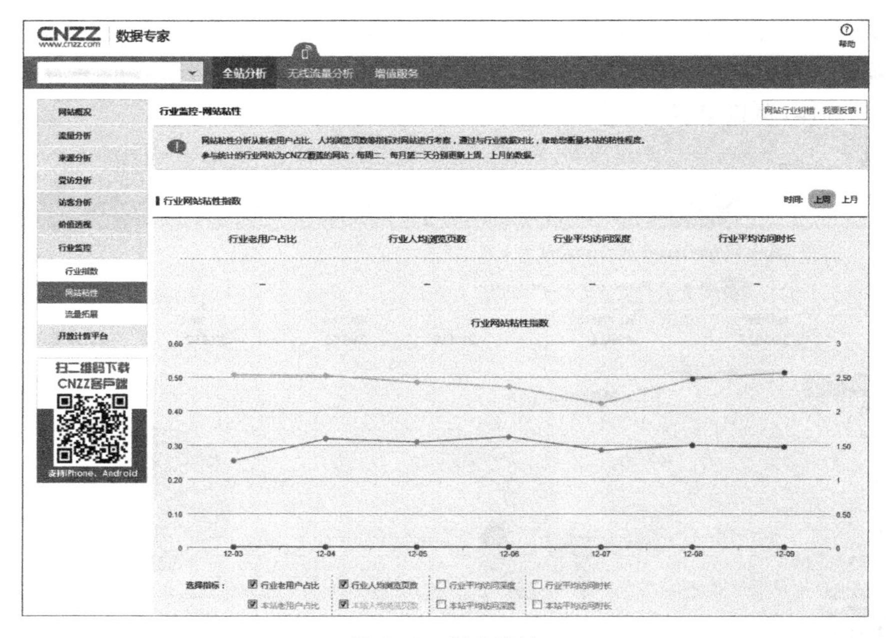

图 5-45 行业监控

图 5-46 无线流量统计概况

各个不同的报告提供的指标有一定的差异。CNZZ 的来源分析、热点功能很有针对性，操作简单，但比较难做深入分析。百度统计热力图、页面诊断、访问入口等功能非常好，对百度方面过来的流量比较偏重，与百度竞价推广、SEO 结合效果好。

小结

本章主要讲解了常用本地数据分析工具、常用电商数据分析工具以及常用网站分析工具三部分。通过本章的学习，读者应该对 SPSS、生意参谋、京东商智、百度统计、CNZZ 有了基础的认识，并掌握其主要功能有哪些。

第6章 数据可视化

思政案例

【学习目标】

知识目标	➢ 了解图表的作用及图表的组成 ➢ 了解常用的图表类型
技能目标	➢ 掌握常用图表类型的适用场景 ➢ 掌握如何通过数据关系选择合适的图表 ➢ 掌握统计图的绘制流程 ➢ 掌握通过表格展现数据的方法

【案例引导】

职场中的数据可视化

小李是一名应届大学生，刚到一家公司就职，就遇到了难题。上级要求她将公司几个分店1～4季度的业绩数据整理出来，方便对各个分店的业绩情况做对比。小李接到工作任务后，很快便将数据整理成表格，如图6-1所示。

	A	B	C	D	E
1	分店	1季度营业额	2季度营业额	3季度营业额	4季度营业额
2	1分店	162	173	110	158
3	2分店	158	177	85	133
4	3分店	98	175	77	104
5	4分店	132	171	68	182
6	5分店	125	182	69	151
7	6分店	166	180	72	109
8	7分店	112	177	60	162
9	8分店	178	179	69	123

图6-1　1～4季度各分店营业额

小李做完表格后，便将该文件提交给了上级，上级拿到该表格后面露难色，告诉小李表格做的不合格，因为这个表格不够直观，要求小李重新做一份。小李很茫然地走出办公室，不知道应该如何修改表格，于是他请教了坐在旁边的同事张青。张青告诉小李，这种表格很难直观地展现数据，也不利于数据分析，将整理好的数据制作成图表的形式才更加生动。

接下来，张青为小李演示了如何制作一份图表，小李按照该方法制作出了一份图表，如图 6-2 所示。

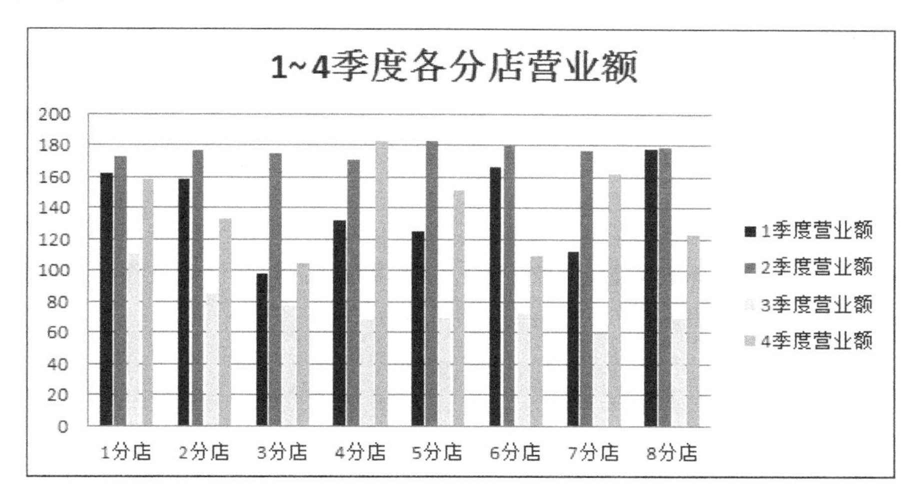

图 6-2 1～4 季度各分店营业额(柱形图)

小李将图表文件提交给上级后，上级点了点头。这时，小李才意识到图表在工作中的重要性，于是决心认真学习图表的制作。

【案例思考】

案例中小李整理的表格虽然详细，但是很难直观地看出店铺之间的营业额差距。而制作成图表后，可以很直观地看到不同店铺在不同季度的营业额对比情况。

在这个信息过度传播的时代，人们已经不再有耐心看表格里长篇大论的数据，而图表凭借它生动形象、直观易懂的特点，已经逐渐获得职场人的青睐。它能够直观地展示数据，并帮助分析数据和对比数据。那么什么是图表？图表的类型有哪些？如何使用图表？本章将对数据可视化的相关知识进行详细讲解。

6.1 通过图表展现数据

当完成数据分析后，通篇的文字和数据会让观察人员头疼，不容易得到想要的信息。一般进行完数据分析后，为了直观地展示分析结果，会将数据以图表的形式表现出来。

6.1.1 认识图表

图表泛指在屏幕中显示的，可直观展示统计信息属性(时间性、数量性等)，对挖掘及生动感受知识和信息起关键作用的图形结构。也就是将枯燥的数字展现为生动的图像，帮助人们理解和记忆。

1. 图表的作用

图表可将表格中的数据以图形的形式表现出来，使数据更加可视化、形象化，以便用户观察数据的宏观走势和规律，图表的作用可以总结为以下几点。

（1）表达形象化：使用图表可以化冗长为简洁，化抽象为具体，使读者更容易理解其数据的含义。

（2）突出重点：通过图表中数据的颜色和字体等信息的特别设置，可以把问题的重点有效地传递给读者。

（3）体现专业化：恰当、得体的图表传递着制图者的专业、敬业、值得信赖的职业形象。专业的图表会极大地提升个人职场竞争力，为个人发展加分。

2. 图表的组成

图表主要由图表区、图表标题、数轴值、分类轴、数据系列、网格以及图例等组成。下面以柱形图为例，对图表的组成进行介绍，如图 6-3 所示。

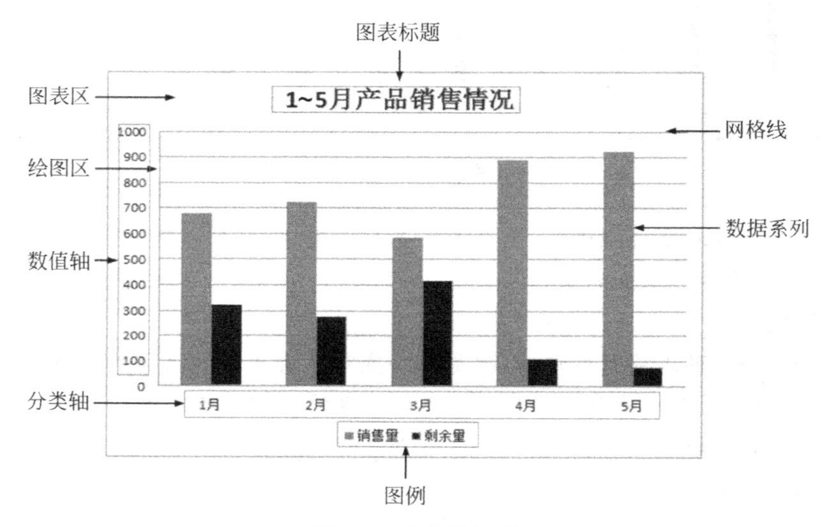

图 6-3 图表的组成

（1）图表区：图表区是指图表的背景区域，主要包括所有数据的数据信息以及图表的说明信息。

（2）绘图区：绘图区主要包括数据系列、数值轴、分类轴和网格线等，它是图表中主要的组成部分。

（3）图表标题：图表标题就是图表的名称，用来说明图表主题的说明性文字。

（4）数值轴：数值轴是用来表示数据大小的坐标轴，它的单位长度随数据表中数据的不同而变动。

（5）分类轴：分类轴的作用就是表示图表中需要比较的各个对象。

（6）数据系列：数据系列是指以系列的方式显示在图表中的可视化数据。分类轴上的每一个分类都对应一个或多个数据，不同分类上颜色相同的数据就构成一个数据系列。

（7）网格线：网格线是绘图区中为了更便于观察数据大小而设置的线，包括主要网格线和次要网格线。

（8）图例：图例的作用是表示图表中数据系列的图案、颜色和名称。

6.1.2　常用的图表类型

为了满足用户对各种图表的需求，Excel 2010 提供了 11 种图表类型，主要有柱形图、折线图、饼图、条形图、面积图、散点图、股价图、曲面图、圆环图、气泡图和雷达图，还有基于以上几种图表类型的组合图。下面以酷帕零售公司的产品销售数据为例，介绍几种常用图表类型，图 6-4 为该公司销售数据。

	A	B	C	D	E	F	G
1	每月产量（件）1200						
2	月份	1月	2月	3月	4月	5月	6月
3	销售量	723	685	826	889	970	781
4	剩余量	477	515	374	311	230	419
5							

图 6-4　酷帕零售公司的产品销售数据

1. 柱形图

柱形图是实际工作中最常使用的图表类型之一。它可以通过垂直或水平的条形展示维度字段的分布情况，直观地反映一段时间内各项的数据变化，在数据统计和销售报表中被广泛应用。

柱形图包括二维柱形图、三维柱形图、圆柱图、圆锥图和棱锥图五种类型，如图 6-5 所示。其中每一种展现类型下还有不同的展现样式。

(1) 二维柱形图：二维柱形图的展现样式包括簇状柱形图、堆积柱形图和百分比堆积柱形图。

(2) 三维柱形图：三维柱形图的展现样式包括三维簇状柱形图、三维堆积柱形图、百分比堆积柱形图、三维柱形图。

(3) 圆柱图：圆柱图的展现样式包括簇状圆柱图、堆积圆柱图、百分比堆积圆柱图、三维圆柱图。

(4) 圆锥图：圆锥图的展现样式包括簇状圆锥图、堆积圆锥图、百分比堆积圆锥图、三维圆锥图。

(5) 棱锥图：棱锥图的展现样式包括簇状棱锥图、堆积棱锥图、百分比堆积棱锥图、三维棱锥图。

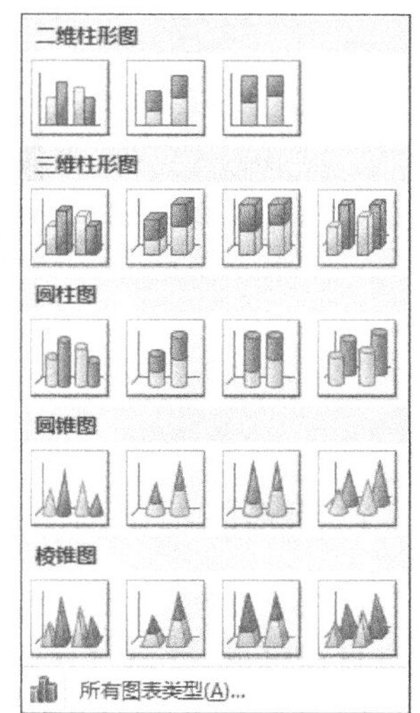

图 6-5　柱形图展现类型

簇状柱形图与堆积柱形图为日常使用频率最高的两种柱形图展示样式，如图 6-6 与图 6-7 所示。簇状柱形图主要用于比较各个类别的数值，堆积柱形图用于比较各个类别每个数值所占总数值的大小。

簇状柱形图分别显示了各月份产品的销售量和剩余量情况；堆积柱形图显示了销量和剩余量的总和（产量）与月份之间的关系，产量总和保持不变。柱形图利用柱子的高度，反映出数据的差异，肉眼辨识度很好，但柱形图只适用于中小规模的数据集。

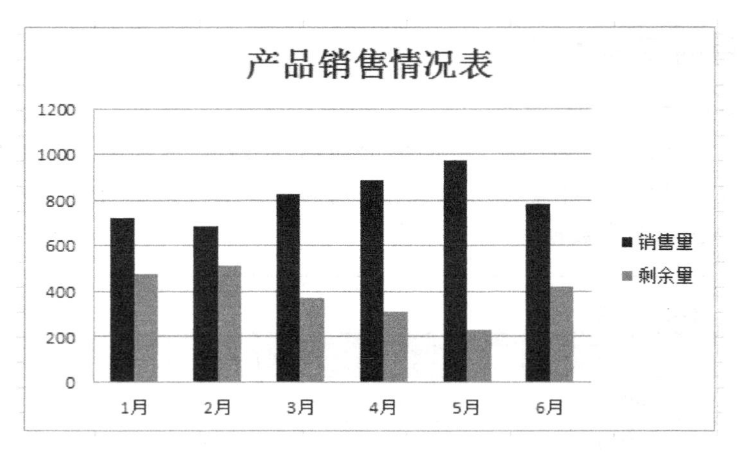

图 6-6　簇状柱形图

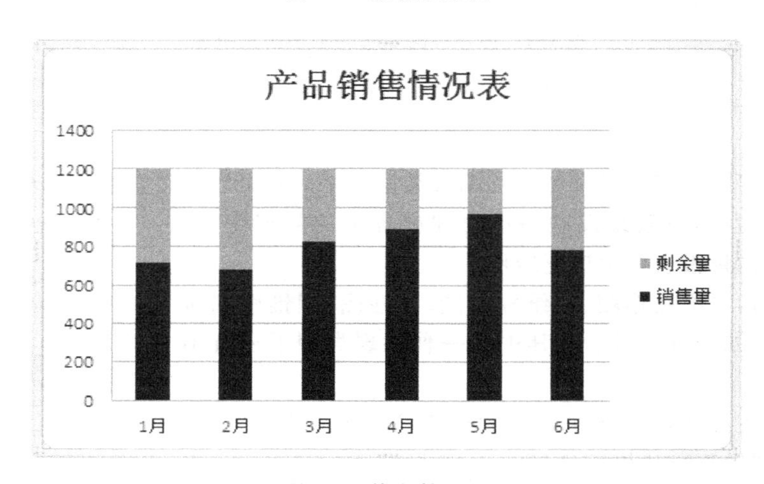

图 6-7　堆积柱形图

2. 条形图

当用柱形图做各项比较时，如类别标签过多、过长时，水平轴会显得臃肿、不宜展示，此时可使用条形图。

条形图与柱形图相似，它是用来描绘各个项目之间数据差别情况的图形。但与柱形图不同的是它主要突出数值的差异，而淡化时间和差别的差异。条形图的展现类型与样式与柱形图类似，如图 6-8 所示。

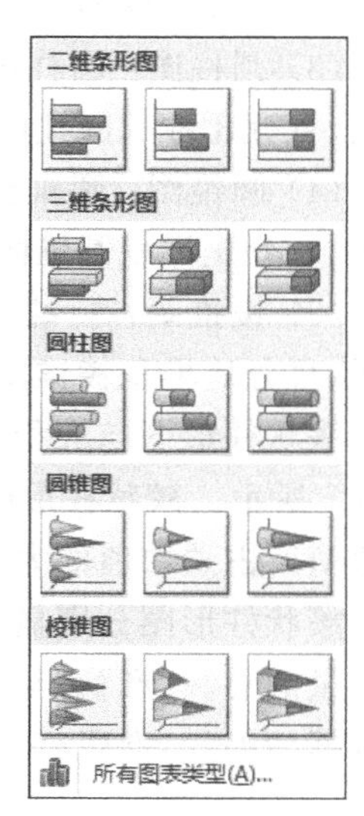

图 6-8　条形图展现类型

图 6-9 为酷帕零售公司的产品销售情况的簇状条形图，从该图可以发现，使用簇状条形图显示数据时，对于分类的标志更容易鉴别。

3. 折线图

折线图主要用来表示数据的连续性和变化趋势，也可以显

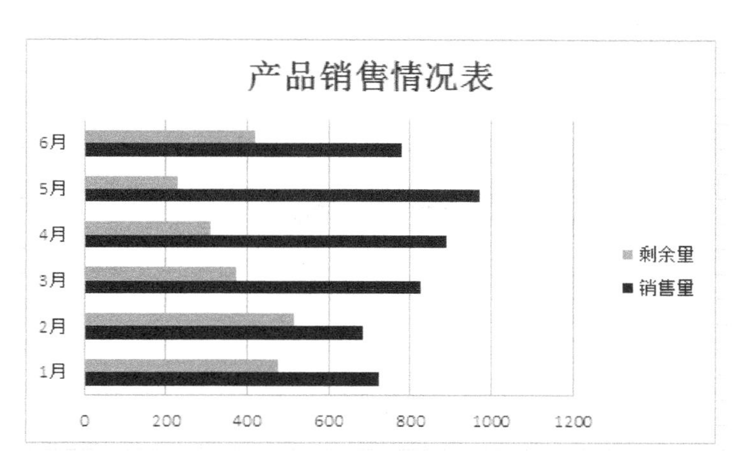

图 6-9　簇状条形图

示相同的时间间隔内数据的预测趋势。强调的是数据的实践性和变动率，而不是变量。

折线图包括二维折线图和三维折线图两种类型，如图 6-10 所示。其中，二维折线图包括折线图、堆积折线图、百分比堆积折线图、带数据标记的折线图、带数据标记的堆积折线图、带数据标记的百分比堆积折线图几种展现样式。

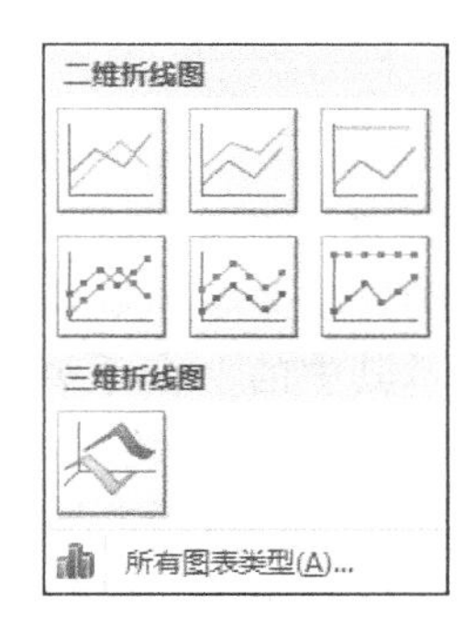

图 6-10　折线图展现类型

折线图可以使用任意多个数据系列，可以用不同的颜色、线型或标志来区分这些折线，更适用于显示一段时间内相关类别的变化趋势，如图 6-11 与图 6-12 所示即为折线图与三维折线图。

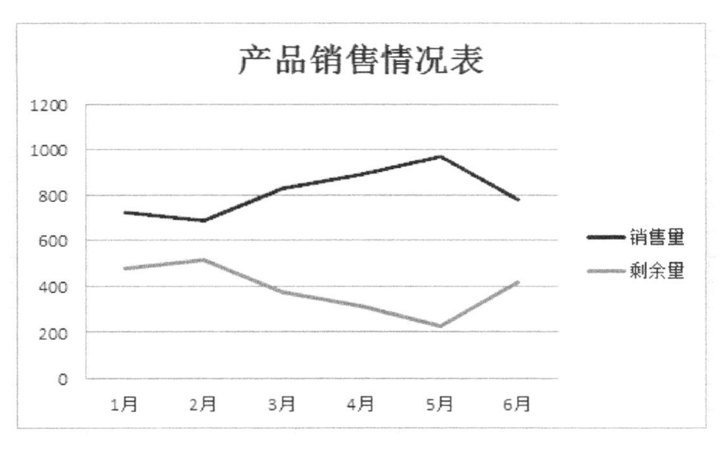

图 6-11　折线图

折线图适合二维的大数据集，尤其那些趋势比单个数据点更重要的数据。三维折线图并不适合所有的图表，产品销售情况表使用三维折线图的立体效果就不是很好，在此情况下使用三维折线图并不是最佳的选择。

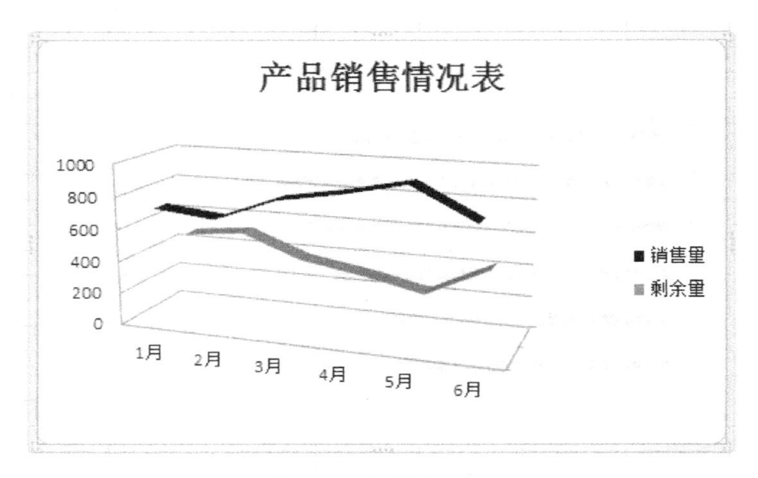

图 6-12 三维折线图

4. 饼图

饼图主要用来显示数据系列中各个项目与项目总和之间的比例关系。它只能显示一个系列的比较关系。如果有一个系列同时被选中作为数据源，那么只能显示其中的一个系列。因此它更适用于不要求数据精细的情况下，制作简单的占比图。

饼图主要包括二维饼图和三维饼图两种类型，如图 6-13 所示。二维饼图有饼图、分离型饼图、复合饼图、复合条饼图 4 种展现样式，三维饼图包括三维饼图、分离型三维饼图两种展现样式。

如图 6-14 所示为产品销售情况表的三维饼图形式，尽管选择的是整个数据区域，但是这种类型的图表只显示了销售量占总量的比例，所以这种情况并不适合使用饼图进行统计。

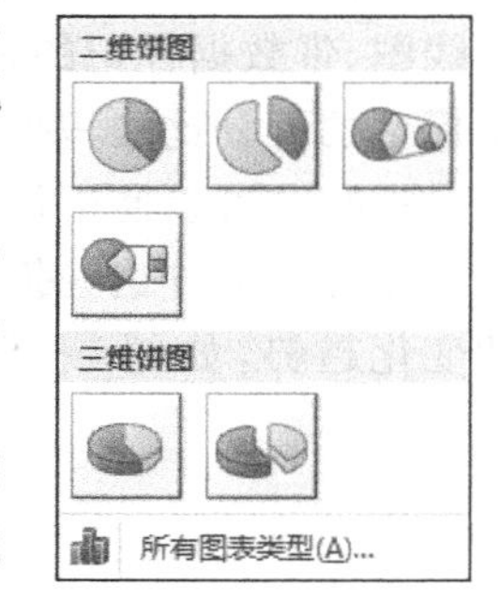

图 6-13 饼图展现类型

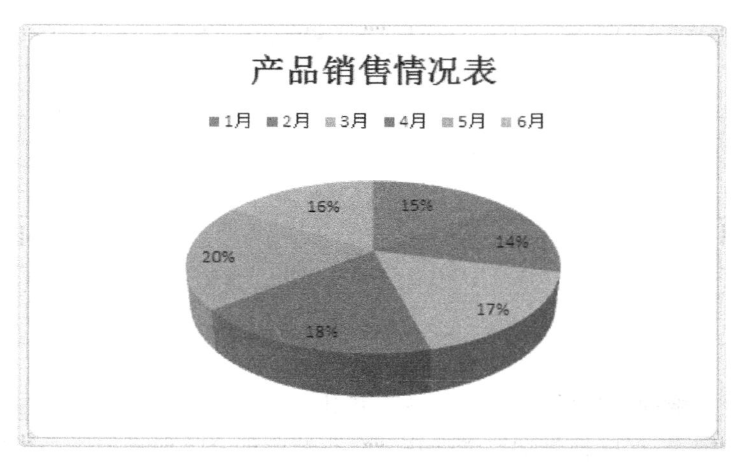

图 6-14 三维饼图

在需要描述某一部分占总体的百分比时，适合使用饼图。例如，占据公司全部资金一半的两个渠道，某公司员工的男女比例等。而需要比较数据时，尤其是比较两个以上整体的成分时，更适合使用条形图或柱形图。切勿要求看图人将扇形转换成数据在饼图间相互比较，因为人的肉眼对面积的敏感度小，会导致数据的误读。

为了使饼图发挥最大的作用，在使用中要满足以下几个条件。

(1) 仅有一个要绘制的数据系列；

(2) 要绘制的数值没有负数；

(3) 要绘制的数值几乎没有零值；

(4) 各类别分别代表整个饼图的一部分。

5. 散点图

散点图类似于折线图，它可以显示单个或者多个数据系列的数据在某时间间隔下的变化趋势。通常用于科学数据的表达、实验数据的拟合和趋势的预测等。

散点图包括仅带数据标记的散点图、带平滑线和数据标记的散点图、带平滑线的散点图、带直线和数据标记的散点图、带直线的散点图 5 种展现样式，如图 6-15 所示。

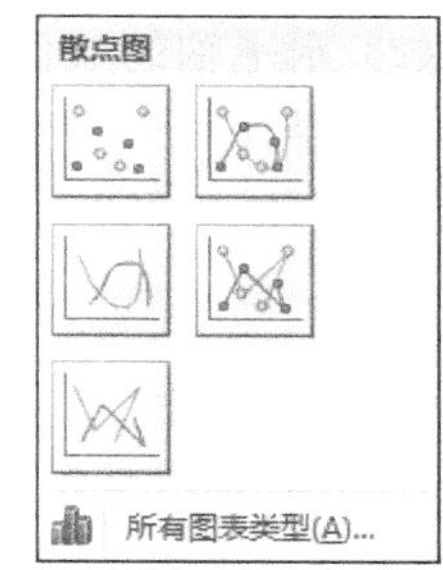

图 6-15　散点图展现样式

在创建散点图时至少要选择两列数据，一列数据作为 X 轴坐标值，另一列数据作为 Y 轴的坐标值，这样生成的图才可以表示数据系列 Y 轴相对于数据系列 X 的值，然后通过观察可以得出两个数据系列之间的关系和差异。

如图 6-16 所示即男女身高与体重数据散点图，从图中可以看到所有的数据点比较集中，呈正相关关系，即身高越高，相应的体重会越大。

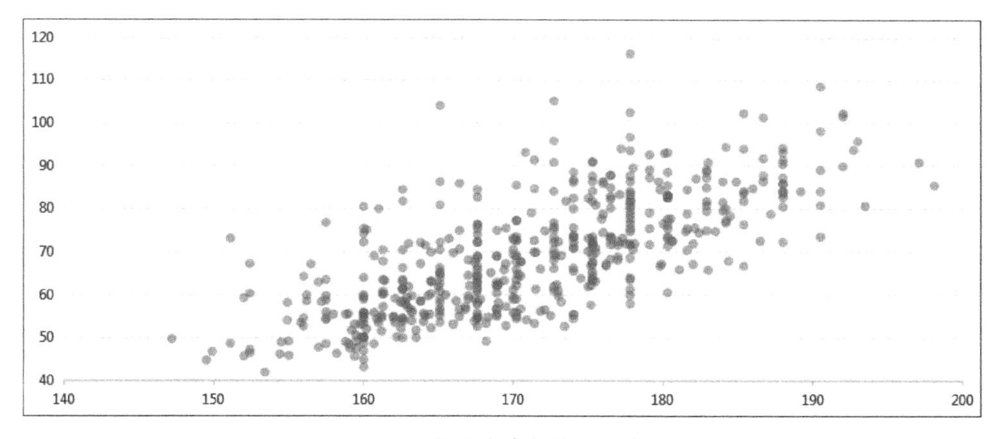

图 6-16　男女身高与体重散点图

将产品销售情况表的图表类型修改为带平滑线和数据标记的散点图的效果，如图 6-17 所示。

为了发挥散点图的最大作用，以下几种情况常常会使用散点图。

(1) 通过分布情况预测变动趋势；

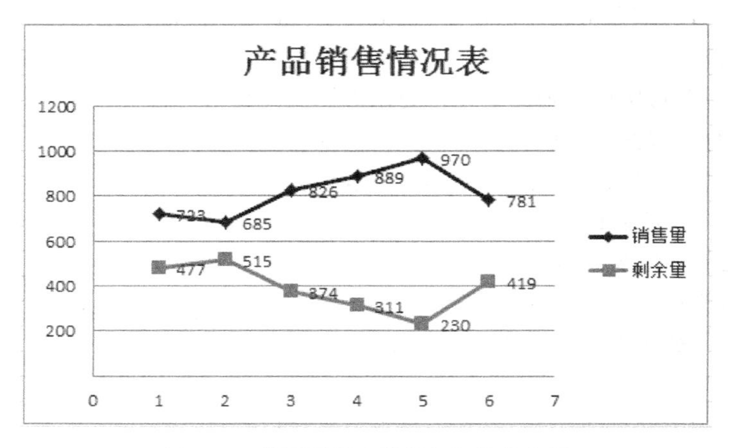

图 6-17 带平滑线和数据标记的散点图

(2) 水平轴的数值较多且不均匀；

(3) 寻找两个变量的相关性；

(4) 与矩阵结合，寻找优势因素。

注意：散点图的展示效果和数据多少有关，散点图包括数据越多，比较效果越好。

6. 其他图表

除上述几种常用图表类型外，还有几种不常用的图表类型，包括股价图、曲面图、圆环图、气泡图以及雷达图，如图 6-18 所示。

(1) 股价图：通常用来描绘股票价格走势，将各种股票每日、每周、每月的开盘价、收盘价、最高价、最低价等涨跌变化状况，用图形的方式表现出来。股价图还可用于金融、商贸等行业，用来描述商品价格、货币兑换率、压力测量等。

(2) 曲面图：当类别和数据系列都是数值时，可以使用曲面图。

(3) 圆环图：圆环图与饼图相似，可以显示各个部分与整体之间的关系，但是它可以包含多个数据系列。

(4) 气泡图：气泡图是一种多变量图表，是散点图的变体。气泡图通常用于比较和展示不同类别的气泡之间的关系，通过气泡的位置及面积大小，可用于分析数据之间的相关性。

图 6-18 其他不常用图表类型

(5) 雷达图：雷达图又可称为戴布拉图、蜘蛛网图，是专门用来进行多指标体系比较分析的专业图表。从雷达图中可以看出指标的实际值与参照值的偏离程度，从而为分析者提供有益的信息。雷达图一般用于成绩展示、效果对比量化、多维数据对比等，只要有前后两组 3 项以上数据均可制作雷达图，其展示效果非常直观，而且图像清晰耐看。

7. 组合图表

组合图是基于一个标准的图表类型，并含有其他图表类型。为了将图表中的数据类区分开，用户可以将数据系列设置为不同的图表类型，此时组合图表就可以轻松实现此功能。

例如，综合使用条形图与饼图，用来对重点关注信息进行细分，如图 6-19 所示；综合使用柱形图和折线图，用柱形图标识年销量的波动，并用折线图来显示累计销量的趋势，如图 6-20 所示。

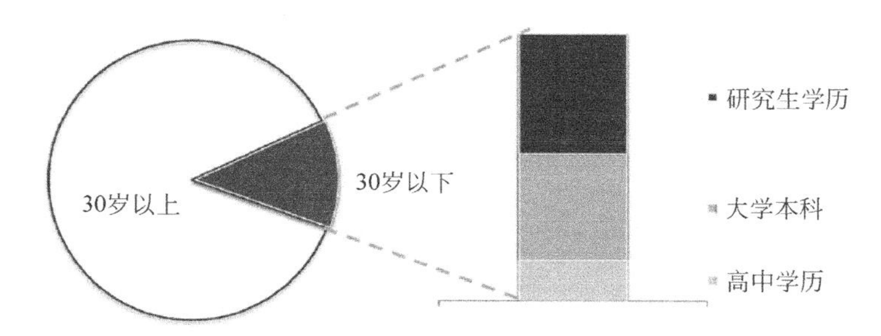

图 6-19　条形图与饼图结合

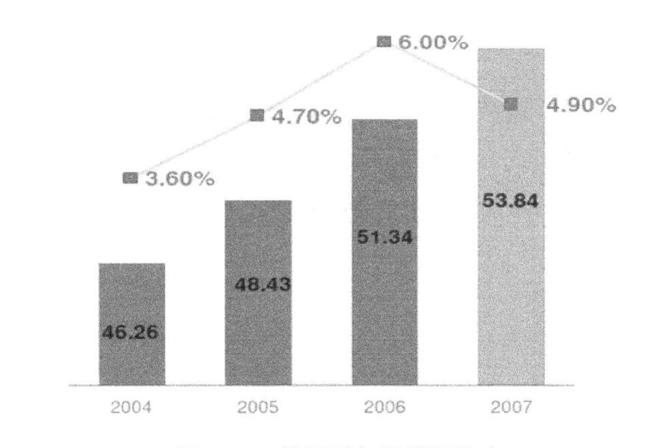

图 6-20　柱形图与折线图结合

为了使读者更了解组合图表，下面以某企业销售数据图表的制作为例进行介绍，如例 6-1 所示。

例 6-1　某企业销售数据图表制作

小王为某企业销售部门主管，近期领导需要小王整理一份组内销售员工的销售数据，以便了解不同员工的销售水平。于是，小王计划将这部分数据以柱形图结合折线图的形式展现出来。如图 6-21 所示为几名销售人员的销售数据。

	A	B
1	销售人员	销售金额
2	张三	21590
3	李四	11230
4	王五	18642
5	赵六	16326
6	金子	14203
7	闫琪	11570

图 6-21　销售数据

STEP 01　创建柱形图。选择数据源，打开“插入”选项卡，选择“柱形图”中的“簇状柱形图”，如图 6-22 与图 6-23 所示。

STEP 02　添加平均线。创建辅助数据，公式为 AVERAGE(＄B＄2:＄B＄7)，求出这列数据的平均值，如

图 6-24 所示。

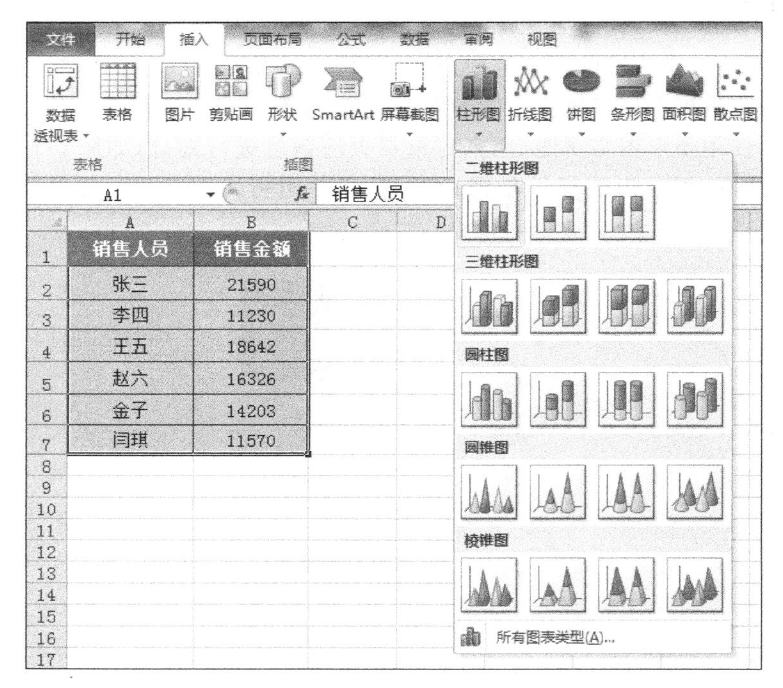

图 6-22 插入簇状柱形图

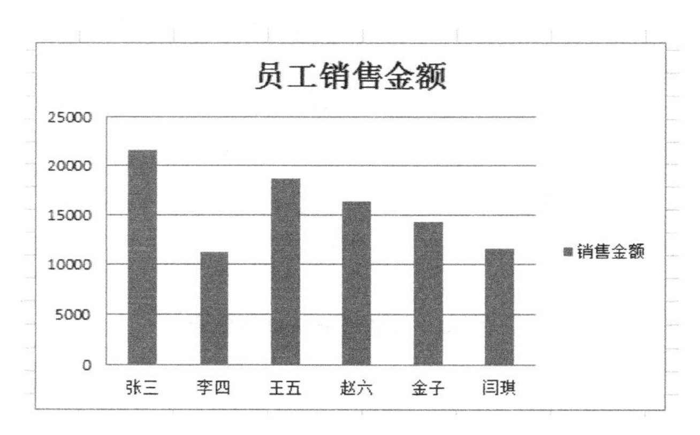

图 6-23 员工销售额簇状柱形图

C2 =AVERAGE($B$2:$B$7)

	A	B	C	D	E
1	销售人员	销售金额	平均值		
2	张三	21590	15593.5		
3	李四	11230	15593.5		
4	王五	18642	15593.5		
5	赵六	16326	15593.5		
6	金子	14203	15593.5		
7	闫琪	11570	15593.5		

图 6-24 创建平均值辅助数列

STEP 03　将光标放置在"图表数据区域"，右击，选择"选择数据"选项，如图 6-25 所示。

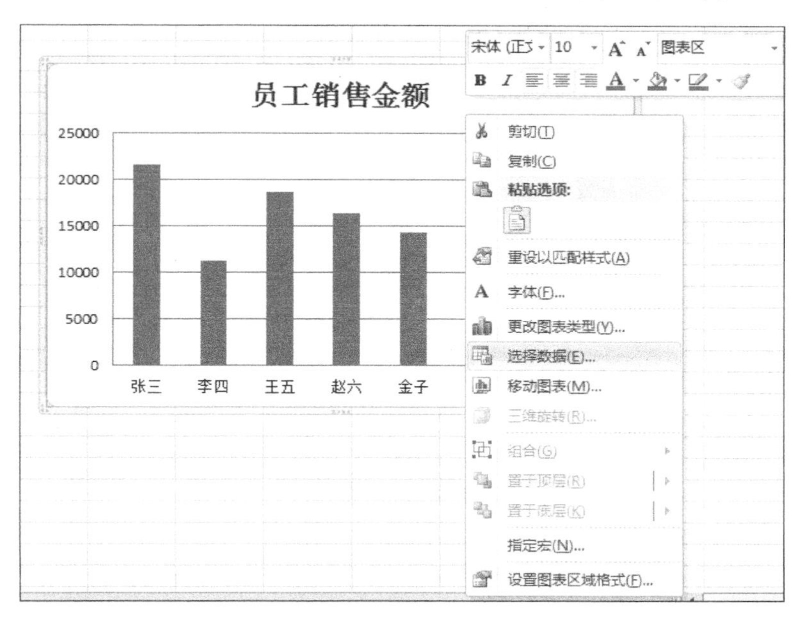

图 6-25　选择数据

STEP 04　在"图表数据区域"中，将平均值数列添加进去，如图 6-26 与图 6-27 所示。

图 6-26　添加数据

STEP 05　选中"平均值"数据柱状图，右击数据，选择"更改系列图表类型"，如图 6-28 所示。

STEP 06　选择"折线图"，如图 6-29 所示，单击"确定"按钮，效果如图 6-30 所示。

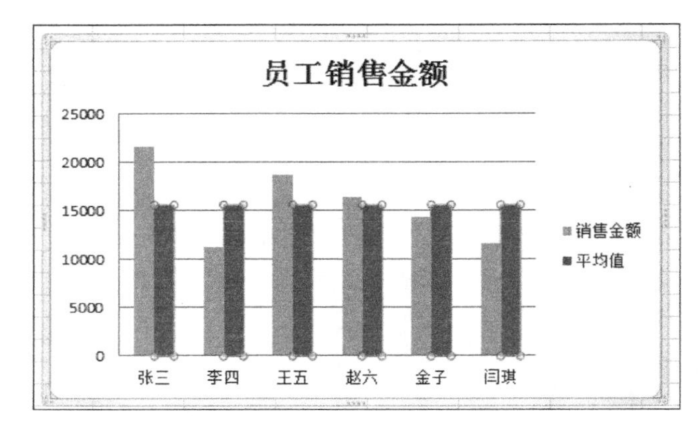

图 6-27　平均值添加后效果

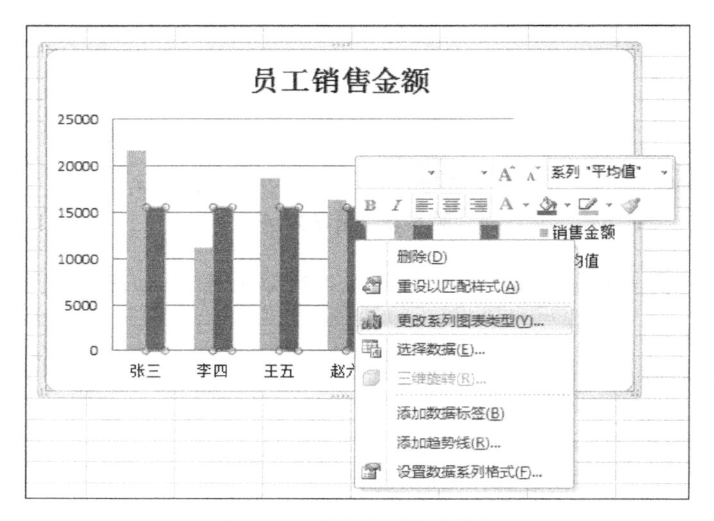

图 6-28　更改系列图表类型

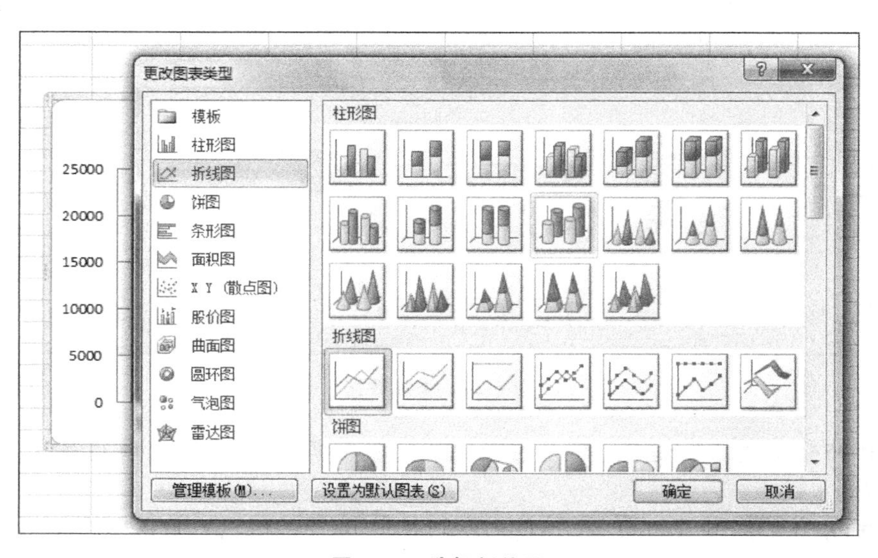

图 6-29　选择折线图

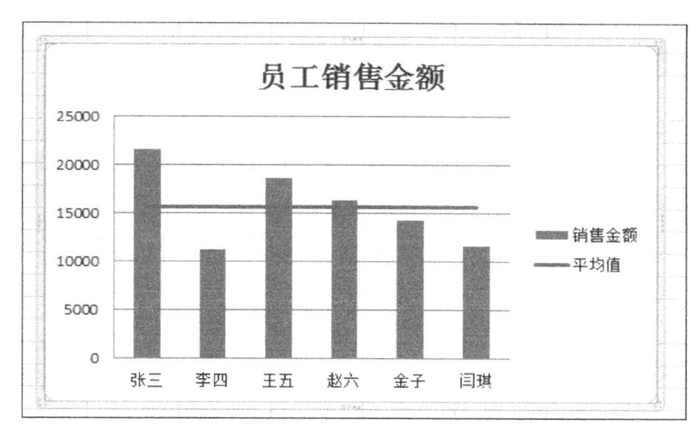

图 6-30　最终效果

如图 6-30 所示即员工销售金额柱形图与折线图结合的图表效果，从该图中可以看出哪些员工的销售金额到达并超出了销售金额平均值，哪些员工没有到达销售金额平均值。

6.1.3　通过数据关系选择合适的图表

不同的图表类型所适合的使用场景也各不相同，所以在选择图表类型时，要根据不同的情况进行选择。大部分的数据关系可以归纳为六种类型，分别为成分、排序、时间序列、频率分布、相关关系、多重数据比较。

1. 成分关系图表选择

成分关系是指整体与组成部分之间的关系，成分关系图表是一种很常见的图形形式。一般用图饼来表示。如 A、B 两个人吃一个比萨，假如比萨被平分成 4 块，A 先吃了 1 块，也就是 A 吃了整个比萨的 25%，这就是成分关系。这样的部分与总体关系用一个饼图表示则更合适。

例如，想了解某企业 4 大地区的秋装销售额占比，即可使用饼图进行展现，如图 6-31 所示。

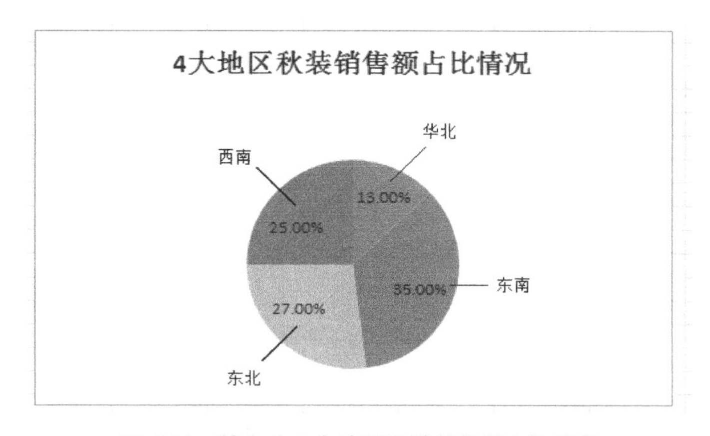

图 6-31　某企业 4 大地区秋装销售额占比情况

除了饼图外，也可以用柱形图、条形图等图表表示成分关系。

2. 排序关系图表选择

数据间的排序关系是根据需求对数据大小进行比较，然后按照一定的顺序进行排序，最后制成相应的图表。排序图表可用于不同项目、类别间的数据比较。排序关系图表也是一种常用的图表，包括柱形图、条形图等常见形式。

例如，对 2017 年某集团各分公司年度业绩进行降序排列，如图 6-32 所示，从该图可以很容易看到该集团 2017 年业绩前两名的是 E、D 两个公司，当然从图中也能知道最后两名，甚至可以随意指定某个分公司，其业绩与排名也是很容易得知的。

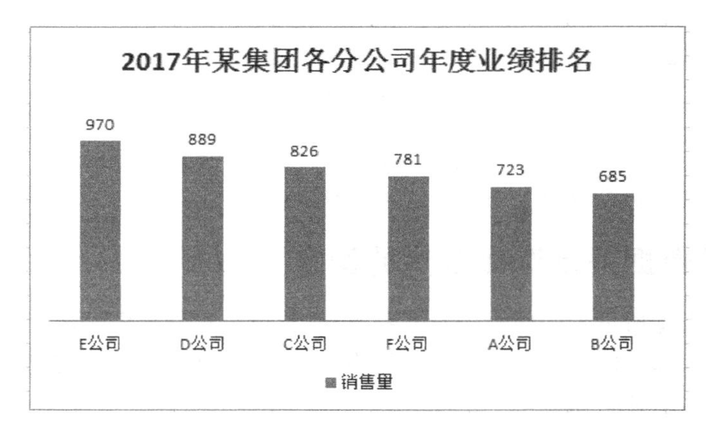

图 6-32　2017 年某集团各分公司年度业绩排名

3. 时间序列关系图表选择

时间序列表示某项或某些数据按时间顺序发展而变动的走势或趋势。在数据分析中对数据进行分析常常会用到时间序列分析法，此时可以用图表来加以说明，一般表示时间序列的图表是折线图，有时也可以用柱形图来表示。

例如，想了解 2017 年上半年某企业业绩每月的发展情况，这时就不能按照业绩大小进行排序，可以按照时间的顺序作一个柱形图，这样就能看出其发展趋势，如图 6-33 所示。当然也可以使用折线图，折线图是最直观的趋势图，如图 6-34 所示。

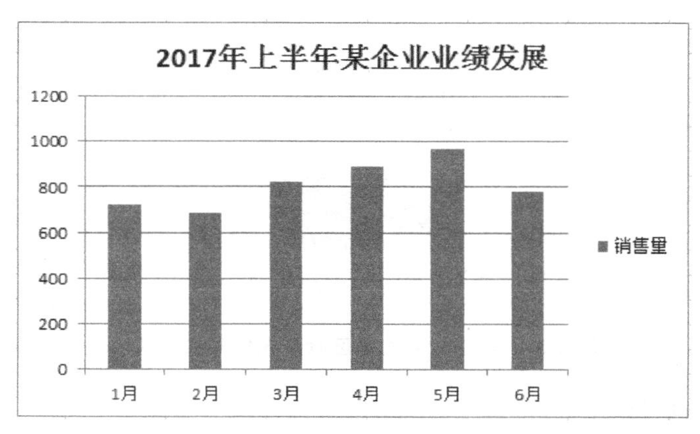

图 6-33　2017 年上半年某企业业绩发展(柱形图)

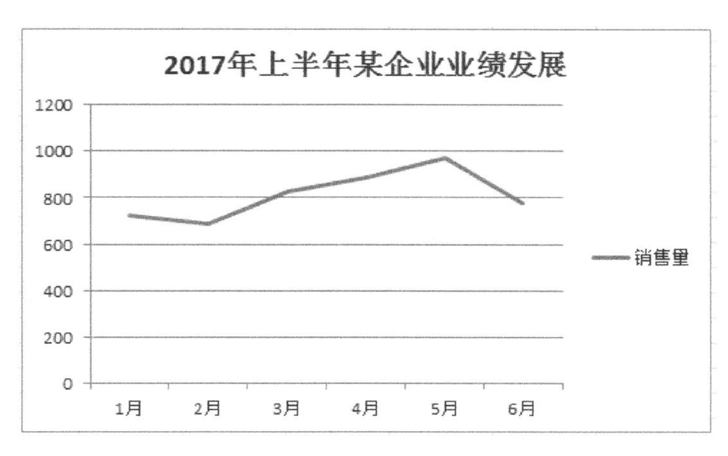

图 6-34　2017 年上半年某企业业绩发展(折线图)

通过两张图对比可以看出折线图更能直观展现趋势,所以表示时间趋势时可首选折线图,其次可考虑使用柱形图。但是不要用同样的数据在同一张图中既作柱形图又作折线图。

4. 频率分布图表选择

频率分布与排序一样,都用于表示项目、类别间的比较,当然这一类比较也可以用频数分布表示,知识单位不同,根据需要选择即可。可以说频率分布是一种特殊的排序类图形,因为它只能按指定的横轴排序。

例如,作图表示 2017 年某企业产品不同价格区间的销量,那么横轴只能按惯例采用价格从低到高排序,而不能按商品的销量从高到低排序,如图 6-35 所示。若以商品销量从高到低排序,会使价格区间比较混乱。用于表现频率分布的图表还有条形图、折线图。

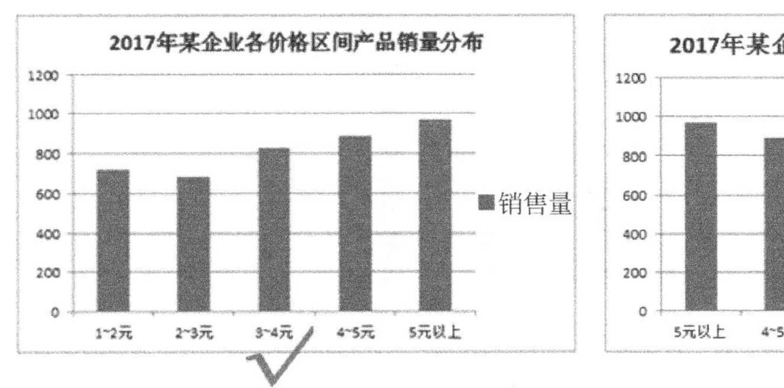

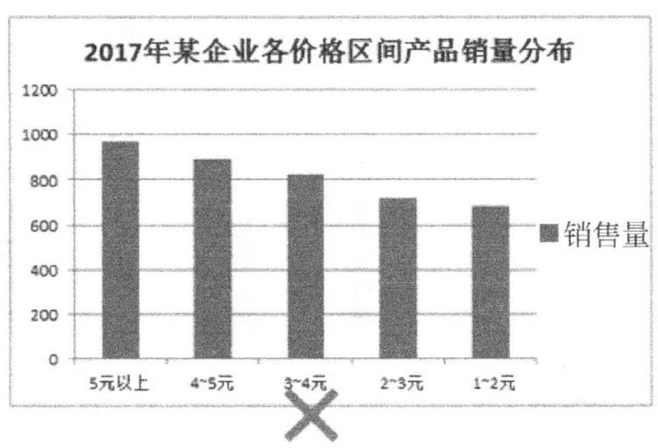

图 6-35　2017 年某企业各价格区间产品销量分布

5. 相关关系图表选择

相关关系表示一类数据随着另一类数据的变化而发生规律性变化的情况。用以标识相关关系的图表有柱形图、对称条形图和散点图,在数据分析中对数据进行预测一般会用到回归分析法,这是一种典型的相关分析方法,这时可以用散点图来表示其相关关系。

例如，橙子的价格逐步提高，那么消费者的购买数量也会随之变化，这就是相关性，如图 6-36 所示。

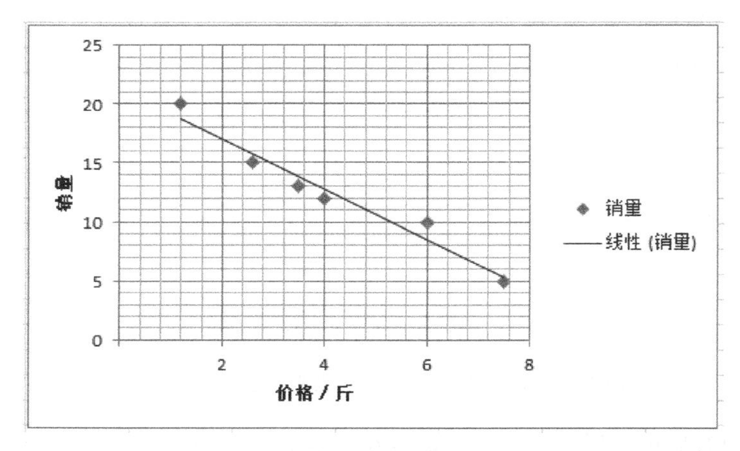

图 6-36 橙子价格与销量的分布关系

6. 多重数据比较

多重数据比较就是指将数据类型多于两个的数据进行分析比较。例如，要比较 A、B、C 三种电脑分别在品牌、价格、内存、CPU、硬盘、售后 6 项指标中的评分情况，第一种想到的方式可能是簇状柱形图，如图 6-37 所示。

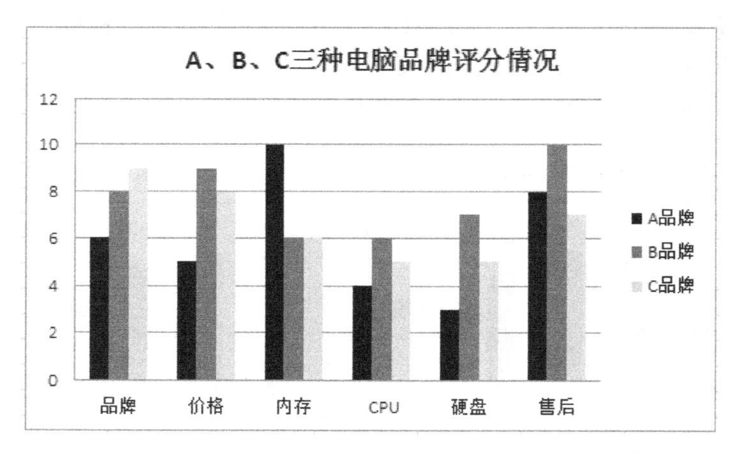

图 6-37 A、B、C 三种电脑品牌评分情况（簇状柱形图）

从图 6-37 可以看出，使用簇状柱形图制作的图表非常臃肿，目前只有 3 个类别，6 个指标，如果扩充到 4 个类别、10 个指标，整个图表将非常混乱。所以多重数据比较时不适合使用柱形图，这时可以考虑使用雷达制作多重数据的图表，如图 6-38 所示。

当然，数据的关系及相对应可用的图表不限于以上介绍的内容，这里主要介绍的是工作中常用的图表类型，比如表示成分时使用饼图居多，当然也可以用圆环图来表示。只要能正确地表达想要表达的主题或内容即可。

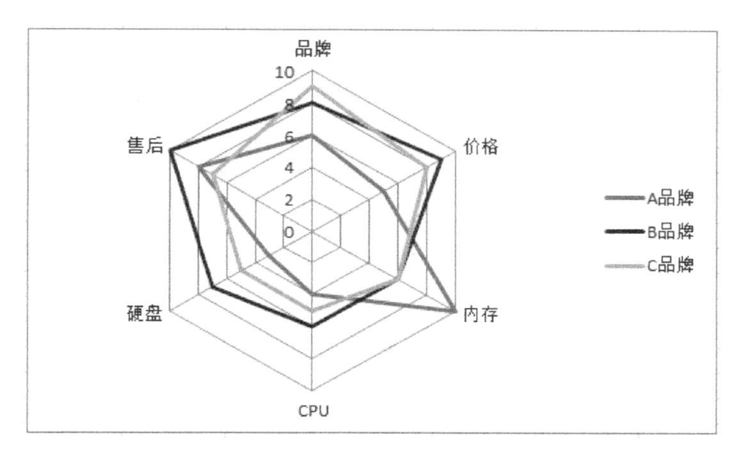

图 6-38　A、B、C 三种电脑品牌评分情况(雷达图)

6.1.4　统计图制作流程

绘制图表的流程可以总结为五个步骤,简称“五步法”,这五个步骤分别如下。

(1) 确定所要表达的主题或步骤。

(2) 确定哪种表格适合要达成的目的。

(3) 选择数据制作图表。

(4) 检查是否真实有效地展示数据。

(5) 检查是否表达了要传达的观点。

按照这五步一次进行就可以制作出所要的图表了,其中最重要的就是第 1 步,如果第 1 步的主题和目的不明确,后续步骤也会让读者无法准确清楚地理解图表所要传达的内容。

6.2　通过表格展现数据

学会了怎样将数据以图形的形式呈现只是使用图表的其中一种方式,大部分人呈现数据结果时都采用图形,而没有发现表格的精妙之处。下面以妍美化妆品公司 2014—2018 年产品的销售额为例,介绍如何通过表格展现数据,如图 6-39 所示。

6.2.1　突出显示单元格

突出显示单元格就是根据指定的规则,把表格中符合条件的单元格用不同颜色背景、字体颜色将数据突出显示出来。可设置的常用规则有:大于、小于、等于、介于、重复值,当然可以另外设置其他规则。

例如,想知道妍美化妆品公司 2014 年哪些产品的销售额大于 1000 万元,那么可以在 Excel 2010 中进行如下操作。

产品名称	2014年	2015年	2016年	2017年	2018年
眼影	650	688	786	935	104
护手霜	310	370	434	500	635
眼线笔	840	1005	1151	1371	1618
睫毛膏	667	801	921	1102	1346
面霜	870	915	1036	1218	1369
粉底液	1400	1830	2165	2564	3031
口红	1160	1343	1574	1878	2148
遮瑕膏	576	656	758	925	1082
沐浴露	1880	1851	2200	2590	3107
身体乳	799	895	1030	1223	1455

图 6-39 妍美化妆品公司 2014—2018 年销售额(单位：万元)

STEP 01 选取“2014 年”这一列的所有单元格数据，打开“开始”选项卡，在“样式”组中单击“条件格式”，如图 6-40 所示。

图 6-40 选择“条件格式”选项

STEP 02 选择图 6-40 中“突出显示单元格规则”→“大于”，弹出“条件格式规则管理器”对话框。

STEP 03 在输入框中输入“1000”，并设置所需突出显示的单元格样式，并单击“确定”按钮，如图 6-41 所示。

通过上述操作即可把该公司 2014 年销售总额大于 1000 万元的区域凸显出来，如图 6-42 所示。

剪贴板 字体 对齐方式 数字

B2 fx 650

	A	B	C	D	E	F
1	产品名称	2014年	2015年	2016年	2017年	2018年
2	眼影	650	688	786	935	104
3	护手霜	310	370	434	500	635
4	眼线笔	840	1005	1151	1371	1618
5	睫毛膏	667	801	921	1102	1346
6	面霜	870	915			
7	粉底液	1400	1830			
8	口红	1160	1343			
9	遮瑕膏	576	656			
10	沐浴露	1880	1851	2200	2590	3107
11	身体乳	799	895	1030	1223	1455
12						

大于

为大于以下值的单元格设置格式:

1000 设置为 浅红填充色深红色文本

确定 取消

图 6-41 设置单元格数值

产品名称	2014年	2015年	2016年	2017年	2018年
眼影	650	688	786	935	104
护手霜	310	370	434	500	635
眼线笔	840	1005	1151	1371	1618
睫毛膏	667	801	921	1102	1346
面霜	870	915	1036	1218	1369
粉底液	1400	1830	2165	2564	3031
口红	1160	1343	1574	1878	2148
遮瑕膏	576	656	758	925	1082
沐浴露	1880	1851	2200	2590	3107
身体乳	799	895	1030	1223	1455

图 6-42 2014 年销售总额大于 1000 万元产品

6.2.2 项目选取

项目选取与突出显示单元格所表达的意思基本相同,项目选取同样是根据指定的规则,把表格中符合条件的单元格用不同的颜色背景、字体颜色将数据凸显出来。区别就在于指定的规则不同,突出显示的单元格的规则指定值是与原始数据直接相关的数据,如 6.2.1 节中提到的大于 1000 万元;而项目选取指定的规则是指对原始数据经过计算的数据,如数值最大的 10%项、数值最小的 10%项、高于平均值、低于平均值等。

例如,想了解妍美化妆品公司 2015 年有哪些产品销售额高于平均值,那么可以在 Excel 2010 中进行如下操作。

STEP 01 选中“2015 年”这一列的所有单元格数据，单击“开始”→“条件格式”。

STEP 02 单击“项目选取规则”→“高于平均值”，如图 6-43 所示。

图 6-43 选择“高于平均值”选项

STEP 03 在弹出的“高于平均值”对话框中，设置选定单元格区域样式，如图 6-44 所示。然后单击“确定”按钮，如图 6-45 所示。

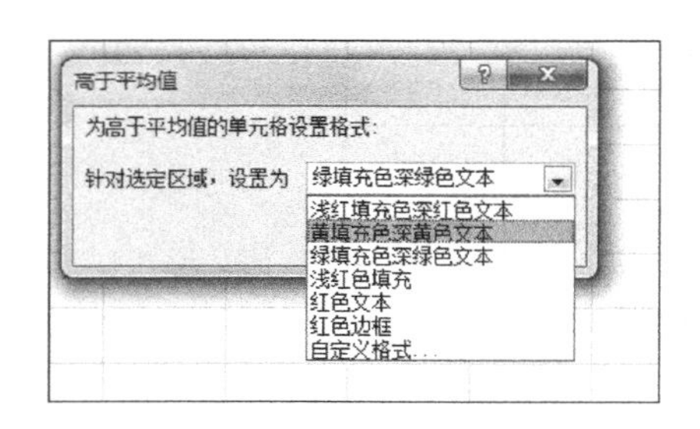

图 6-44 设置单元格样式

产品名称	2014年	2015年	2016年	2017年	2018年
眼影	650	688	786	935	104
护手霜	310	370	434	500	635
眼线笔	840	1005	1151	1371	1618
睫毛膏	667	801	921	1102	1346
面霜	870	915	1036	1218	1369
粉底液	1400	1830	2165	2564	3031
口红	1160	1343	1574	1878	2148
遮瑕膏	576	656	758	925	1082
沐浴露	1880	1851	2200	2590	3107
身体乳	799	895	1030	1223	1455

图 6-45 项目选取结果——2015 年销售额高于平均值的产品

6.2.3 添加数据条

数据条有助于查看某个单元格相对于其他单元格的值。数据条的长度代表单元格中的值。数据条越长表示值越大，数据条越短表示值越小。在观察海量数据时，如需直观显示数值的数值区间，数据条就会起到很大的作用。

例如，想知道妍美化妆品公司 2016 年销售额最高与最低的产品是哪一个，那么可以在 Excel 2010 中进行如下操作。

STEP 01　选取“2016 年”这一列的所有单元格数据，单击“开始”选项卡→“条件格式”→“数据条”，如图 6-46 所示。

产品名称	2014年	2015年	2016年	2017年	2018年
眼影	650	688	786	935	104
护手霜	310	370	434	500	635
眼线笔	840	1005	1151	1371	1618
睫毛膏	667	801	921	1102	1346
面霜	870	915	1036	1218	1369
粉底液	1400	1830	2165	2564	3031
口红	1160	1343	1574	1878	2148
遮瑕膏	576	656	758	925	1082
沐浴露	1880	1851	2200	2590	3107
身体乳	799	895	1030	1223	1455

图 6-46　选择“数据条”选项

STEP 02　选择“蓝色数据条”，当然也可以根据喜好选择其他颜色的数据条，如图 6-47 所示。

产品名称	2014年	2015年	2016年	2017年	2018年
眼影	650	688	786	935	104
护手霜	310	370	434	500	635
眼线笔	840	1005	1151	1371	1618
睫毛膏	667	801	921	1102	1346
面霜	870	915	1036	1218	1369
粉底液	1400	1830	2165	2564	3031
口红	1160	1343	1574	1878	2148
遮瑕膏	576	656	758	925	1082
沐浴露	1880	1851	2200	2590	3107
身体乳	799	895	1030	1223	1455

图 6-47　2016 年销售额最高与最低产品

通过上述操作即可将妍美化妆品公司 2016 年销售总额最高值与最低值的产品选取出来，从图 6-47 可以看出，2016 年销售总额最高的是沐浴露，最低的是护手霜。当需要呈现的数据在 3 个系列及以上，尤其是数据间的量纲不同时，将数据在单元格中以数据条的形式用表格呈现出来，相当于 3 个微型条形图，效果会比 3 个不同量纲的系列数据画在一张图上好很多。

6.2.4 添加图标集

使用图标集可以对数据进行注释，并可以按临界值，将数据分为3～5个类别，如图6-48所示。每个图标代表一个范围值，例如，在三向箭头图表集中，绿色的上箭头代表较高值，黄色的横向箭头代表中间值，红色的下箭头代表较低值。

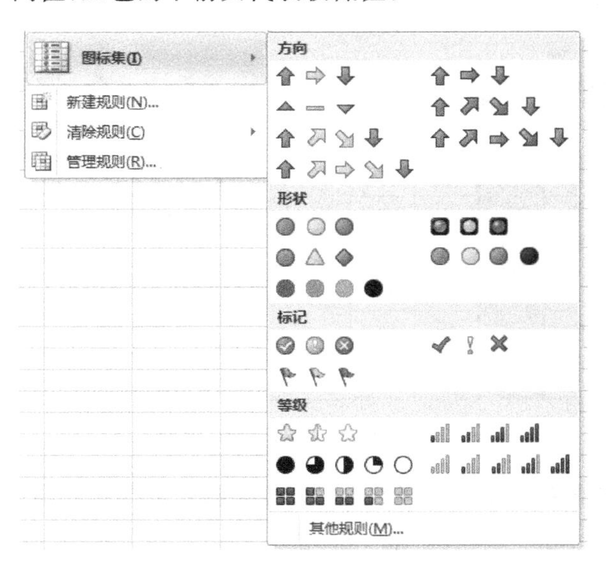

图 6-48 图标集

例如，对妍美化妆品公司2017年的销售额进行分类，可以在Excel 2010中进行如下操作。

STEP 01 选取“2017年”这一列的所有单元格数据，单击“开始”选项卡→“条件格式”→“新建规则”，如图6-49所示。

产品名称	2014年	2015年	2016年	2017年	2018年
眼影	650	688	786	935	104
护手霜	310	370	434	500	635
眼线笔	840	1005	1151	1371	1618
睫毛膏	667	801	921	1102	1346
面霜	870	915	1036	1218	1369
粉底液	1400	1830	2165	2564	3031
口红	1160	1343	1574	1878	2148
遮瑕膏	576	656	758	925	1082
沐浴露	1880	1851	2200	2590	3107
身体乳	799	895	1030	1223	1455

图 6-49 选择“新建规则”选项卡

STEP 02　进入“新建格式规则”对话框，设置“格式样式”为“图标集”，选择一种“图标样式”，并设置取值范围，如图 6-50 所示。

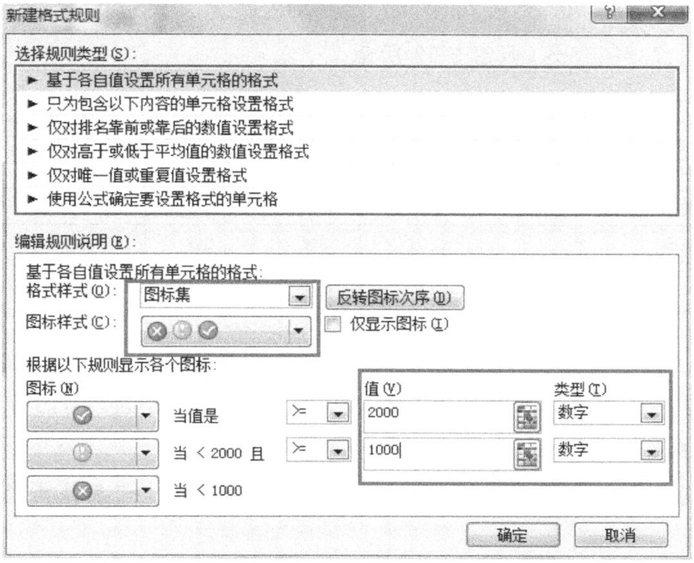

新建格式规则

选择规则类型(S):

► 基于各自值设置所有单元格的格式

► 只为包含以下内容的单元格设置格式

► 仅对排名靠前或靠后的数值设置格式

► 仅对高于或低于平均值的数值设置格式

► 仅对唯一值或重复值设置格式

► 使用公式确定要设置格式的单元格

编辑规则说明(E):

基于各自值设置所有单元格的格式:

格式样式(O): 图标集　反转图标次序(D)

图标样式(C):　仅显示图标(I)

根据以下规则显示各个图标:

图标(N)　值(V)　类型(T)

当值是 >= 2000 数字

当 < 2000 且 >= 1000 数字

当 < 1000

确定　取消

图 6-50　设置格式规则

STEP 03　销售额在 2000 万元及以上的产品用绿色带钩圆圈表示，大于或等于 1000 万元且小于 2000 万元的用黄色带感叹号圆圈表示，小于 1000 万元的用红色带叉圆圈表示，效果图如图 6-51 所示。

	A	B	C	D	E	F
1	产品名称	2014年	2015年	2016年	2017年	2018年
2	眼影	650	688	786	935	104
3	护手霜	310	370	434	500	635
4	眼线笔	840	1005	1151	1371	1618
5	睫毛膏	667	801	921	1102	1346
6	面霜	870	915	1036	1218	1369
7	粉底液	1400	1830	2165	2564	3031
8	口红	1160	1343	1574	1878	2148
9	遮瑕膏	576	656	758	925	1082
10	沐浴露	1880	1851	2200	2590	3107
11	身体乳	799	895	1030	1223	1455

图 6-51　妍美化妆品公司 2017 年销售额分类

另外，图标集也特别适用于企业运营指标发展态势的监控，下面以某集团第一季度收入目标完成情况为例进行介绍，如例 6-2 所示。

例 6-2 企业运营指标发展态势监控

某集团下属的 A、B、C、D、E 五个企业 2017 年第一季度的收入目标定为 1 亿元，而实际收入分别为 1.2 亿元、0.85 亿元、0.91 亿元、0.73 亿元、0.55 亿元，那么完成率分别为 120%、85%、91%、73%、55%，如图 6-52 所示。

项目	A企业	B企业	C企业	D企业	E企业
第一季度收入目标/亿元	1	1	1	1	1
完成值/亿元	1.2	0.85	0.91	0.73	0.55
完成率	120%	85%	91%	73%	55%

图 6-52 2017 年某集团下属五个企业的收入目标及完成情况

为了能够使上级领导及同事清晰快速地知道哪些企业的业绩完成得好，哪些企业完成得不理想，需要对企业的完成率数据进行处理。这时可以在 Excel 2010 中通过如下图标集功能操作来进行标注。

STEP 01 选中“完成率”单元格数据，单击“开始”选项卡→“条件格式”→“新建规则”，如图 6-53 所示。

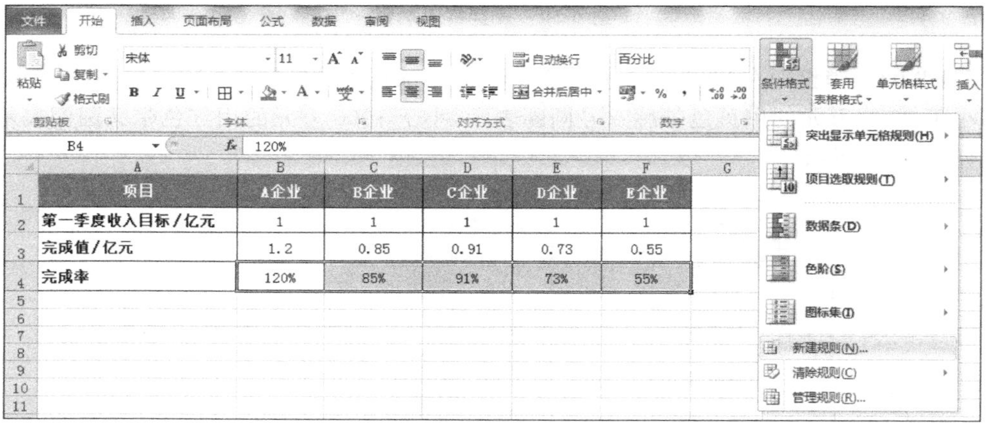

图 6-53 选择“新建规则”

STEP 02 在“新建格式规则”对话框中对图集规则进行设置，具体规则设置如图 6-54 所示。完成率大于或等于 100%的企业，用绿色对勾图标标识，完成率大于或等于 90%且小于 100%的用黄色叹号表示，小于 90%的用红色叉号表示，最终效果如图 6-55 所示。

这样就可以清晰地看到完成业绩目标的企业有哪些，未完成业绩的有哪些，即将完成的有哪些。

6.2.5 迷你图

迷你图是 Excel 2010 的新功能，它是工作表单元格中的一个微型表，可提供对数据的形象表示。使用迷你图可以显示数值系列中的趋势(例如，季节性的增加或减少、经济周

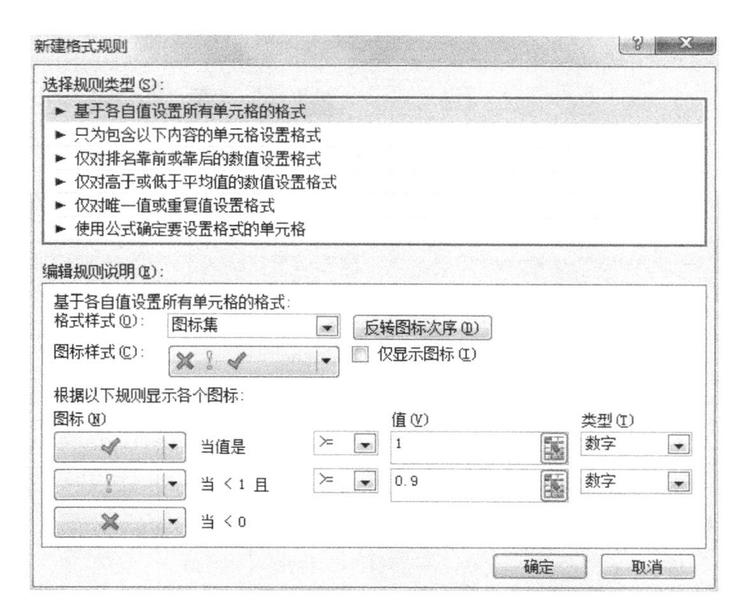

图 6-54　新建格式规则

	A	B	C	D	E	F
1	项目	A企业	B企业	C企业	D企业	E企业
2	第一季度收入目标/亿元	1	1	1	1	1
3	完成值/亿元	1.2	0.85	0.91	0.73	0.55
4	完成率	120%	85%	91%	73%	55%

图 6-55　图标集效果

期),或突出显示最大值和最小值,在数据旁放置迷你图可以达到最佳效果。

虽然 Excel 表格行或列中呈现的数据很有用,但很难一眼看出数据的分布形态。通过在数据旁插入迷你图,可以清晰简明地显示相邻数据的趋势,且迷你图占用的空间很少。

与 Excel 工作表上的图表不同,迷你图实际上是单元格背景中的一个微型图表。例如,以妍美化妆品公司 2014—2018 年销售额的迷你图为例,在 Excel 2010 中的操作如下。

STEP 01　单击选定所要制作迷你图的单元格 G2,如图 6-56 所示。

STEP 02　打开“插入”选项卡,在“迷你图”组中,选择迷你图中的“折线图”,如图 6-57 所示。

STEP 03　弹出“创建迷你图”对话框,选择所需制作迷你图的数据范围 B2:F2,如图 6-58 所示。

STEP 04　单击“确定”按钮,即可生成迷你折线图。如果想对护手霜、眼线笔、睫毛膏、面霜四款产品制作同样的迷你折线图,可以直接拖曳 G2 单元格粘贴过去,数据位置也会随之发生变化,如图 6-59 所示。

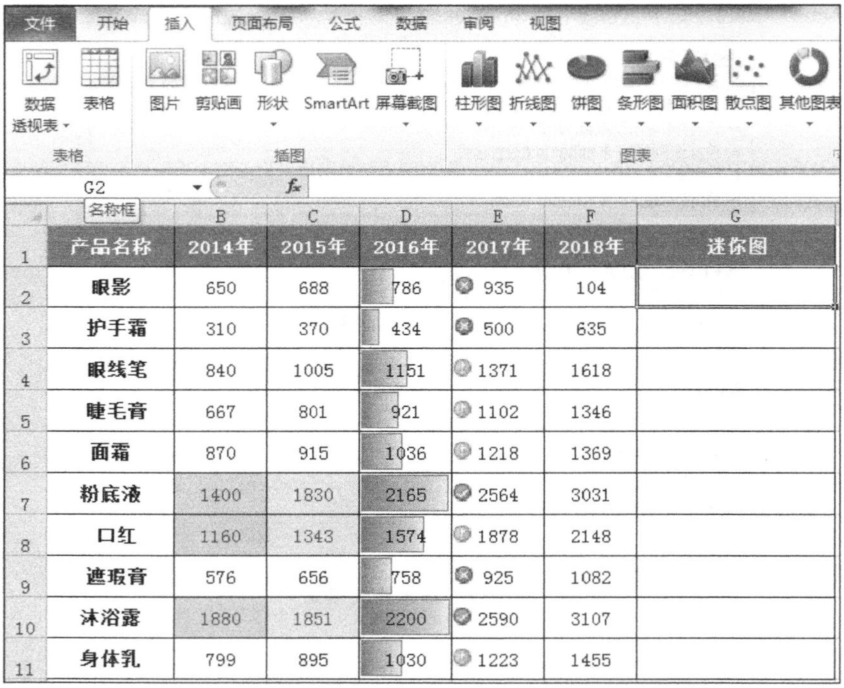
文件 开始 插入 页面布局 公式 数据 审阅 视图
数据透视表 表格 图片 剪贴画 形状 SmartArt 屏幕截图 柱形图 折线图 饼图 条形图 面积图 散点图 其他图表
表格 插图 图表
G2
名称框
产品名称 2014年 2015年 2016年 2017年 2018年 迷你图
眼影 650 688 786 935 104
护手霜 310 370 434 500 635
眼线笔 840 1005 1151 1371 1618
睫毛膏 667 801 921 1102 1346
面霜 870 915 1036 1218 1369
粉底液 1400 1830 2165 2564 3031
口红 1160 1343 1574 1878 2148
遮瑕膏 576 656 758 925 1082
沐浴露 1880 1851 2200 2590 3107
身体乳 799 895 1030 1223 1455

图 6-56　选中单元格

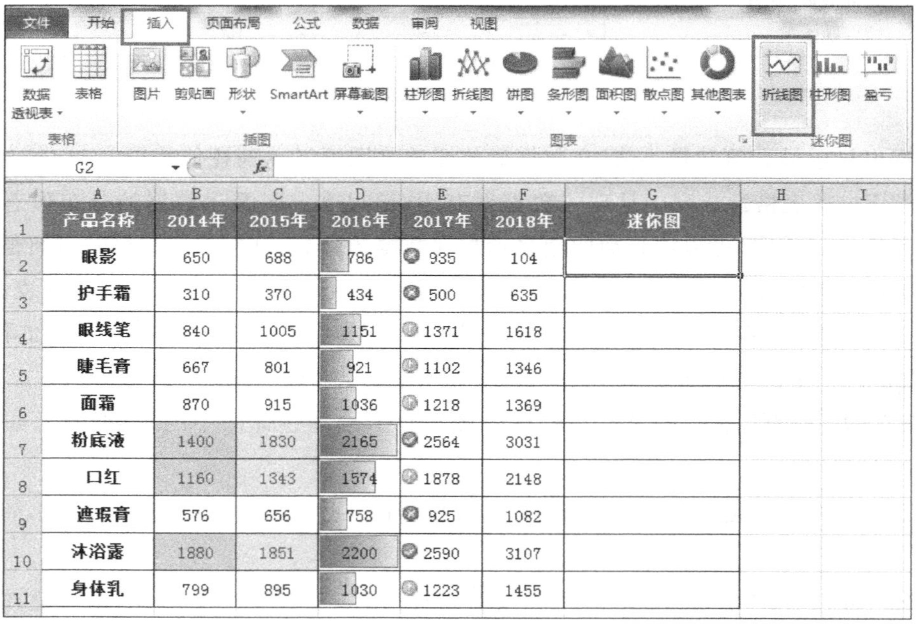
文件 开始 插入 页面布局 公式 数据 审阅 视图
数据透视表 表格 图片 剪贴画 形状 SmartArt 屏幕截图 柱形图 折线图 饼图 条形图 面积图 散点图 其他图表 折线图 柱形图 盈亏
表格 插图 图表 迷你图
G2
产品名称 2014年 2015年 2016年 2017年 2018年 迷你图
眼影 650 688 786 935 104
护手霜 310 370 434 500 635
眼线笔 840 1005 1151 1371 1618
睫毛膏 667 801 921 1102 1346
面霜 870 915 1036 1218 1369
粉底液 1400 1830 2165 2564 3031
口红 1160 1343 1574 1878 2148
遮瑕膏 576 656 758 925 1082
沐浴露 1880 1851 2200 2590 3107
身体乳 799 895 1030 1223 1455

图 6-57　选择"迷你折线图"

除了迷你折线图外，还可以制作迷你柱形图和迷你盈亏图，在第 3 步的操作中换成迷你柱形图或迷你盈亏图即可，如图 6-60 所示，粉底液、口红等几款产品采用了迷你柱形图。

B2

产品名称	2014年	2015年	2016年	2017年	2018年	迷你图
眼影	650	688	786	935	104	
护手霜	310	370	434	500	635	
眼线笔	840	1005	1151	1371	1618	
睫毛膏	667	801	921	1102	1346	
面霜	870	915	1036	1218	1369	
粉底液	1400	1830	2165	2564	3031	
口红	1160	1343	1574	1878	2148	
遮瑕膏	576	656	758	925	1082	
沐浴露	1880	1851	2200	2590	3107	
身体乳	799	895	1030	1223	1455	

创建迷你图
选择所需的数据
数据范围(D): B2:F2
选择放置迷你图的位置
位置范围(L): $G$2
确定　取消

图 6-58　迷你图数据范围选择

产品名称	2014年	2015年	2016年	2017年	2018年	迷你图
眼影	650	688	786	935	104	
护手霜	310	370	434	500	635	
眼线笔	840	1005	1151	1371	1618	
睫毛膏	667	801	921	1102	1346	
面霜	870	915	1036	1218	1369	
粉底液	1400	1830	2165	2564	3031	
口红	1160	1343	1574	1878	2148	
遮瑕膏	576	656	758	925	1082	
沐浴露	1880	1851	2200	2590	3107	
身体乳	799	895	1030	1223	1455	

图 6-59　迷你折线图生成效果

产品名称	2014年	2015年	2016年	2017年	2018年	迷你图
眼影	650	688	786	935	104	
护手霜	310	370	434	500	635	
眼线笔	840	1005	1151	1371	1618	
睫毛膏	667	801	921	1102	1346	
面霜	870	915	1036	1218	1369	
粉底液	1400	1830	2165	2564	3031	
口红	1160	1343	1574	1878	2148	
遮瑕膏	576	656	758	925	1082	
沐浴露	1880	1851	2200	2590	3107	
身体乳	799	895	1030	1223	1455	

图 6-60　迷你柱形图效果

小结

本章主要讲解了数据可视化的相关内容，数据可视化包括通过图表展现数据和通过表格展现数据两部分。

通过本章的学习，读者能够了解什么是图表，图表的展现类型有哪些，能够通过数据关系选择合适的图表，能够通过表格将数据进行展示。

第 7 章 数据图表专业化

思政案例

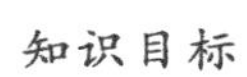
【学习目标】

知识目标	➢ 了解图表美化的原则 ➢ 了解专业图表制作的注意事项
技能目标	➢ 掌握专业图表制作的必要元素 ➢ 掌握图表美化的技巧及颜色搭配 ➢ 掌握高效制作图表的几种方法

【案例引导】

专业化图表才更专业

小李是一家家电企业员工，公司近期需要对销售情况进行总结，所以主管要求小李将公司 2018 年上半年的家电销售情况进行汇总，并制作成专业图表，方便直观了解 2018 年上半年与 2017 年上半年销售情况的变化。图 7-1 为小李制作的图表。

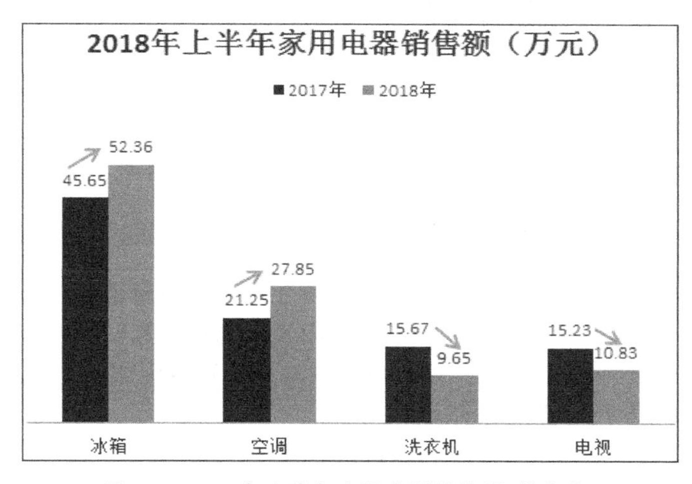

图 7-1　2018 年上半年家用电器销售额(优化前)

从图 7-1 可以看出，小李制作的图表似乎没什么问题，他手动添加了上升下降的箭头，但是这种方式不美观也不直观，应用在职场中也不够专业，所以需要进行进一步优化。小李根据专业化图表的一些制作要求以及技巧对图表进行了一些修改，优化后的图表如图 7-2

所示。

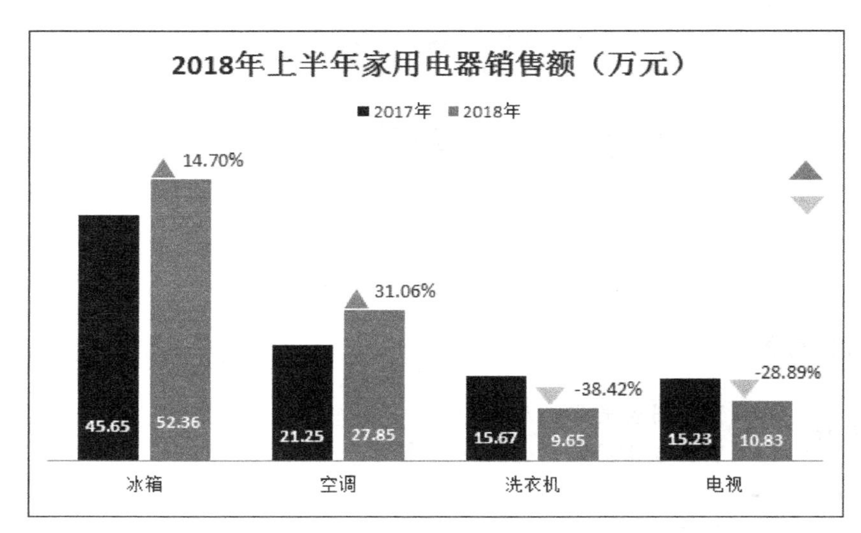

图 7-2 2018 年上半年家用电器销售额(优化后)

【案例思考】

案例中小李整理的表格虽然详细,但是制作的图表不美观也不直观,更不够专业。修改后的图表则更加直观且专业化,绘制专业美观的图表来替代简单的数据罗列,可以让数据更加直观,结论更加清晰。

图表要做得专业才具备说服力,专业的图表也同时传递着专注敬业的形象。简单地说,专业化图表的评价标准可以概括为三个词:严谨、简约和美观。

7.1 制作严谨的数据图表

图表是为了证明一个观点及客观事实而存在的,结论与过程中的每一个论据和逻辑都要非常专业和严谨,所以制作的图表也要做到专业和严谨。下面从专业图表中的元素、专业图表制作的注意事项两方面介绍如何才能制作出严谨的数据图表。

7.1.1 专业图表中的元素

专业图表首要的条件是正确和严谨,否则对于工作将没有价值,甚至产生负面影响。如图 7-3 所示即为一张残缺的图表,因为通过这张图表无法看出要表达的信息。

专业的图表应包含标题、图例、单位、脚注、资料来源这些元素,有了这些元素图表才具有生命与意义。图 7-4 即完善后的图表。

在完善后的图中首先看到的是图表的标题“2017 年某店铺粉底液销售情况”,通过这个标题可以首先了解到,该图表是介绍某店铺 2017 年粉底液销售情况的。加上图例,可以帮助读者知道图中不同颜色的柱子代表的含义,纵坐标加上了数值的单位,是对数据单位的说明。第三季度的 B 品牌呈下降趋势,主要是因为 B 品牌粉底液出现了质量问题,所以在图表下方加入了文字说明,也就是脚注。

最后一个添加的元素为资料来源,这个元素可不添加,但是专业的图表最好添加这个内

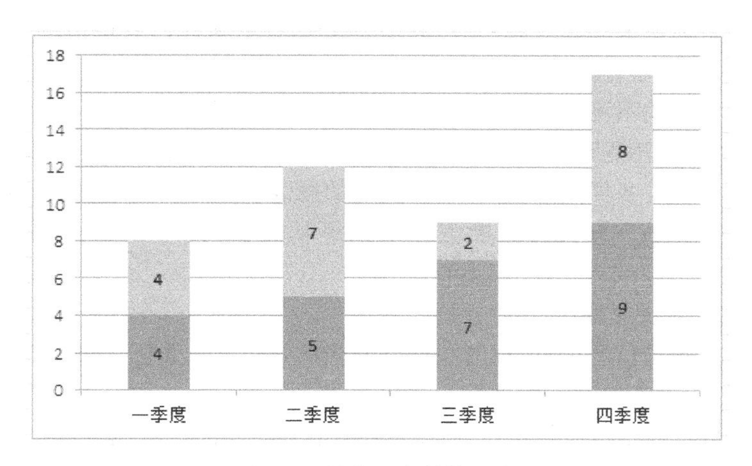

图 7-3 信息不完整的图表

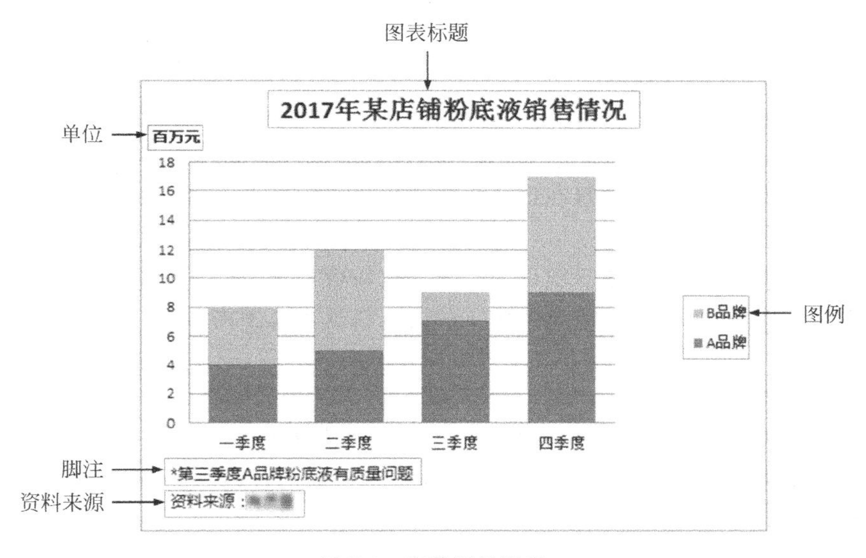

图 7-4 完善后的图表

容，这样才能增加数据的可信度。将五个元素都添加到图表中后，读者就可以清晰地了解到图表所要表达的主题了。

7.1.2 专业图表制作的注意事项

在制作图表时遵循图表制作的一些注意事项，能够让我们制作的图表更加规范严谨，下面从常见图表制作的注意事项以及不同图表类型的注意事项等方面进行介绍。

1. 常见的注意事项

常见的注意事项主要有三点，制作不同类型的图表时，都可以参考这三点注意事项。

1）不作无意义的图表

不是所有的表格都需要制作成图表，因为有的表格比图表更能有效地传递信息，这时就没有必要画蛇添足地绘制图表了，绘制出的图表可能看不出任何有价值的信息和结论。图表贵精不贵多，决定作不作图表的唯一标准——能否有助于有效地表达信息。如果图表过多，读者麻木了，反而找不到重点。

2）选择适合的图表类型

有人沉迷设计各种各样花哨的、所谓“高级”的图表，但是这种类型的图表违背了专业精神的基本原则——简约。好的图表能省掉用来解释的 1000 句话，而不需要 1000 句话来解释。

3）图表中的信息要适量

图表中放置过多的信息，会使读者找不到图表的重点。一张图表最好反映一个观点，这样才能突出重点，让读者迅速捕捉到核心思想。

2. 饼图制作注意事项

前面介绍的几点注意事项是针对所有图表而言的，而不同的图表类型又有各自的特点，所以下面主要针对性地对图表原型中的饼图制作的注意事项进行介绍。

1）依据时钟表盘排列数据

制作饼图时要按照钟表盘的刻度，把数据从 12 点钟的位置开始排列，最重要的成分紧靠 12 点钟的位置。因为人的眼睛习惯从左至右、从上到下的顺序观察事物，要使读者首先抓住最重要的信息，就要把其放置在最显眼的位置，也就是 12 点钟的位置。

2）数据项保持在 5 项以内

数据项不要太多，要保持在 5 项以内。人脑比较容易记住前 5 位，数据太多会分散注意力。例如做调查问卷时，将评分级设置为 1～5 分，在这个范围内打分，过多会影响被调研者给出精准的打分。

3）不要使用“饼图分离”

不要使用爆炸式的“饼图分离”。“饼图分离”是指将扇区部分分离出来，如图 7-5 所示。这种做法不但不美观，而且也不方便阅读，不过可以将某一片扇区分离出来，前提是想要强调这一片扇区，如图 7-6 所示。

图 7-5 “饼图分离”图表

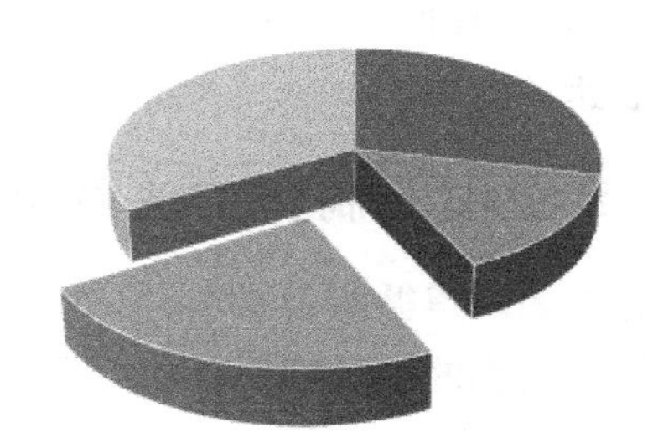

图 7-6 “饼图分离”强调某一扇区

4）饼图不适用图例

饼图使用图例的方式阅读起来很不方便，可以将图例以标签的方式直接标在扇区内或旁边，制作饼图时可以依据以下几点原则。

(1) 尽量不使用标签连线，如果要用则切忌零乱；

(2) 尽量不使用 3D 效果，若使用 3D 效果，要使其厚度尽量薄一些；

(3) 当扇区使用颜色填充时，建议使用白色的边框线，具有较好的切割感。

为了使读者更好地掌握饼图制作的注意事项，下面以一张不专业饼图的修改为例进行讲解，如例 7-1 所示。

例 7-1　“不专业”饼图的修改

小李刚学完专业数据图表制作的课程，老师给了小李一份数据及相对应的饼图文件，要求小李找出饼图中存在的问题，并对其进行修改。图 7-7 与图 7-8 为原始数据与修改前饼图。

2017年各分店销售额占比

分店名称	销售额占比
一分店	6%
二分店	6%
三分店	7%
四分店	10%
五分店	71%

图 7-7　原始数据

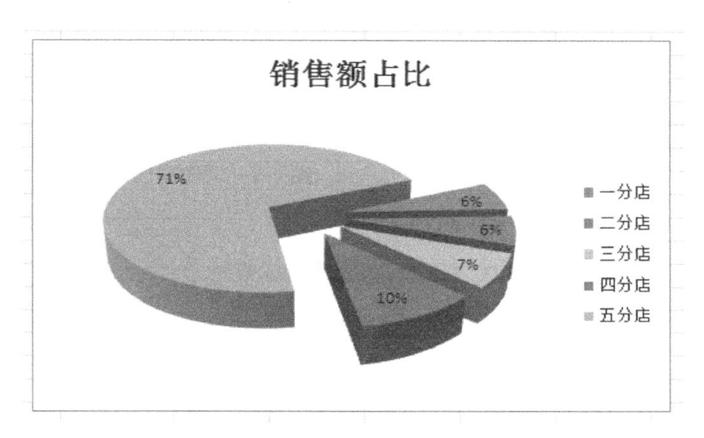

图 7-8　修改前饼图

小李看到该饼图后，结合所学知识，总结出以下几点问题。

(1) 标题没有反映主题；

(2) 没有从 12 点钟的位置开始排列；

(3) 使用了“饼图分离”效果；

(4) 使用了图例，不便于阅读；

(5) 使用了 3D 效果，读者无法清晰区分面积接近的扇区，容易误导读者。

针对以上发现的问题，小李对该饼图进行了修改，具体操作步骤如下。

STEP 01　修改为一句话标题“2017 年某企业销售额构成情况”。

STEP 02　选中图表，右击，选择“设置数据系列格式”，在弹出的对话框中将“第一扇区起始角度”调整为“无旋转”，如图 7-9 所示。

STEP 03　继续在上一步的“设置数据系列格式”对话框中，调整“饼图分离程度”为“不分离”，如图 7-10 所示。

STEP 04　选中图表区域，右击，选择“更改系列图表类型”，更改为普通饼图，如图 7-11 所示。

STEP 05　删掉图例，在图表上右击，选择“设置数据标签格式”，在弹出的对话框中勾选“类别名称”，取消“显示引导线”的勾选，如图 7-12 所示。

STEP 06　将每个扇区边框颜色设置为白色，得到的最终效果如图 7-13 所示。

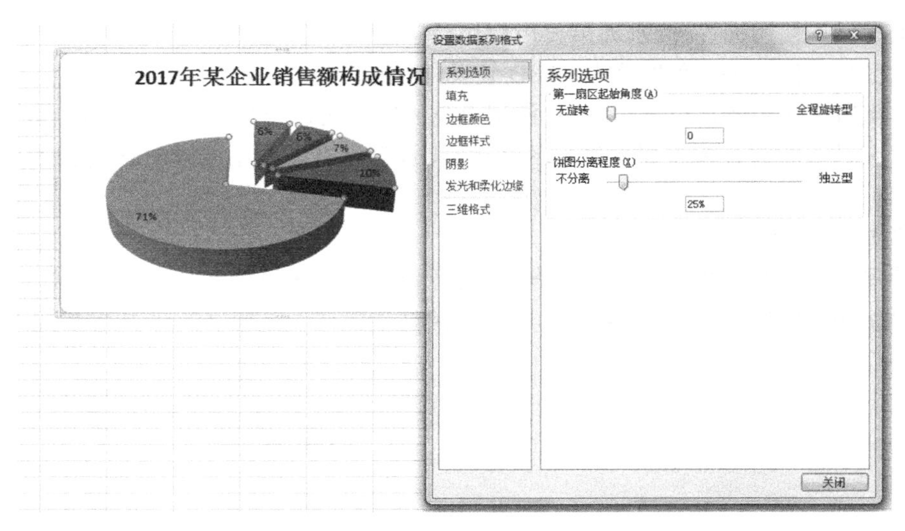

图 7-9 调整扇区旋转角度

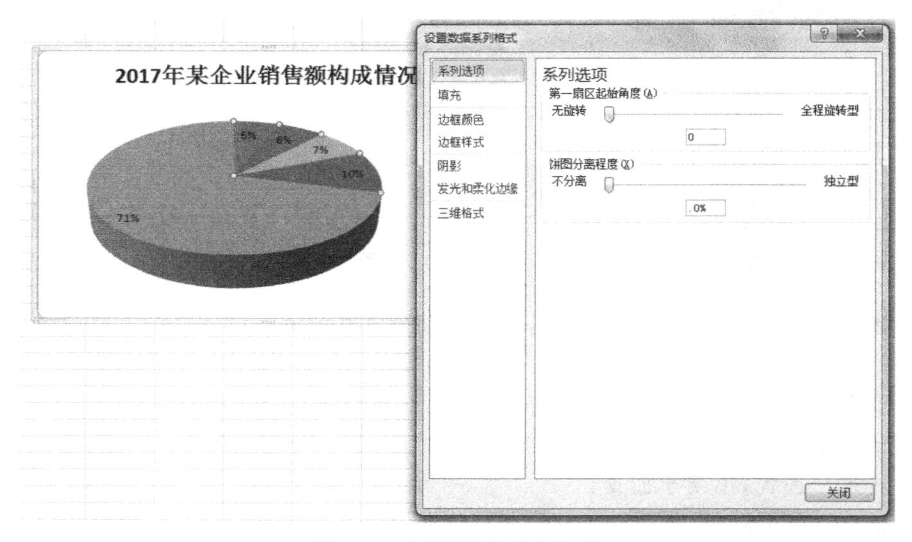

图 7-10 调整饼图分离程度

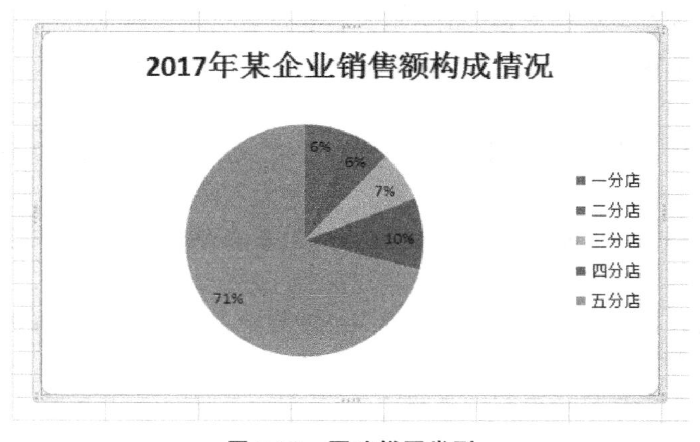

图 7-11 更改饼图类型

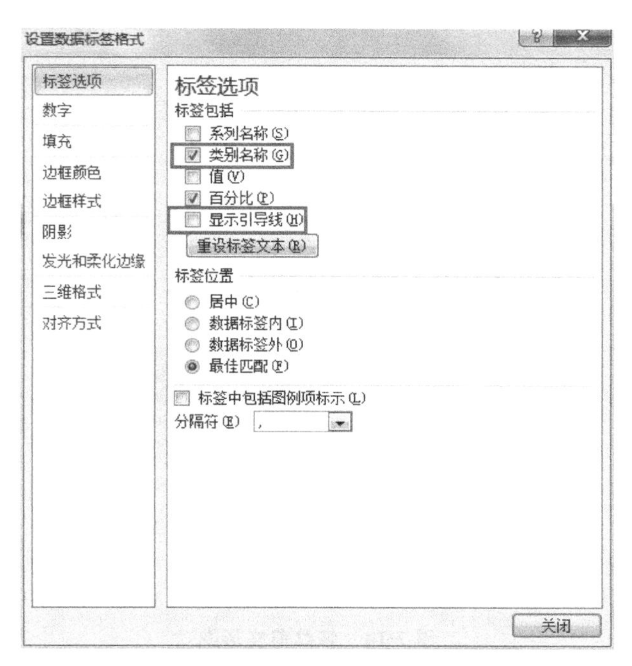

图 7-12　设置数据标签格式

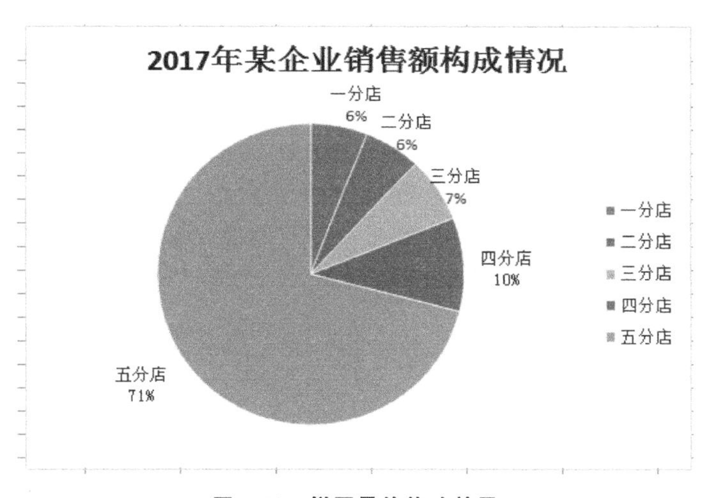

图 7-13　饼图最终修改效果

3. 柱形图制作注意事项

柱形图在日常工作中也是经常使用的图表类型，例如，在数据对比分析时就会经常遇到。下面介绍专业柱形图制作的注意事项。

(1) 同一数据序列使用相同的颜色；

(2) 不要使用倾斜的标签，会影响读者阅读；

(3) 纵坐标轴一般刻度从 0 开始。

为了使读者更好地掌握柱形图制作的注意事项，下面以一张不专业柱形图的修改为例进行讲解，如例 7-2 所示。

例 7-2 “不专业”柱形图的修改

小李需要对一张不专业柱形图进行修改，该柱形图如图 7-14 所示。结合柱形图制作注意事项，可以总结出以下几点问题。

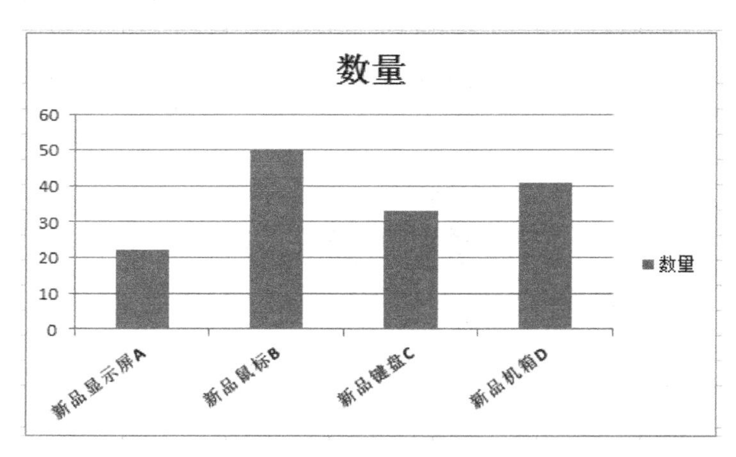

图 7-14 修改前柱形图

(1) 没有使用合适的标题；

(2) 图表横坐标轴标签倾斜显示；

(3) 柱形图中各数据条未添加数据标签，给读者读图带来了不便；

(4) 因为考虑添加数据标签，所以网格线和纵坐标轴是多余的。

根据以上几点总结的问题，对该柱形图进行修改，具体操作步骤如下。

STEP 01 双击标题位置，将标题改为“新品销售数量”。

STEP 02 将光标放置在横坐标轴，右击，选择“设置坐标轴格式”→“对齐方式”，调整横坐标轴标签的对齐方式为 0°，如图 7-15 所示。

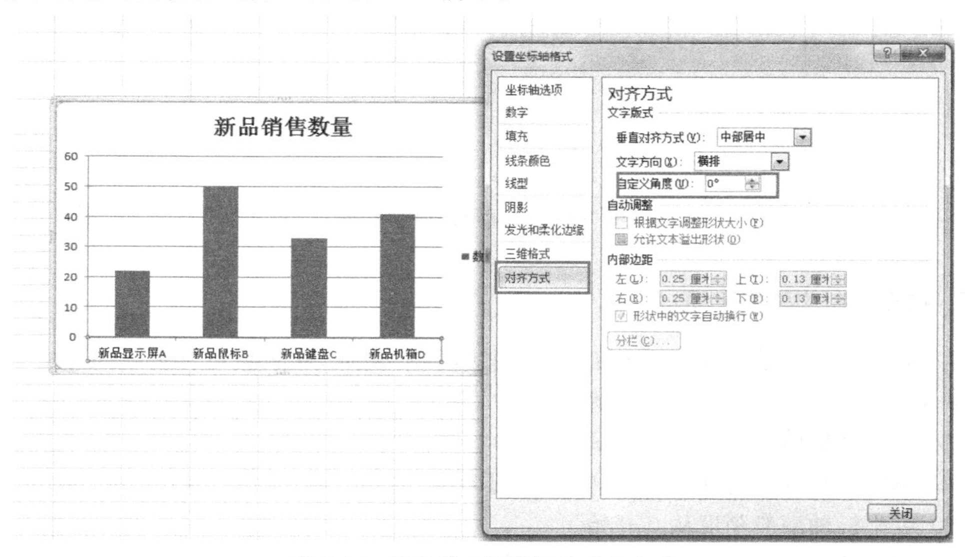

图 7-15 修改横坐标轴标签对齐方式

STEP 03　选中柱形图，右击，选择“添加数据标签”，如图 7-16 所示。

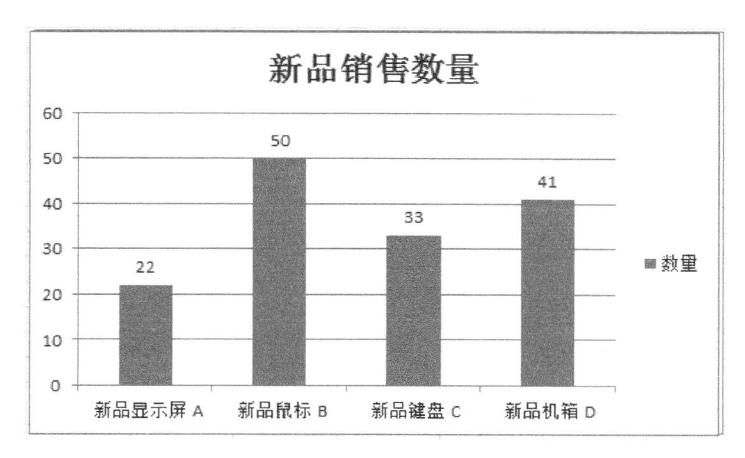

图 7-16　添加数据标签

STEP 04　去掉网格线与横坐标轴，最终修改效果如图 7-17 所示。

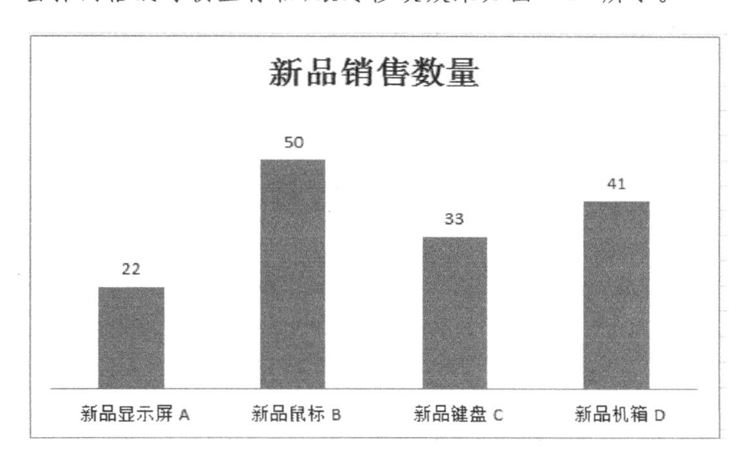

图 7-17　柱形图修改最终效果

4. 条形图制作注意事项

条形图与柱形图的注意事项是类似的，制作专业条形图的注意事项可以总结出以下几点。

(1) 同一数据系列使用相同的颜色；

(2) 尽量让数据由大到小排列，方便阅读；

(3) 不要使用倾斜的标签；

(4) 最好添加数据标签。

图 7-18 为某店铺新品销售数据的条形图，该图表存在很多不专业图表存在的问题，主要有以下几点。

(1) 图表横坐标的标签倾斜显示；

(2) 没有使用一句话标题；

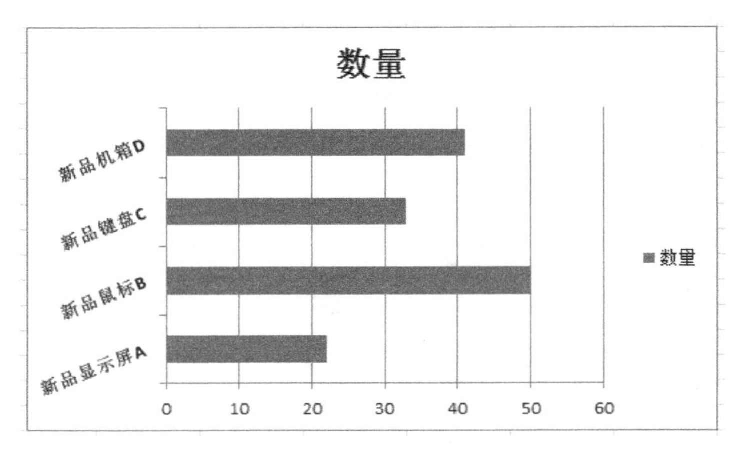

图 7-18 修改前条形图

(3) 条形图中各数据条未添加数据标签，易给读者读图带来不便；

(4) 因为考虑添加数据标签，所以网格线和纵坐标轴是多余的。

条形图修改方式与柱形图修改方式相同，根据上面总结的几个问题，首先调整横坐标轴的对齐方式为0°，然后在条形图中添加数据标签，去掉网格线和坐标轴。最后对数据条大小进行排序，最终效果如图 7-19 所示。

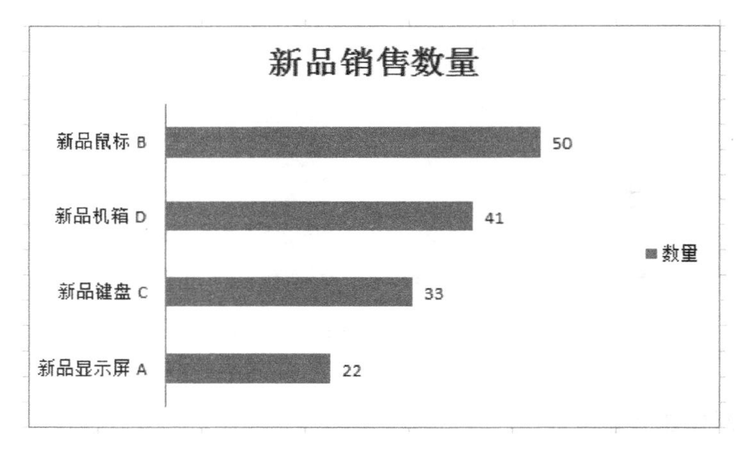

图 7-19 条形图修改效果

5. 折线图制作注意事项

折线图是最后介绍的图表类型，制作专业折线图的注意事项可以总结出以下几点。

(1) 折线选用的线型要相对粗些，就像网格线、坐标轴等更突出。

(2) 线条一般不要超过 5 条，否则会显得很杂乱，如果线条太多可以分开制作图表。

(3) 不要使用倾斜的标签。

(4) 纵坐标轴一般刻度从 0 开始。

为了使读者更好地掌握折线图制作的注意事项，下面以一张不专业折线图的修改为例进行讲解，如例 7-3 所示。

例 7-3　“不专业”折线图的修改

如图 7-20 所示为产品 C 近几年价格走势，其中，2017 年价格为预测值，并非实际值。

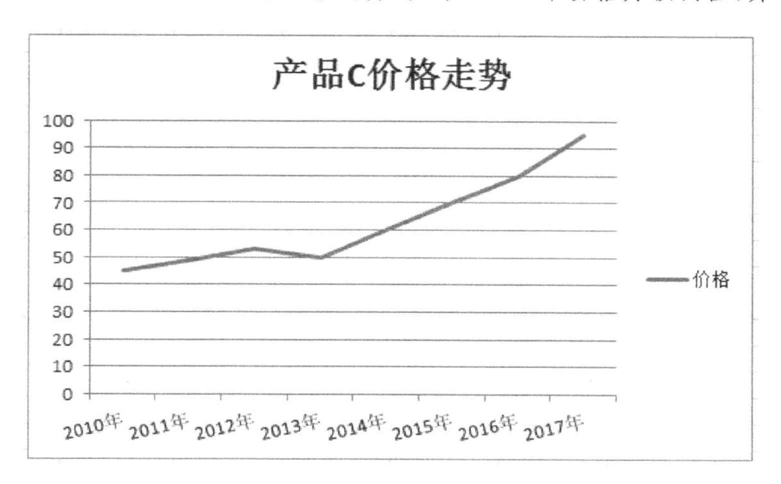

图 7-20　修改前折线图

由于该折线图不属于专业折线图，所以在该折线图中可以总结出以下几点问题。

(1) 图表横坐标轴标签倾斜显示；

(2) 图表中的网格线多余；

(3) 图表中折线未添加数据标签，容易给读者读图带来不便；

(4) 2017 年数据并非实际值，所以不能用实线表示。

根据上述总结的几点问题，可以对折线图进行修改，折线图的修改步骤如下。

STEP 01　调整坐标轴标签的对齐方式为 0°，去掉网格线，在折线图上添加数据标签，如图 7-21 所示。

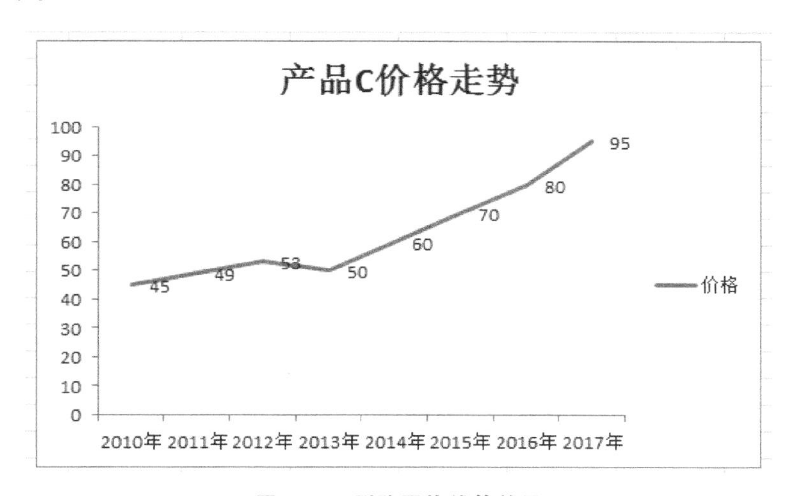

图 7-21　删除网格线等效果

STEP 02　将 2017 年数据点的线条线型更改为虚线。选中图表中折线的最后一个点，右击，选择“设置数据点格式”→“短划线类型”，在下拉菜单中选择虚线，如图 7-22 所示。

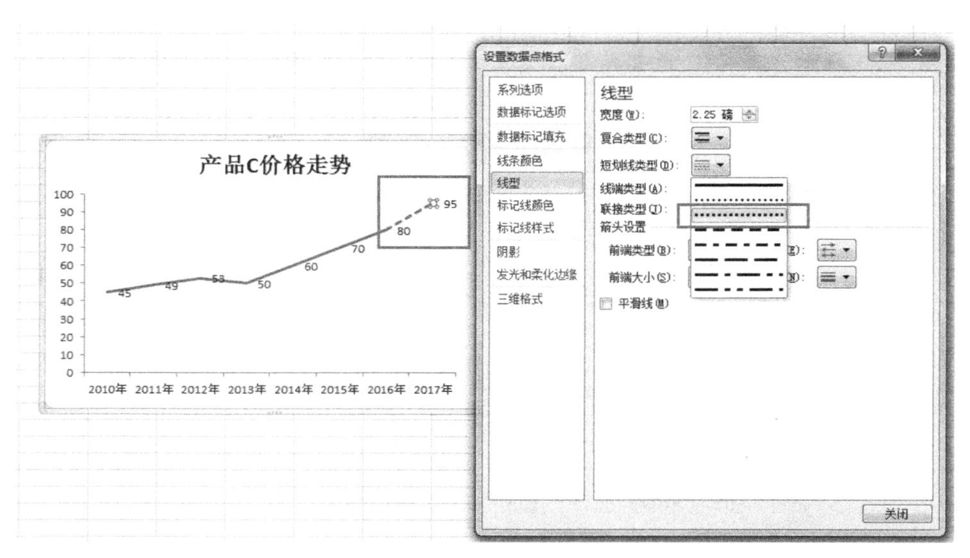

图 7-22　修改线型

STEP 03　选中折线，右击，选择“设置数据系列格式”，在“设置数据系列格式”对话框中对“数据标记选项”和“数据标题填充”进行设置，如图 7-23 与图 7-24 所示。折线图最终修改效果如图 7-25 所示。

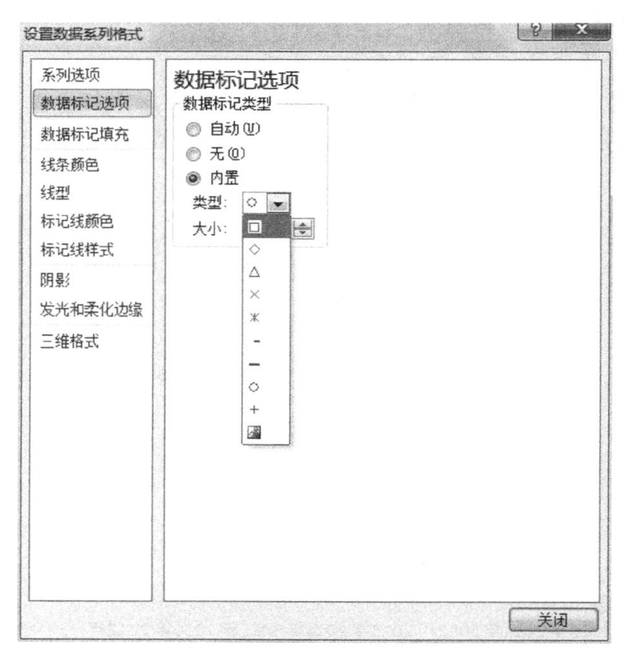

图 7-23　设置数据标记选项

图 7-24　设置数据标记填充

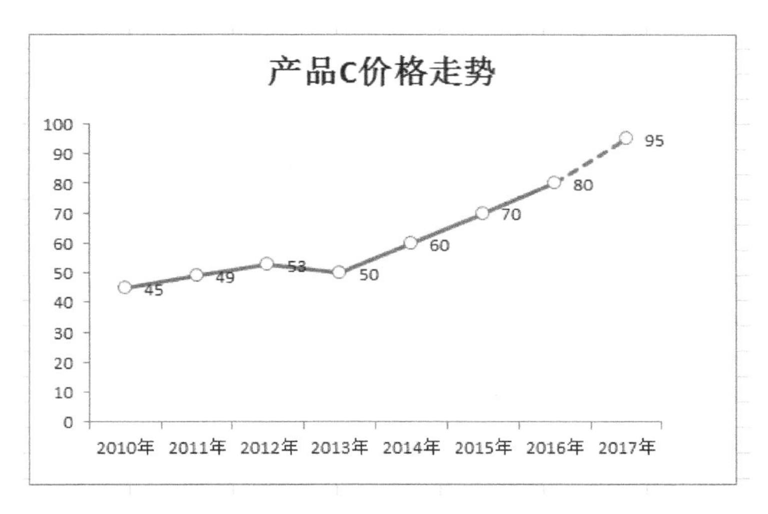

图 7-25　最终修改效果

7.2　图表美化方法

数据分析需要大量的数据计算、逻辑分析、依程序画图，但是数据分析不仅是力气活，也是一门艺术。数据分析师既要懂分析，还要懂设计。

7.2.1 图表美化的原则

图表美化就像人们的着装一样，不仅要穿暖，还要穿着讲究，给人一种舒适、得体的感觉才是最好的。图表美化也要遵循一定的原则，可以总结为以下几点。

1. 简约

图表设计要做到简明扼要、清晰明了，其中，“简约”不是偷工减料、规避复杂，也不是推崇浅陋、毫无内涵的表达方式。这里定义的“简约”是指清晰明了，让人一看就明白，而不是给人晦涩的感觉。

2. 整洁

图表中有很多的元素，这些元素不能排列得杂乱无章，否则会给人不用心、不专业的感觉。在制作图表的时候，需要线条和图形分明，要让图表中的每一个元素像被无形的线贯穿在一起一样，做到排列整齐、井然有序，这样才能使读者觉得清晰，理解起来更快。

另外，整洁也就意味着自然。要想在图表中体现自然，可以遵循一个亲近法则，也就是将相关的内容放在一起。这样，读者会自然地假设那些距离较近的内容是相关的，同样也会认为那些距离较远的内容之间联系没有那么紧密，整个图表看起来结构清晰，不会像一盘散沙。

3. 对比

对比是指突出图表中的某些重要元素，帮助读者迅速抓住信息。就像在水墨画中的万绿丛中一点红，会显得格外娇艳；情节跌宕起伏的电影更能够吸引观众看下去。所以，可以将对比的艺术应用到图表设计中，对比能更深刻地让读者体会到图表所突出强调的信息，同时调动他们的兴趣。

对比原则的运用在图表设计中，主要体现在字体(大小、粗细)、颜色(明暗、深浅)或者构图(分散、前后)等方面。在后面的美化技巧中会进行详细介绍。

7.2.2 图表美化技巧

了解美化原则只是懂了图像美化的一半，所以在了解美化原则的基础上，需要学会美化图表的技巧。

1. 最大化数据墨水比

最大化数据墨水比即指图表中的每一滴墨水都要有存在的理由。数据墨水比也就是简约原则的衍生概念，制作图表应更多地关注“减”而非“加”，尽量减少和弱化非数据元素，增强和突出数据元素。

图表中的曲线、条形、扇形等代表的是数据信息，所以称为数据元素；而网格、坐标轴、填充色等跟原始数据无关的数据就叫作非原始数据。

数据墨水比最大化的步骤可以分为以下几步。

(1) 去掉不必要的背景填充色；

(2) 去掉无意义的颜色分类；
(3) 去掉装饰性的渐变色；
(4) 去掉网格线、边框；
(5) 删除不必要的图例；
(6) 去掉不必要的坐标轴；
(7) 去掉装饰性图片；
(8) 以上不能去掉的元素尽量淡化；
(9) 对需要强调的数据元素进行突出标识。

2. 找出隐形的线

上面在讲解整洁原则时，提到一个很重要的评判标准：要让图表中每一个元素像被无形的线贯穿在一起一样。最好的方法就是找一条明确的线，并用它来对齐，使元素与元素之间存在某种视觉纽带。

例如，如图7-26所示为某公司员工对薪酬现状与期望的评分图，分别是员工满意度调查中关于薪酬制度的三道题的评分。

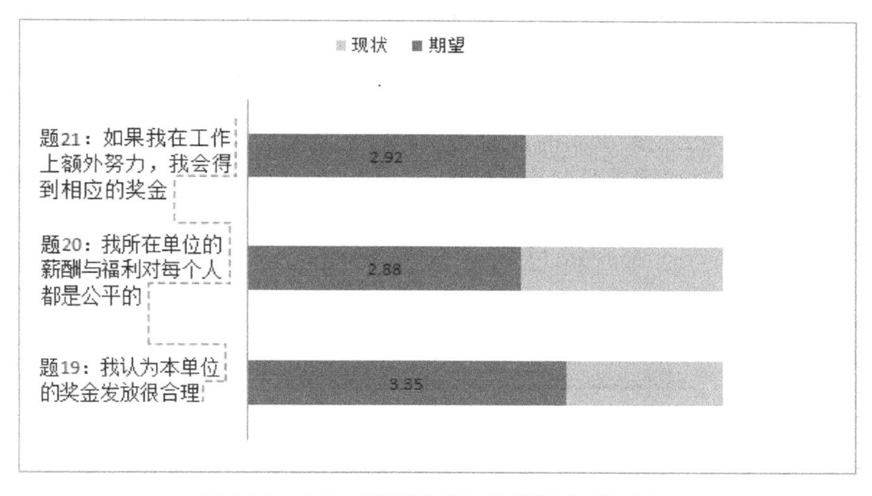

图7-26 员工对薪酬现状与期望评分(修改前)

在如图7-26所示的图表中，题目是左对齐的，也就是在左边有一条明确的线。另外，沿着条形图的左边也有一条明确的线(坐标轴)。但是在题目和条形图之间“留”了一些空白，在图中使用红色虚线进行了标记，这部分形状也不规则，使得题目与条形图隔开了。

图例中的期望用深色外框表示，现状用浅色外框表示，与条形图中的顺序相反，不利于查看。所以需要将图例顺序调转一下，图例中的现状值靠外侧，且不能超出条形图。调整后的效果，如图7-27所示。

通过上述案例可以总结出：描绘图表的每一个元素时，都要特别注意它的位置，应当找到能够与之对齐的元素，尽管这两者之间的地理位置可能很远，但是在图中还是要像有一条隐形的线将两者关联起来一样。切记不要一会儿居中一会儿右对齐，不要随意在图表的空白区域添加内容。

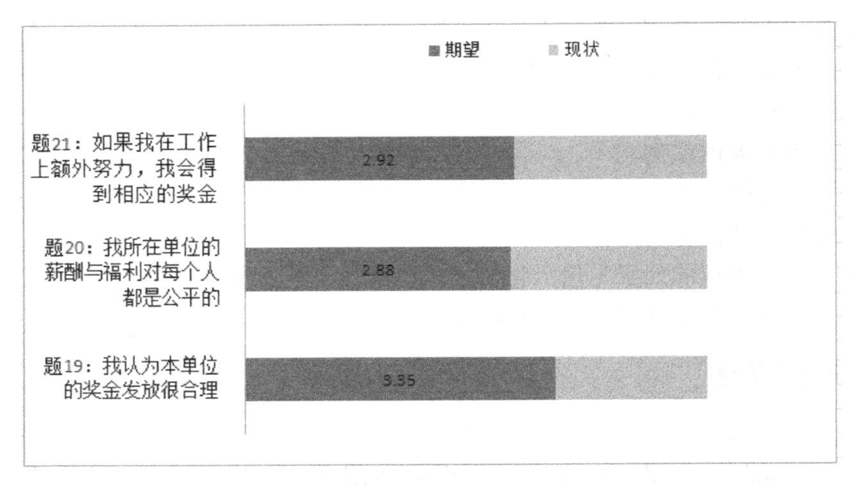

图 7-27　员工对薪酬现状与期望评分（修改后）

3. 突出对比

突出对比是图表美化的重要技巧之一，通过运用对比原则可以突出与众不同的元素。

突出对比最快捷的方式就是改变颜色，利用对比色更能强调突出效果。除此之外，还可以使用直线、箭头或者阴影等手法。如图 7-28 所示，产品需求线随着月份而变化，而产品的每月生产量是由机器固定生产出来的，在图 7-28 中只是简单地添加了一条表示产量为恒值的直线，就能很清晰地对比需求量与产量的关系，从而分析产量是否应该做出调整。

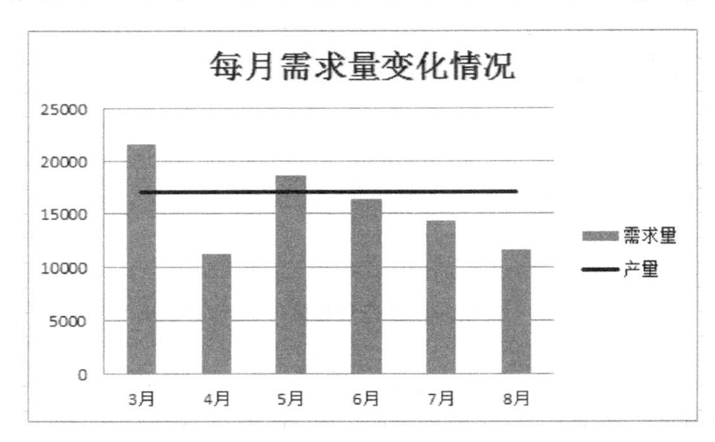

图 7-28　对比手法 1——直线

采用箭头的方式也可以很好地起到强调的效果。如图 7-29 所示，2006—2010 年某公司销售额的变化情况，这里使用箭头可以达到两个目的：一是将读者的注意力集中在 2008 年这个特殊点上，由于受金融危机的影响销售额反而出现反常下降的情况；二是箭头的长度反映出下降的幅度。

其实，突出对比的方式有很多，关键在于动脑筋去挖掘。对比分析的目的有两个：首先是让读者快速领悟重要信息；其次才是吸引读者的眼球，调动他们的兴趣。需要注意的是，图表突出对比不能本末倒置，为了视觉效果把图表弄得式样繁杂，让人很难理解。

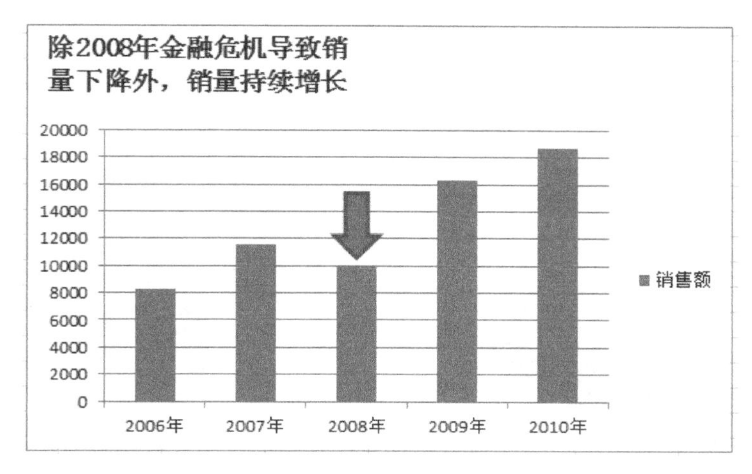

图 7-29　对比手法 2——箭头

7.2.3　图表的颜色搭配

人们穿衣服讲究颜色搭配，以达到更好的视觉效果，图表制作也同样讲究颜色搭配。图表的色彩搭配不需要很精通，但是在职场中，色彩搭配效果好的图表会成为加分项，给人一种焕然一新的感觉。

1. 色彩的基本认识

学习图表的色彩搭配之前，首先要对色彩有基本的认识，下面讲解色彩的基础知识，带领大家认识色彩。

1）色相环

了解色彩的基础知识，首先从学习色相环开始。如图 7-30 所示即 12 种基本色色相环，色相环是由最基本的红、黄、蓝三原色变换出来的。

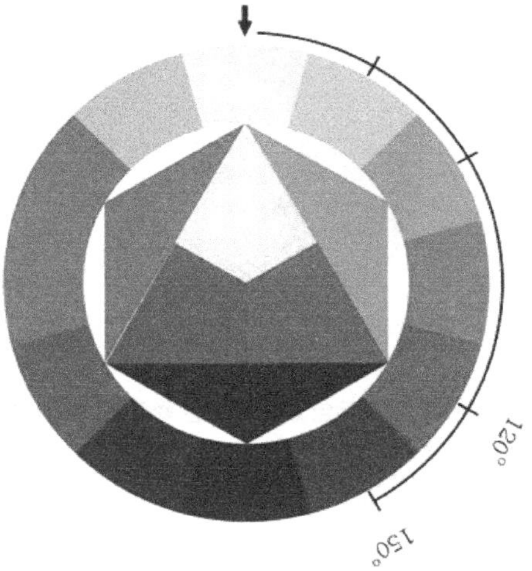

三原色两两混合，组成了二次色，即红＋黄＝橙，黄＋蓝＝绿，红＋蓝＝紫。二次色所处的位置是两种原色一半的地方；二次色再两两搭配，组成三次色，三次色即由相邻的两个二次色调制而成，如图 7-31 所示。

2）类似色

类似色是指在 12 色环上相邻的三个颜色，在色环上 90°角内相邻接的色统称为类似色，如图 7-32 所示。例如，红—红橙—橙、黄—黄绿—绿、蓝—蓝紫—紫等均为类似色。

120°
150°

图 7-30　12 色相环

3）邻近色

邻近色，顾名思义就是色相环上相邻的颜色，在 12 色相环上任选一色，与其相距 60°的颜色被称为邻近色，如图 7-33 所示。如橙黄色、橙色和橙红色，它们都有相同的基础色，所以为邻近色的色调。

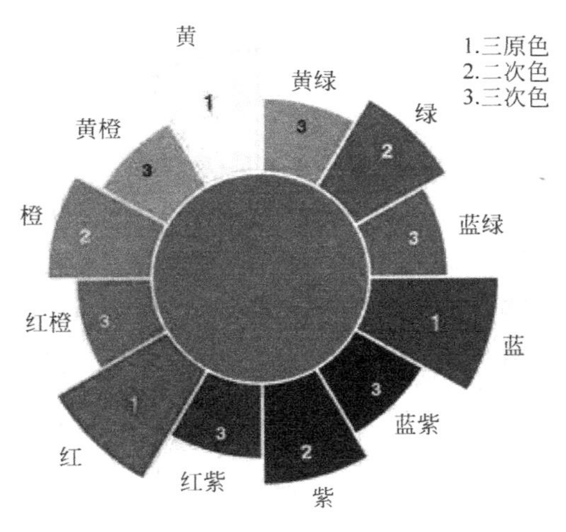

图 7-31 色调原理

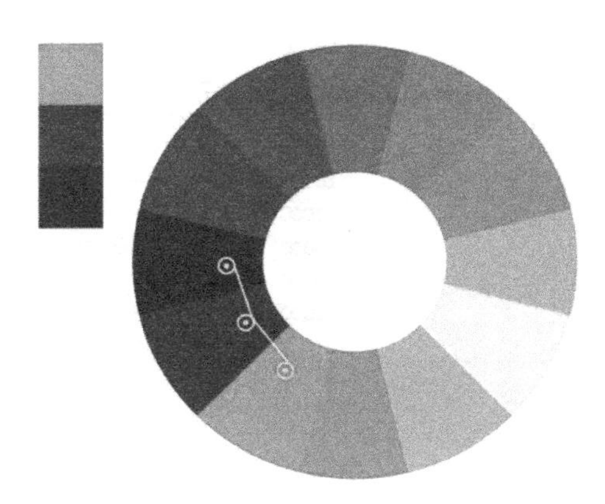

图 7-32 类似色划分(按色彩三原色划分)

4）对比色

对比色即色环上相对的颜色，在 12 色环中每一个颜色对面（180°对角）的颜色被称为对比色，如图 7-34 所示。由于它们相互对立，所以在表示强调和对比时可以利用对比色，例如，在表示产品的盈利情况时，盈利可以用蓝色，亏损可以用红色表示。最常用的对比色是：深色与浅色、亮色与暗色、冷色与暖色，其中，深色与浅色的经典用色是黑色与白色。

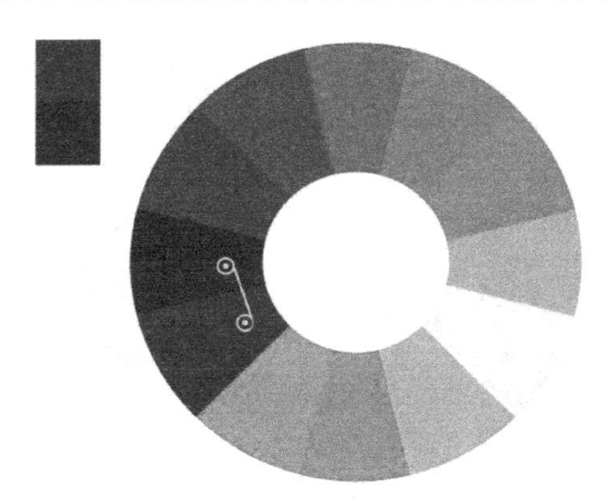

图 7-33 邻近色划分(按色彩三原色划分)

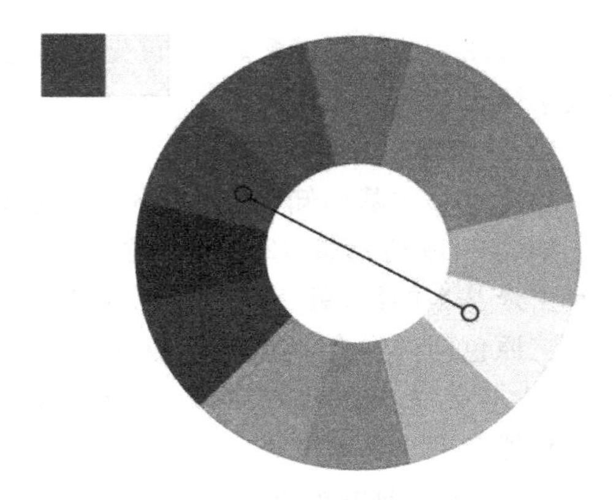

图 7-34 对比色划分(按色彩三原色划分)

5）冷暖色

除了相似色、邻近色、对比色的区分，颜色还有冷暖之分。色彩学上根据心理感受，把颜色分为冷色调和暖色调，暖色调色彩的亮度越高，给人的感觉越温暖，例如红色、黄色；冷色调色彩的亮度越高，给人的感觉越冷，例如绿色、蓝色。

哪些颜色属于冷暖色调不需要刻意记忆，在 Excel 的调色板里可以看到左上方的是冷色调，右下方的是暖色调，如图 7-35 所示。

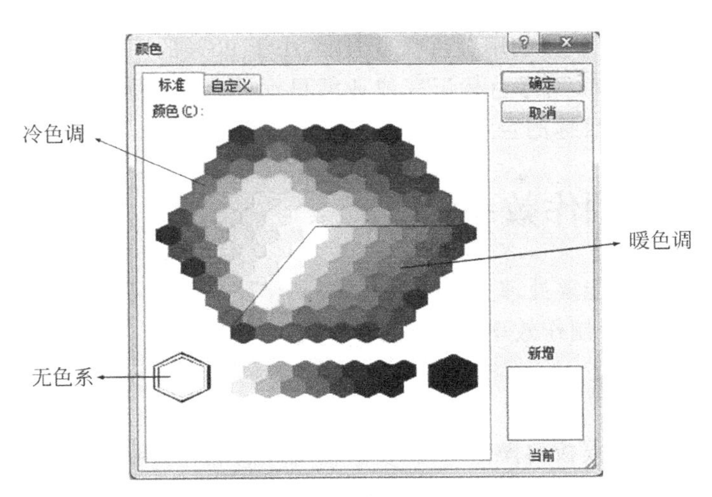

图 7-35 冷暖色

2. 慎用的颜色

在所有颜色中，红色、黄色和绿色这三种颜色在使用时是需要注意的，因为它们具有特殊含义，如图 7-36 所示。

颜 色	交 通	企业经营分析
红	危险，禁止通行	显示指标存在重大问题
黄	提醒即将有危险，起警示作用	显示指标存在潜在问题
绿	表示安全，准许通行	显示指标发展良好

图 7-36 红黄绿使用的不同含义

红色代表禁止或危险，黄色代表警告和提醒，绿色代表安全、正常，所以在图表中使用这些颜色时，也要注意按照它们的含义来使用，而且尽量避免使用红色。

例如，在 6.2.4 节对“图标集”的讲解，该案例即使用了红黄绿标识，如图 7-37 所示。

	A	B	C	D	E	F
1	项 目	A企业	B企业	C企业	D企业	E企业
2	第一季度收入目标/亿元	1	1	1	1	1
3	完成值/亿元	1.2	0.85	0.91	0.73	0.55
4	完成率	120%	85%	91%	73%	55%

图 7-37 2017 年某集团下属五个企业的收入目标及完成情况

该案例的设置规则为：完成率大于或等于100%的企业，用绿色对勾图标标识，完成率大于或等于90%且小于100%的用黄色叹号表示，小于90%的用红色叉号表示。其实这里也特别注意了绿色的含义，用绿色标记完成业绩目标的企业，用红色标记未完成业绩的企业，黄色标记快完成业绩目标的企业。

7.3 提高图表制作效率

日常工作中，每天可能要处理大量的数据表，制作图表不仅要专业，还要有效率。本节将介绍几种可以提高图表制作效率的方法。

7.3.1 创建图表模板

Excel中有内置存放模板的操作，可以将喜欢的图表制作为模板，方便在以后制表时进行调用。例如，将如图7-38所示图表存为模板，具体操作如下。

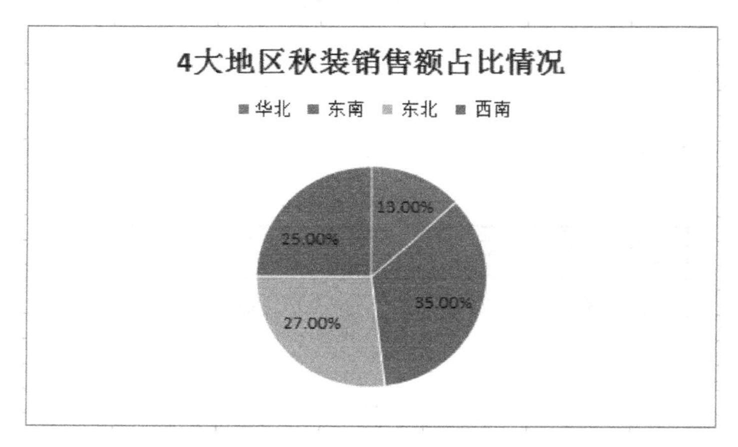

图7-38 原始饼状图

在Excel文件中，用鼠标选中图表，选择“图表工具”主选项卡中的“另存为模板”。在弹出的对话框中定义模板名称，这里定义为“饼图模板1”，单击“保存”按钮，如图7-39所示。

如果下次制作图表时想使用这张图表模板，可以在“更改图表类型”对话框中选择模板“饼图模板1”，甚至还可以将它设置为默认图表类型，如图7-40所示。

7.3.2 添加标签小工具

制作图表时，经常会添加“数据标签”，以分辨每个数据点对应的名称，如果使用“图表工具”主选项卡“布局”里的“数据标签”，只能添加X轴、Y轴或系列名称的标签，无法添加其他标签。如图7-41所示数据，其中，“YY”这一列数据则无法添加到标签中。

其实，只要借用一个小工具——JWalk Chart Tools加载宏，就可以轻松解决标签问题。在操作前需要在浏览器中下载JWalk Chart Tools工具，然后具体操作步骤如下。

STEP 01 加载JWalk Chart Tools宏。单击Excel的“文件”选项卡→“选项”→“加载项”，在“加载项”最底端的“管理”选项右侧有一个下拉菜单，选择“Excel加载项”，然后单击

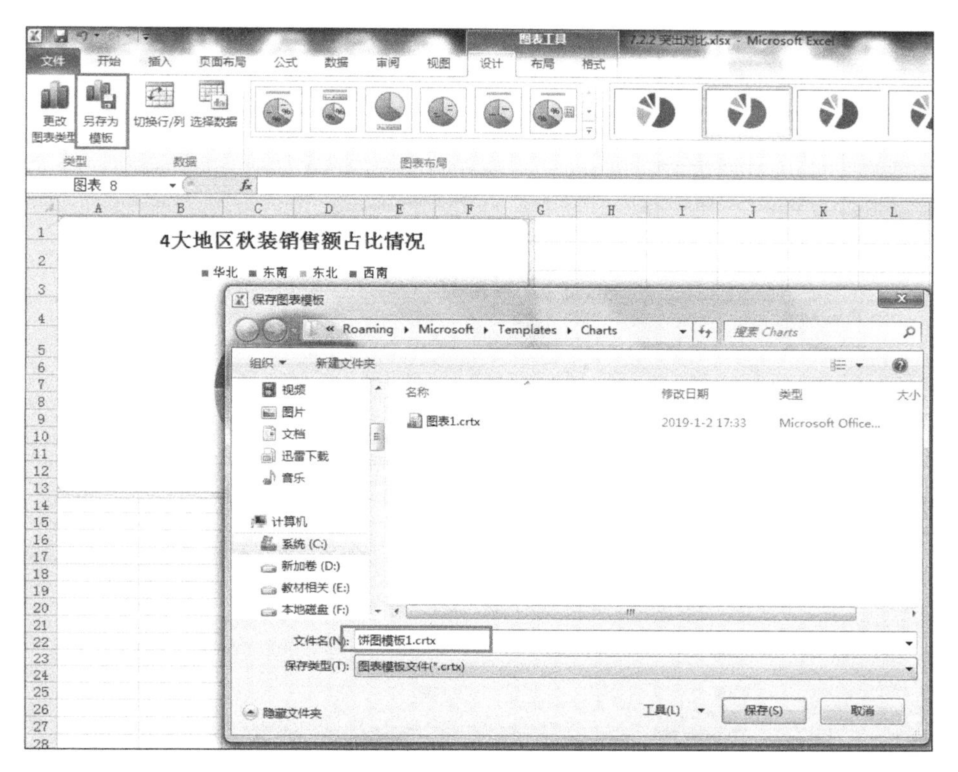

图 7-39　保存饼图模板

图 7-40　调用图表模板

"转到"按钮，如图 7-42 所示。

STEP 02　在弹出的"加载宏"对话框中，单击"浏览"按钮，打开存放 JWalk Chart Tools 工具的路径，双击 JWalk Chart Tools 文件夹→单击 Chart Tools→单击"确定"按钮，如图 7-43 所示。

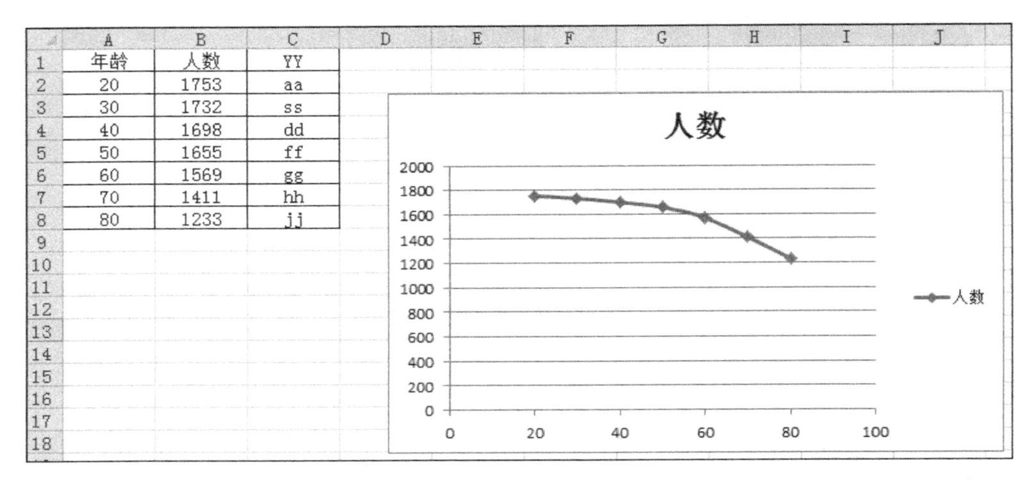

图 7-41　数据示例

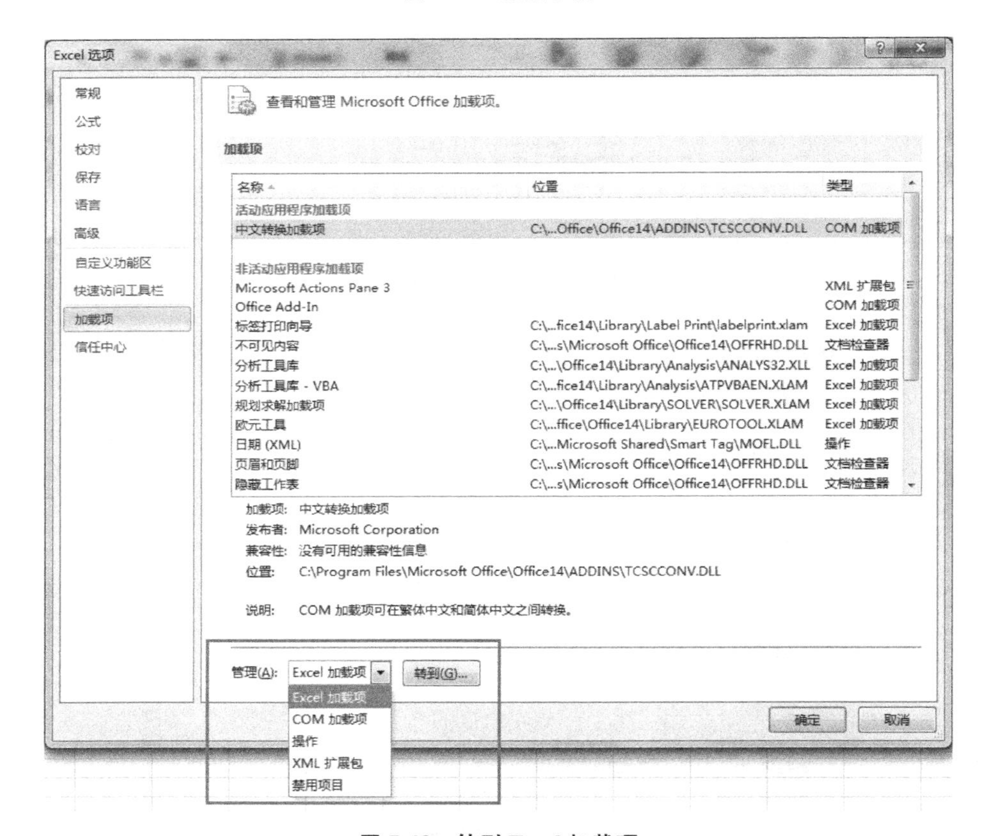

图 7-42　转到 Excel 加载项

STEP 03　Excel 返回之前的"加载宏"对话框，如图 7-44 所示。文本框内增加了一个 JWalk Charting Tools 选项，勾选此选项，再单击"确定"按钮。此时，就完成了加载宏 JWalk Charting Tools 的操作。在 Excel 的主选项卡中即可看到 JWalk Chart Tools。

STEP 04　单击选中图 7-45 的所有数据点，在"加载项"里选中之前添加的工具 JWalk Chart Tools，即弹出 JWalk Chart Tools 对话框。

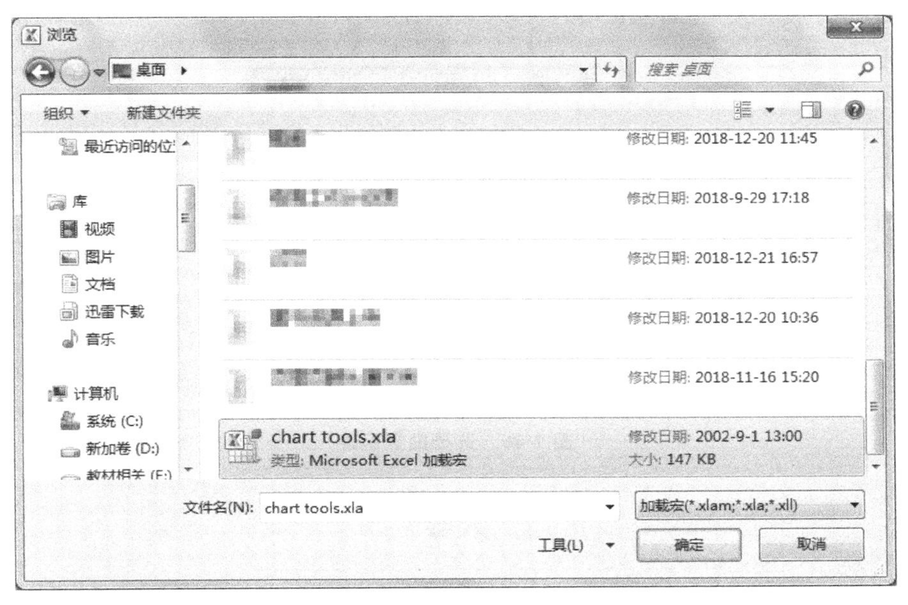

图 7-43　添加加载宏工具

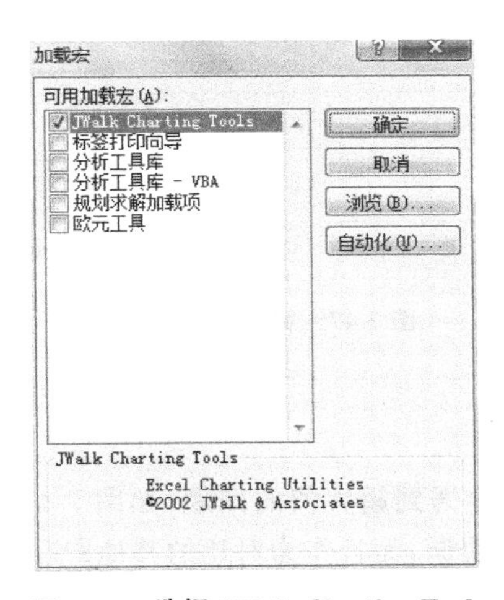

图 7-44　选择 JWalk Charting Tools

图 7-45　JWalk Chart Tools 工具添加完成

STEP 05　在对话框中，单击 Data label range 下拉列表框，然后选择要添加的数据名称区域，如图 7-46 所示。

STEP 06　单击 OK 按钮，即可完成标签的添加，效果如图 7-47 所示。

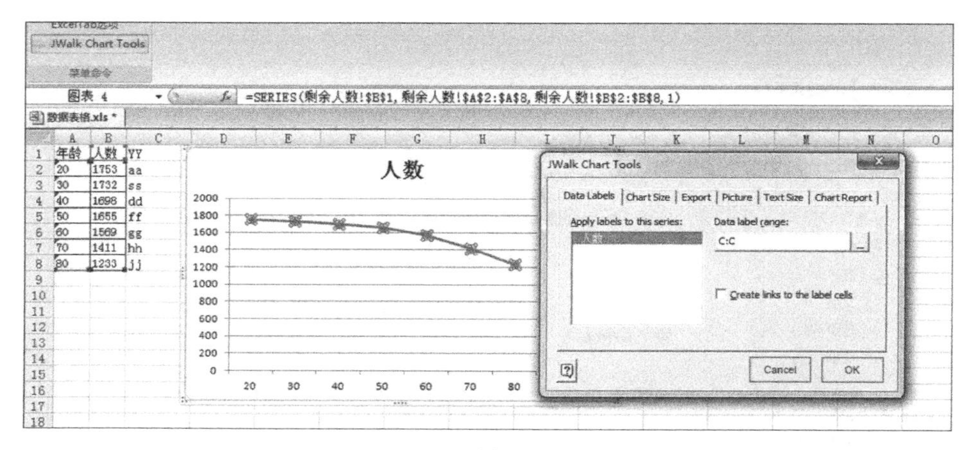

图 7-46 选择数据区域

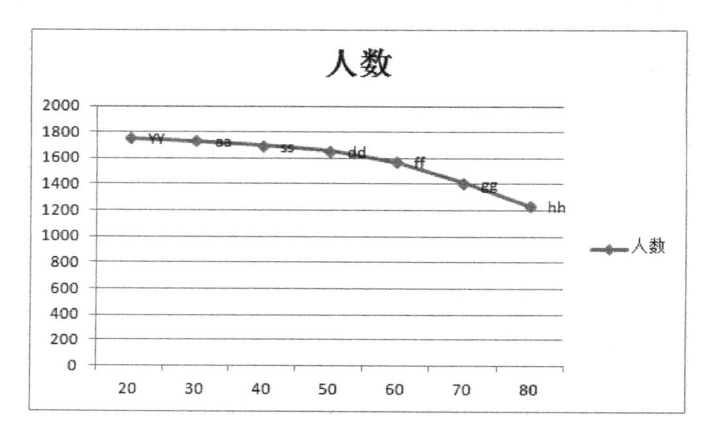

图 7-47 标签添加后效果

7.3.3 修剪超大值

在进行项目对比时，经常会遇到超大值的问题，如图 7-48 所示。从图中可以明显看到产品 D 的销量一枝独秀，很不协调，而且作为对比的其他产品销量很容易被忽略。

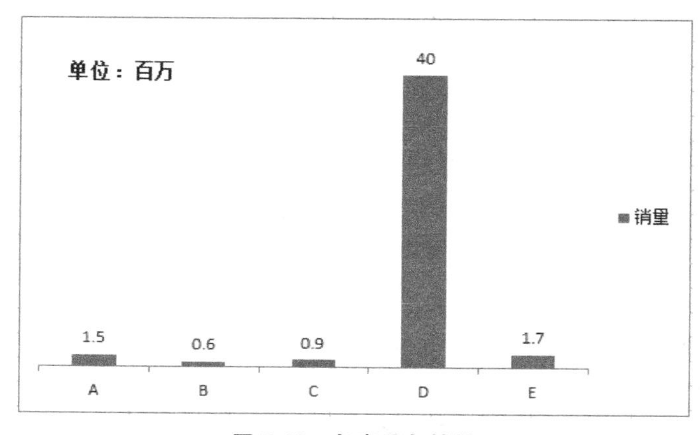

图 7-48 各产品年销量

制作该图表的目的并不是为了突出 D 产品的销量有多高，而是想看每个产品的销量如何，这时可以适当为产品 D“剪剪枝”。

STEP 01　更改产品 D 的数据，让 D 的柱子显示为适当的高度，这里将 40 改成 5。单击源数据中的“40”，将其修改为“5”，如图 7-49 所示。

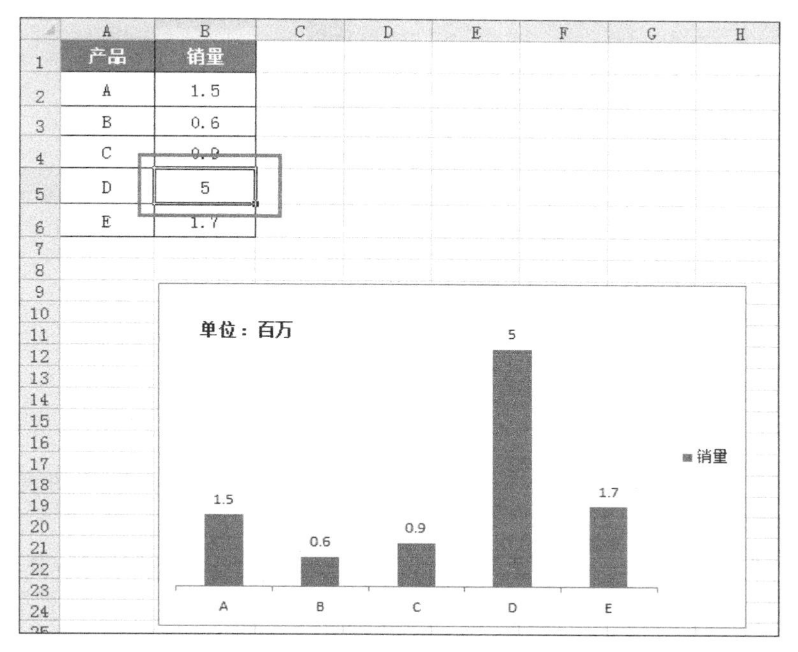

图 7-49　修改数据

STEP 02　单击两下 D 产品的数据标签，更改为 40，如图 7-50 所示。这里说的“单击两下”不同于“双击”，中间要有一点儿时间间隔。

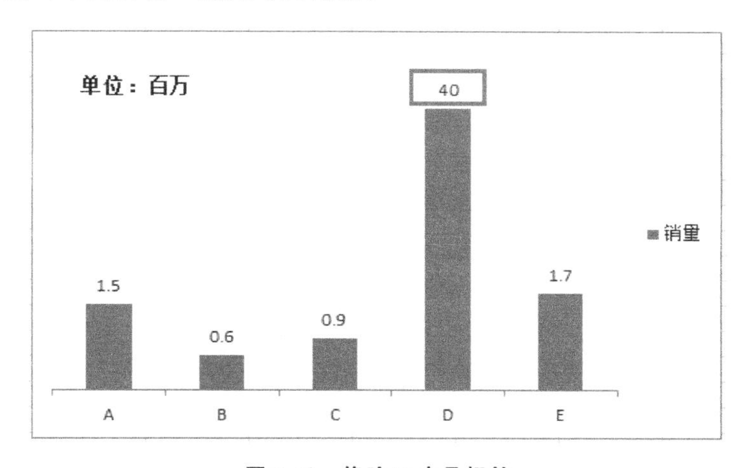

图 7-50　修改 D 产品标签

STEP 03　做个截断标记用来标识中间省略的一截数据。根据需求设计一个图案即可，将该图案覆盖在 D 数据条的上方，代表中间省略的一段数据，如图 7-51 所示。

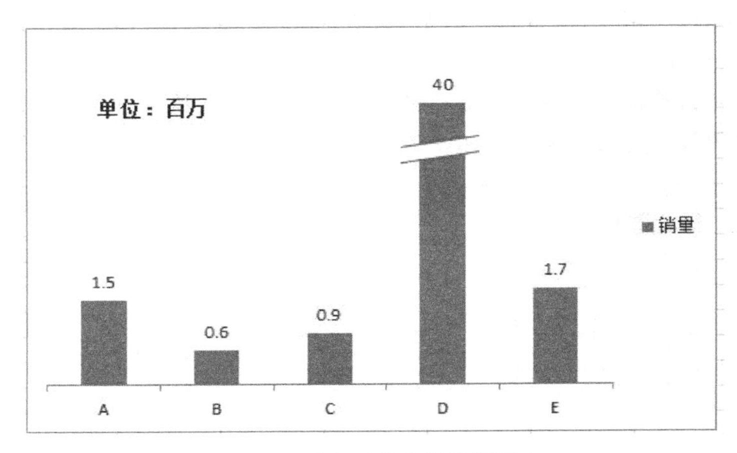

图 7-51 截断后的产品销量图表

小结

本章主要讲解了数据图表专业化的相关知识，包括制作严谨的数据图表、图表美化方法、提高图表制作效率三方面内容。

通过本章的学习，读者应该了解专业图表制作的注意事项和美化原则，掌握专业图表制作与美化的方法，能够高效率制作图表。

第 8 章

撰写数据分析报告

【学习目标】

思政案例

知识目标	➢ 了解什么是数据分析报告 ➢ 了解数据分析报告的作用及分类
技能目标	➢ 掌握数据分析报告的写作原则 ➢ 掌握数据分析报告的撰写流程 ➢ 掌握数据分析报告的结构 ➢ 掌握撰写数据分析报告的注意事项

【案例引导】

员工离职原因分析报告

某企业员工离职率越来越高，所以该企业做了一次离职员工调查，并制作了一份员工离职原因分析报告。

一、离职员工年龄构成

通过调查可知，离职的 13 名员工当中，“90 后”有 7 人，占本次调查人数的 53.85%；“80 后”有 4 人，占调查人数的 30.77%；而“70 后”有 2 人，占 15.38%。如图 8-1 与图 8-2 所示。由此可见，“90 后”占全部离职员工人数的比例较大。

	A	B	C
1	年龄阶段	人数	百分比
2	90后	7	53.85%
3	80后	4	30.77%
4	70后	2	15.38%
5	总计	13	100.00%

图 8-1　离职员工年龄构成(统计表)

二、离职员工工龄构成

在离职员工工龄方面，工龄为 1 个月的有 8 人，占本次调查总人数的 61.54%；2～3 个月和 6～12 个月的各 2 人，各占 15.38%；工龄为 6～7 年的只有 1 人，占 7.69%，数据如图 8-3和图 8-4 所示。

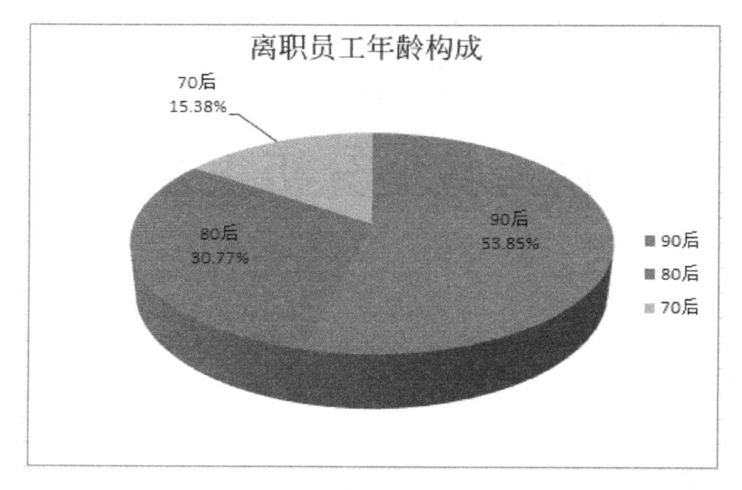

图 8-2　离职员工年龄构成(统计图)

	A	B	C
1	工龄	人数	百分比
2	0~1月	8	61.54%
3	2~3月	2	15.38%
4	6~12月	2	15.38%
5	6~7年	1	7.70%
6	总计	13	100.00%

图 8-3　离职员工工龄构成(统计表)

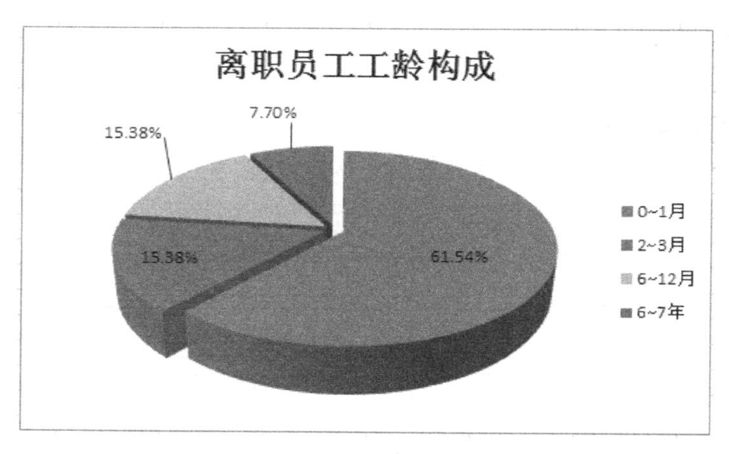

图 8-4　离职员工工龄构成(统计图)

三、员工离职的主要原因

员工离职主要原因构成统计表和统计图,如图 8-5 与图 8-6 所示。

通过调查数据可以总结出员工离职的两大原因,即外部原因与内部原因。内部原因包括公司伙食不好、上班时间长、工作量太大、工作环境不好、无晋升机会及工作无成就感 6 个

内部原因	人数	百分比	外部原因	人数	百分比
伙食不好	4	30.77%	健康因素	1	7.69%
上班时间长	10	76.92%	求学深造	5	38.46%
工作量太大	4	30.77%	转换行业	1	7.69%
工作环境不好	4	30.77%			
无晋升机会	1	7.69%			
工作无成就感	1	7.69%			

图 8-5　离职原因构成(统计表)

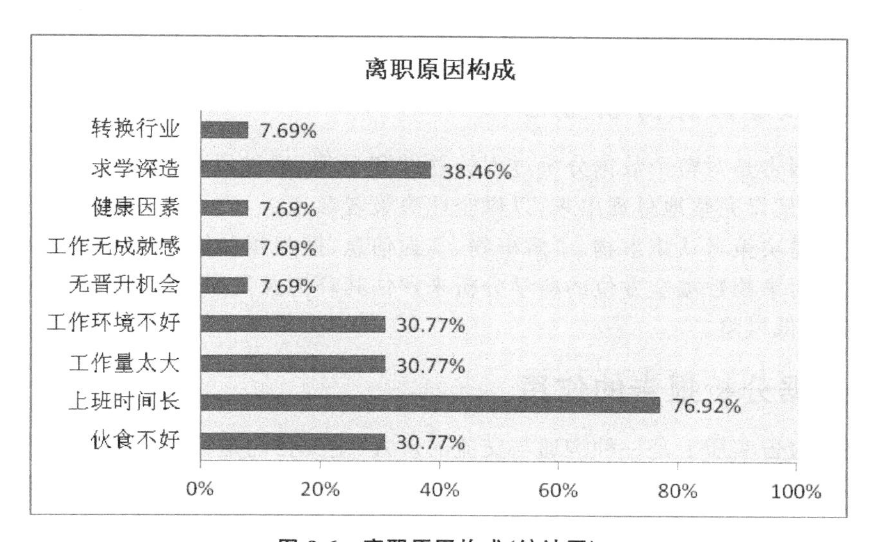

图 8-6　离职原因构成(统计图)

方面;外部原因有健康因素、求学深造、转换行业等个人原因。在内部原因中,上班时间与工作环境是导致这 13 位离职员工离职的主要原因。

四、结论与建议

综合以上各方面数据及图表,现针对员工离职原因进行分类,主要有以下几个方面。

(1) 无法适应当前工作环境。

(2) 家庭原因、个人身体状况导致辞职。

(3) 个人职业发展规划与公司的晋升空间不对称。

针对以上几个方面情况,建议如下。

(1) 留住老员工,及时了解新入职“80 后”“90 后”的想法及心理动态,多与新员工沟通,不仅要在工作上给予帮助,而且要在生活上多给予关心,缩短新入职员工对公司的不适应期,加强其对公司的归属感。

(2) 晋升方面优化晋升机制。

(3) 改善工作环境,如加装电风扇。

【案例思考】

案例中的报告分析只是一份简单的企业员工离职原因分析报告,还不够系统和专业。

一份专业的数据分析报告，除了图表化呈现数据分析结果，还需要介绍项目分析的背景/目的，通过此次分析得出结论，以及结合业务知识给出建议。

本章将对数据分析报告的撰写进行介绍，包括什么是数据分析报告、数据分析报告的前期准备、数据分析报告的撰写流程、数据分析报告的结构以及数据分析报告撰写的注意事项。

8.1 初步认识数据分析报告

数据分析的后期则需要进行数据分析报告的撰写，数据分析报告能够评估企业运营的质量效果，承载数据分析的研究成果，提供科学严谨的决策依据，阐述决策难题的解决之道。所以，本节将对数据分析报告进行初步的介绍。

8.1.1 什么是数据分析报告

数据分析报告是对整个数据分析过程的总结和呈现，通过报告，把数据分析的起因、过程、结果及结论建议完整地呈现出来，以供企业决策者参考。

这种文体是决策者认识事物、了解事物、掌握信息、搜集相关信息的主要工具之一，数据分析报告通过对事物数据全方位的科学分析来评估其环境及发展情况，为决策者提供科学、严谨的依据，降低风险。

8.1.2 数据分析报告的作用

数据分析报告实质上是一种沟通与交流的形式，主要目的是将分析结果、可行性建议以及其他有价值的信息传递给阅读者，让阅读者能够对结果做出正确的理解与判断，并可以根据其做出有针对性、操作性、战略性的决策。

数据分析报告主要有三个方面的作用，分别为展示分析结果、验证分析质量，以及为决策者提供参考依据。

1. 展示分析结果

数据分析报告会以某一种特定的形式将数据分析结果清晰地展示给决策者，方便受众迅速理解、分析、研究问题的基本情况、结论与建议。

2. 验证分析质量

从某种角度上说，分析报告也是对整个数据分析项目的总结。通过报告中对数据分析方法的描述、对数据结果的处理与分析等几个方面来验证数据分析的质量，并且让决策者能感受到整个数据分析的过程是科学且严谨的。

3. 为决策者提供参考依据

大部分的数据分析报告都是有时效性的，因此得到的结论与建议可以作为决策者在做决策时的一个重要参考依据。虽然部分决策者没有时间去通篇阅读分析报告，但是在其决策过程中，报告的结论与建议或其他相关章节将被重点阅读，并根据结果辅助其做最终决策。所以，数据分析报告是决策者获得二手数据的重要来源之一。

8.1.3　数据分析报告的种类

由于数据分析报告的对象、内容、时间和方法等情况不同，所以存在不同形式的报告类型。常见的几种数据分析报告包括专题分析报告、综合分析报告和日常数据通报等。

1. 专题分析报告

专题分析报告是指对某种现象的某一方面或某一个问题进行专门研究的一种数据分析报告，它的主要作用是为决策者制定某项政策、解决某个问题，提供决策参考和依据，具有单一性和深入性。

1）单一性

专题分析不要求分析事物的全貌，主要针对某一方面或某一问题进行分析，如用户流失分析、提升用户转化率分析等。

2）深入性

专题分析报告应抓住主要问题进行深入分析，集中精力解决主要的问题，包括对问题的具体描述、原因分析和提出可行的解决办法。这需要对公司业务有深入的认识，切忌泛泛而谈。

2. 综合分析报告

综合分析是全面评价一个地区、单位、部门业务或其他方面发展情况的一种数据分析报告，例如，世界人口发展报告、全国经济发展报告、某企业运营分析报告等，具有全面性和联系性。

1）全面性

综合分析报告在分析总体现象时，必须全面、综合地反映对象各个方面的情况。站在全局的高度，反映总体特征，做出总体评价，得出总体认识。例如，在分析一个公司的整体情况时，可以依据 4P 分析法，从产品、价格、渠道和促销这四个角度进行分析。

2）联系性

综合分析报告旨在把互相关联的一些现象、问题进行系统性的分析。这种分析不是对全部资料的罗列，而是在系统地分析指标体系的基础上，考察现象之间的内部联系和外部联系。这种联系的重点是比例关系和平衡关系，分析研究它们的发展是否协调，是否适应。因此，从宏观角度反映指标之间关系的数据分析报告一般属于综合分析报告。

3. 日常数据通报

日常数据通报是以定期数据分析报告为依据，反映计划执行情况，并分析其影响和原因的一种分析报告。一般来说，日常数据通报是按日、周、月、季等时间阶段定期进行的，因此也叫定期分析报告。日常数据通报具有进度性、规范性和时效性三个特点。

1）进度性

由于日常数据通报主要反映计划的执行情况，因此必须把执行进度和计划进度的进展结合分析，观察比较两者是否一致，从而判定计划完成得好坏。为此，需要进行一些必要的计算，通过一些绝对数（一定条件下总规模、总水平的综合指标，比如15天）和相对数（两个有联系的指标经过计算得到的数据，比如5倍）指标来突出进度。

2）规范性

日常数据通报基本形成了相关部门的例行报告，定时向决策者提供。所以这种分析报告需要有规范的结构形式，基本结构形式有以下几种。

（1）反映计划执行的基本情况；

（2）分析完成或未完成的原因；

（3）总结计划执行中的成绩和经验，找出存在的问题；

（4）提出措施和建议。

这种分析报告的标题也比较规范，一般不会做较大的改动，有时为了保持联系性，标题只改动了时间，如《××月××日运营发展通报》。

3）时效性

日常数据通报是时效性最强的一种分析报告，这是由它的性质和任务所决定的。只有及时提供业务发展过程中的各种信息，才能保证决策者掌握企业经营的主动权，否则会错失良机，贻误工作。

对于大多数公司而言，这些报告主要通过微软的Word、Excel和PPT来展现的，它们各有优劣势，具体如图8-7所示。

	Word	Excel	PPT
优势	● 易于排版 ● 可打印，装订成册	● 可含有动态图表 ● 结果可实时更新 ● 交互性更强	● 可加入丰富的元素 ● 适合演示汇报 ● 增强演示效果
劣势	● 缺乏交互性 ● 不适合演示汇报	● 不适合演示汇报	● 不适合大篇文字
适用范围	● 专题研究报告 ● 综合分析报告 ● 日常数据通报	● 日常数据通报	● 综合分析报告 ● 专题研究报告

图8-7 Office各软件制作数据分析报告优劣势对比

8.1.4 数据分析报告写作原则

一份完整的数据分析报告，应该遵循一定的前提和原则，系统地反映存在的问题及原因，从而进一步找出解决问题的方法。数据分析报告的写作原则可以总结为以下几点。

1. 主题突出

主题是数据分析报告的核心。报告中数据的选择、问题的描述和分解、使用的分析方法以及分析结论等，都要紧扣主题。

2. 结构严谨

数据分析报告的撰写一定要具有谨慎性,基础数据必须真实、完整,分析的过程必须科学、合理、全面,分析结果要可靠,内容要实事求是。

3. 观点与材料统一

数据分析报告中的观点代表着报告编写者对问题的看法和结论,也代表作者对问题的一种基本理解、立场。数据分析报告中的材料要与主题息息相关,并且观点和材料要统一,从论据到论点的论证要合乎逻辑,从事实出发。

4. 语言规范、简洁

数据报告的编写要使用行业专业术语与书面规范用语,标准统一,前后一致,避免产生歧义。

5. 要具有创新性

创新对于数据分析报告而言有两点作用:一是将新的分析方法和研究模型适时地引进,在确保数据真实的基础上,提高数据分析的多样性;二是要提倡创新性思维,但提出的优化建议在考虑企业实际情况的基础上,要有一定的前瞻性、操作性、预见性。

8.2 数据分析报告的准备与撰写流程

数据分析报告在撰写前需要进行数据的准备与整理,下面对数据分析报告的准备与撰写流程进行介绍。

8.2.1 数据分析报告的准备

报告撰写的准备工作可以分为五个方面,分别是决策难题、研究方案、数据收集、数据处理与分析、图表呈现,如图 8-8 所示。

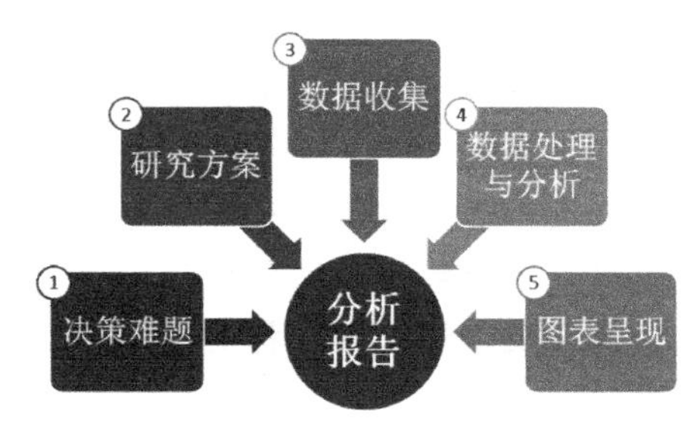

图 8-8 数据分析报告的准备

决策难题是数据分析报告的大脑,孕育了报告;研究方案是报告的骨骼,搭建了报告;数据收集是报告的血肉,丰富了报告;数据处理与分析是报告的经脉,平衡了报告;图表呈现是报告的皮肤,美化了报告。撰写数据报告就是以方案为线索,以数据为原料,以图表为表现,通过数据处理和分析解决企业决策难题的实操过程。

8.2.2 数据分析报告撰写流程

数据分析报告的编写主要包括以下 4 个步骤：确定研究方案，处理数据，编写报告初稿，修改以及定稿。

1. 确定研究方案

确定研究主题和对象后，根据数据分析目的，研究数据分析过程所需数据以及研究方法，安排报告的层次结构。

2. 处理数据

报告中的主要元素是数据，没有数据的报告是没有说服力的。报告中各种分析都要以数据作为依据，反映问题要用数据做定量分析，提供决策要用数据来证明其可行性与效益。因此数据的选择以及处理与分析是数据分析报告编写很重要的环节。

3. 编写初稿

确定了研究方案和所需数据之后，接下来就可以进行报告的编写了。编写报告要有层次、有格式，根据研究发展顺序，结合文字与图表，使分析结果更加清晰形象地展现出来。

4. 定报告

初稿编写完成后，需要对报告进行修改，注意其语言的描述是否恰当，分析观点是否正确，完善报告之后，就可以打印输出报告了。

8.3 数据分析报告的结构

撰写数据分析报告时需要遵从一定的结构，但这种结构并不是一成不变的。不同的数据分析师、不同的老板、不同的客户、不同性质的数据分析，其最后的报告可能会有不同的结构。但是最经典的结构还是"总-分-总"结构，它主要包括：开篇、正文和结尾三大部分，如图 8-9 所示。

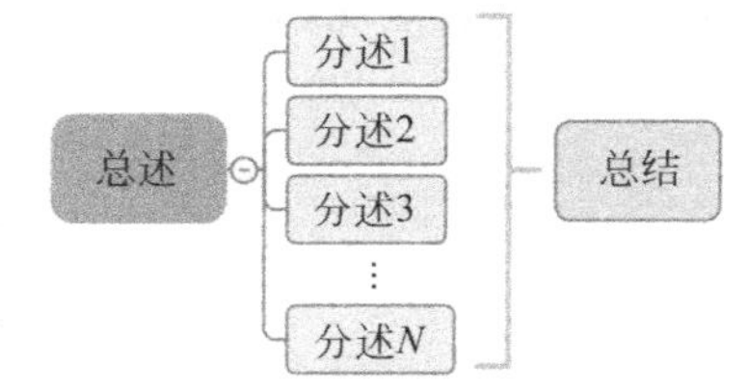

图 8-9 "总-分-总"报告结构

在数据分析报告结构中，"总-分-总"结构的总述部分包括标题页、目录和前言，分述部分主要包括具体分析过程与结果，总结部分包括结论、建议及附录。本节将对这几部分进行具体介绍。

8.3.1 标题页

标题页就是数据分析报告的题目，题目要精简干练，既要表现分析主题，还要引起读者的阅读兴趣。下面对标题页进行介绍。

1. 标题的常用类型

标题页是读者阅读数据报告的第一部分，所以起好标题很重要，好的标题不仅可以表现数据分析的主题，而且能够引起读者的阅读兴趣。下面介绍几种常用的标题类型。

1）解释基本观点

这类标题往往用观点句来表示，点明数据分析报告的基本观点，如《短视频业务是公司发展的重要支柱》。

2）概括主要内容

这类标题注重用数据说话，概括分析报告的主要内容，让读者抓住中心，如《我公司总产值比去年增长 40%》《2018 年公司业务运营情况良好》等。

3）交代分析主题

这类标题反映分析的对象、范围、时间和内容等情况，不会直接说明分析师的看法和主张，如《拓展公司业务的渠道》《2017 年部门业务对比分析》。

4）提出问题

这类标题以设问的方式提出报告所要分析的问题，引起读者的注意和思考，如《××产品为什么会如此受消费者欢迎？》《1000 万元的利润是怎样获得的》。

2. 标题的制作要求

制作标题时，可以依据三点准则进行制作，这三点准则为：直接、确切、简洁。

（1）直接：数据分析报告是一种应用性较强的文体，它用来为决策者的决策和管理进行服务，所以标题必须用简洁明了的方式表达基本观点，让读者一看标题就能明白数据分析报告的基本内容。

（2）确切：标题的撰写要做到文题相符，长度适中，恰当地表现分析报告的内容和对象的特点。

（3）简洁：标题要直接反映出数据分析报告的主要内容和基本精神，就必须具有高度的概括性，用较少的文字集中、准确、简洁地进行表述。

3. 标题要独具特色

数据分析报告的标题大多容易雷同，如《对×××的分析》《关于×××的调查分析》，这类模式化的标题使用太广泛，千篇一律，必然会影响阅读者的兴趣。所以，标题的撰写不仅要直接、确切、简洁，还应独具特色。

要使标题独具特色，就要抓住目标对象的特征展开联想，适当运用修辞手法进行突出和强调，如“90 后“养生”类产品网购现状分析”。还可以采用正、副标题的形式，正标题表达分析的主题，副标题表明分析的单位和问题。

有时，报告的作者也要出现在题目下方，或在报告中显示所在部门的名字。为了方便日后参考，完成报告的日期也应该注明，这样还能够体现出报告的时效性，如图 8-10 所示。

图 8-10 标题页示例

8.3.2 目录

目录可以帮助读者快速了解报告整体结构，帮助读者快速找到所需内容，因此，要在目录中列出报告主要章节的名称。如果是在 Word 中撰写报告，还要在章节名称后面加上对应的页码，对于比较重要的二级目录，也可以将其列出来，如图 8-11 所示。所以，目录也就相当于数据分析大纲，它可以体现出报告的分析思路。

图 8-11 目录页示例

8.3.3 前言

前言是分析报告的重要组成部分，主要有分析背景、分析目的和分析思路三个方面，可以结合 5W2H 原则进行思考。

- 为什么要开展此次数据分析？
- 主要分析什么内容？
- 数据分析报告要展示给谁看？
- 通过此次分析能解决什么问题？达到何种目的？

• 如何开展此次分析？分析到什么程度？

所以，前言的写作一定要经过深思熟虑，前言内容是否正确，对最终报告是否能解决业务问题，能否给决策者提供有效依据起决定性的作用。

1. 分析背景

对数据分析背景进行说明主要是为了让报告阅读者对分析研究有所了解，阐述此项分析的主要原因、分析的意义，以及其他相关信息，如行业发展现状等内容。

2. 分析目的

数据分析报告中阐述目的是为了让阅读者知道这次分析能带来何种效果，可以解决什么问题。有时可以将分析背景和目的合二为一，如图 8-12 所示。

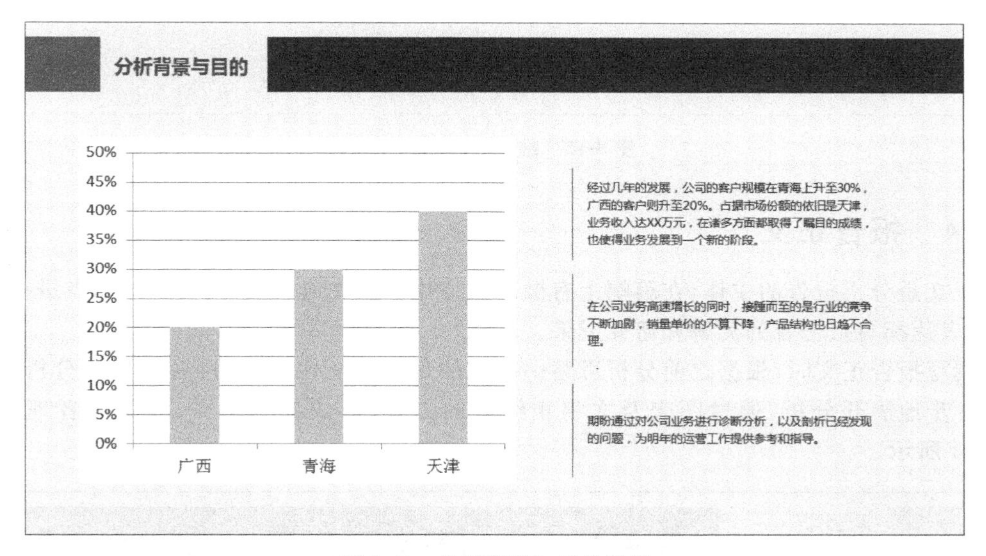

图 8-12　分析背景与目的示例

图 8-12 中的分析目的就说得很清楚，通过分析企业市场的环境变化以及回答市场拓展中的问题，把握机会推动工作的进展。所以分析报告需要有一个明确的分析目的，目的越明确，针对性就越强，越能及时解决问题，就越有指导意义；反之，数据分析报告就没有生命力。

3. 分析思路

分析思路是数据分析的核心部分，是理性思维活动、思考的过程。可以将复杂的问题结构化，分解成不同的组成部分、构成要素，理顺思路，确保数据分析体系化。只有在相关的理论指导下，才能确保数据分析维度的完整性，分析结果的有效性及正确性，如图 8-13 所示。

此处需要注意的是目的越明确，针对性就越强，也就越有指导意义，否则数据报告就没有什么生命力。

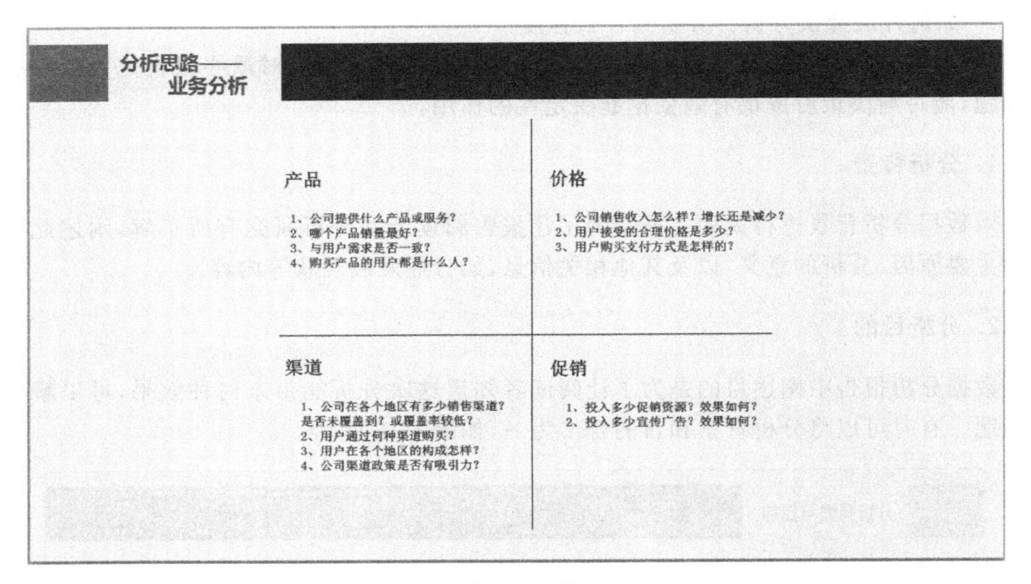

图 8-13 报告分析思路示例

8.3.4 报告正文

正文是分析报告的主体，在篇幅上有极高的占比。正文通过展开论题，对论点进行分析论证，表达撰写报告者的见解和研究成果。

撰写报告正文时，根据之前分析思路中确定的每项分析内容，利用各种数据分析方法，一步一步地展开分析，通过图表及文字相结合的方式，形成报告正文，方便读者理解，如图 8-14 所示。

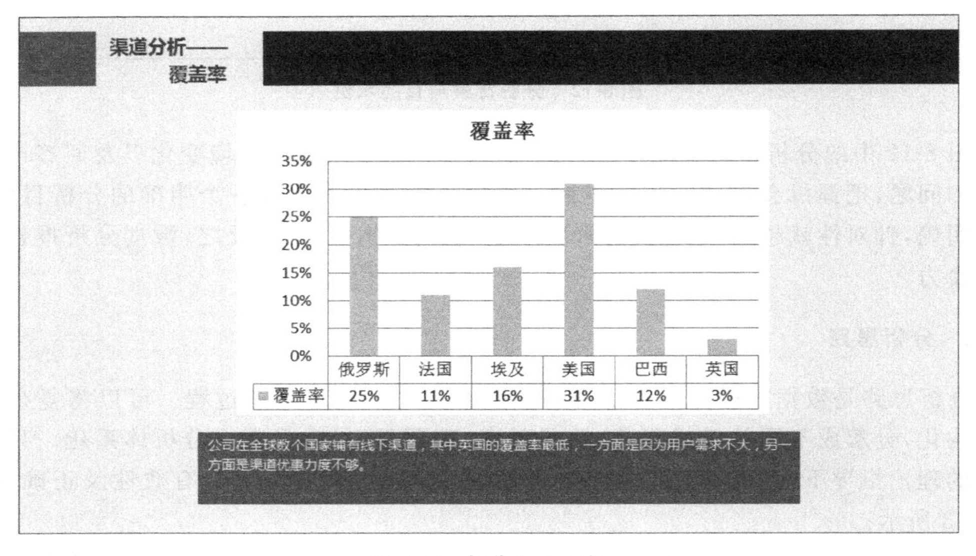

图 8-14 报告正文示例

一篇报告只有想法和主张是不行的，必须经过科学严密的论证，才能确认观点的合理性和真实性，才能令人信服。因此，报告主题部分的论证是极为重要的，报告正文具有以下几个特点。

(1) 是报告篇幅最大的主体部分。

(2) 包含所有数据分析事实和观点。

(3) 包含数据图表和相关文字的结合分析。

(4) 各部分具有逻辑关系。

8.3.5　结论与建议

在报告的最后，报告撰写者需要根据对数据的分析得出结论，并提出建议，它起着画龙点睛的作用，是整篇分析报告的总结。好的结尾可以帮助读者加深认识、明确主旨、引发思考，如图 8-15 所示。

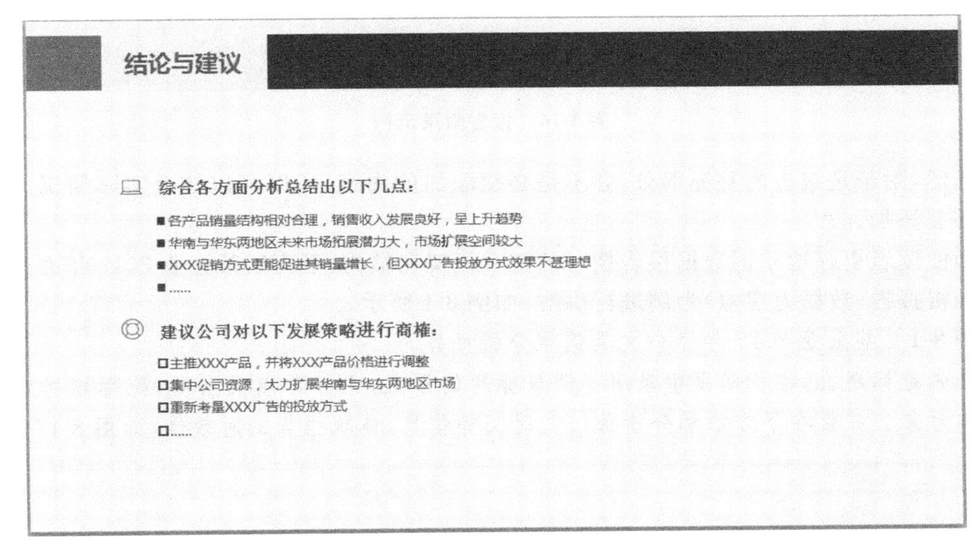

图 8-15　结论与建议示例

结论是对数据分析结果加以延伸的总结，通常使用综述性的文字表述形式。它不是分析结果的简单重复，而是结合公司实际业务情况，经过综合分析形成的总体论点。结论应去粗取精、由表及里而抽象出共同的、本质的规律，它与正文紧密衔接，应做到首尾呼应，措辞严谨、准确。

建议是根据结论对企业或者业务问题提出的解决方法，建议主要关注在保持优势和改进劣势等方面。因为分析人员所给出的建议主要是基于数据分析结果而得到的，会存在局限性，因此必须结合公司的具体业务才能得出切实可行的建议。

8.3.6　附录

以上就是数据分析报告的基本结构，但是还有一个部分不可忽视，就是报告的附录。附录是分析报告一个重要的组成部分。一般来说，附录提供正文中涉及而未阐述的资料，有时也含有正文提及的资料，从而向读者提供一条深入数据分析报告的途径。它主要包括报告中涉及的专业名词解释、计算方法、重要原始数据、地图等内容，如图 8-16 所示。

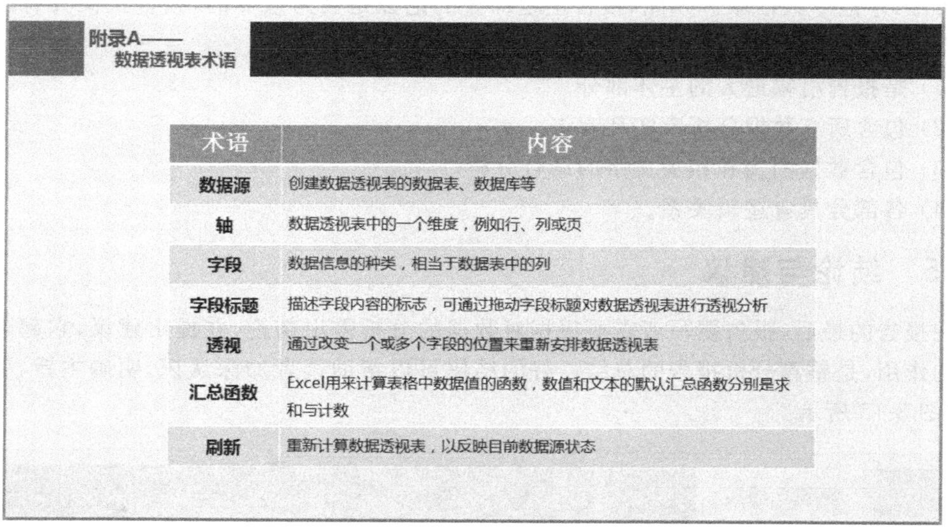

附录A——
数据透视表术语

术语	内容
数据源	创建数据透视表的数据表、数据库等
轴	数据透视表中的一个维度，例如行、列或页
字段	数据信息的种类，相当于数据表中的列
字段标题	描述字段内容的标志，可通过拖动字段标题对数据透视表进行透视分析
透视	通过改变一个或多个字段的位置来重新安排数据透视表
汇总函数	Excel用来计算表格中数据值的函数，数值和文本的默认汇总函数分别是求和与计数
刷新	重新计算数据透视表，以反映目前数据源状态

图 8-16　报告附录示例

当然，附录是报告的补充部分，并不是必须添加的内容，所以可以结合实际情况来决定是否需要添加。

为使读者更好地掌握数据报告撰写的整个框架和结构，下面以某企业 2017 年办公文具销售分析报告（数据为虚拟）为例进行讲解，如例 8-1 所示。

例 8-1　某企业 2017 年办公文具销售分析报告

首先是标题页，在标题页中采用了两级标题的形式，主标题点明主题，副标题指定分析范围和对象。并且在下方添加分析部门及时间等信息，体现报告的时效性，如图 8-17 所示。

图 8-17　标题页

标题页之后是目录页，目录页主要分为 3 大部分，分别是前言、正文和尾页。而正文中又包括行业背景、行业规模、各月销售走势、各月销售比例、产品销售比例、业务员销售情况、行业销售对比等,如图 8-18 所示。

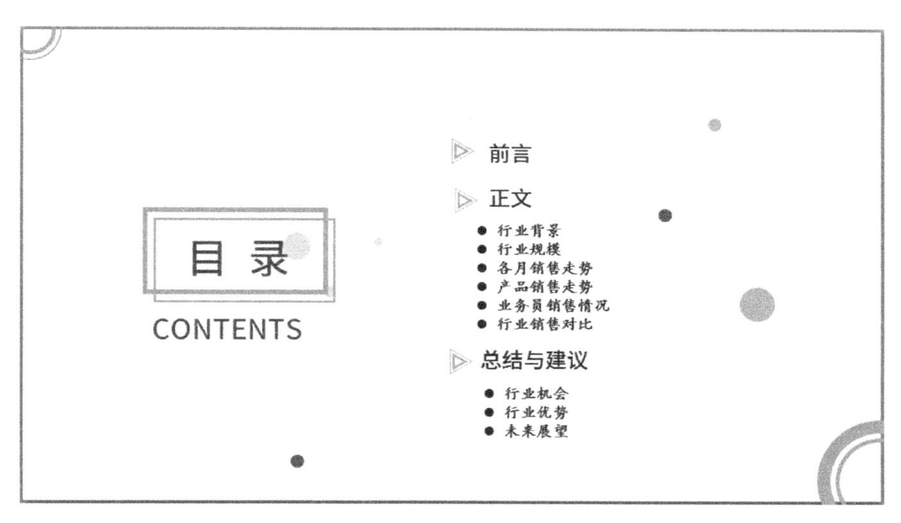

图 8-18　目录页

接下来是分析报告的前言部分,在前言部分主要介绍了办公用品的发展前景,以及本次分析的目的,如图 8-19 所示。

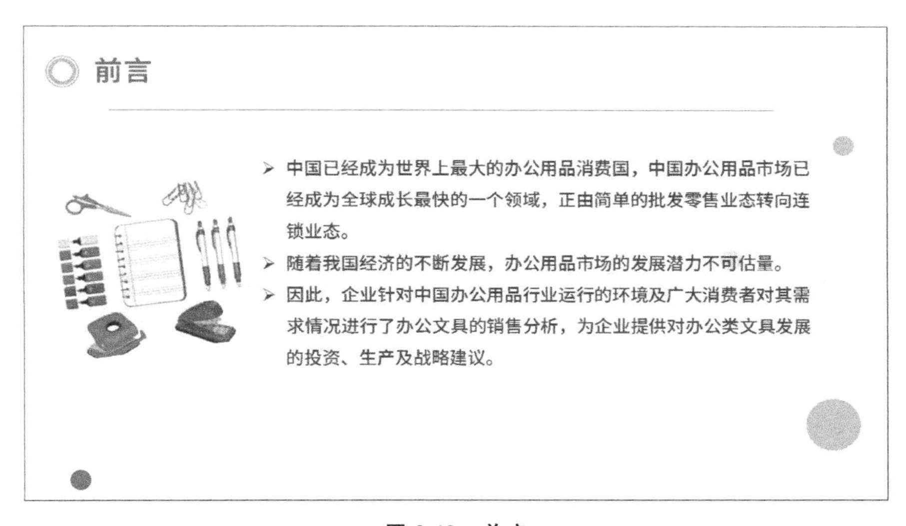

图 8-19　前言

前言之后就是数据分析报告的正文部分,在这份报告中,首先分析整个办公文具的行业背景和行业规模,如图 8-20 与图 8-21 所示。

接下来展示的是该企业的产品销售情况,包括 2017 年各月产品销售走势以及各月销售比例,如图 8-22 与图 8-23 所示。

接下来展示企业 2017 年全年各产品销售比例情况、业务员的销售数量以及销售金额情况,如图 8-24 与图 8-25 所示。

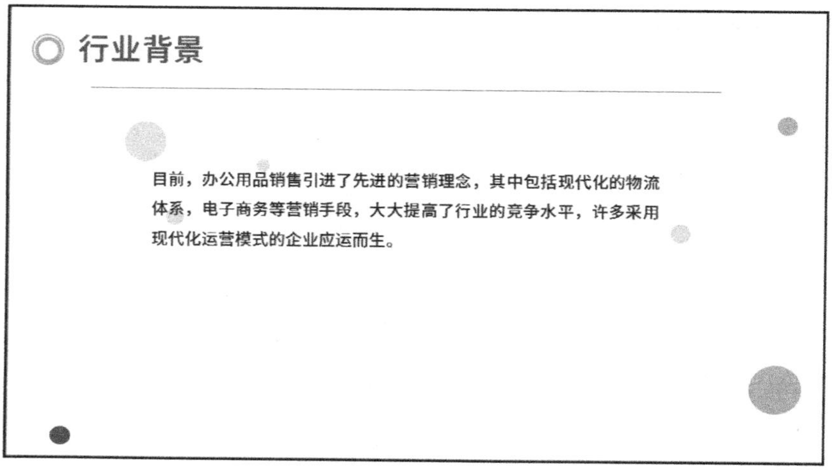

行业背景

目前，办公用品销售引进了先进的营销理念，其中包括现代化的物流体系，电子商务等营销手段，大大提高了行业的竞争水平，许多采用现代化运营模式的企业应运而生。

图 8-20 正文——行业背景

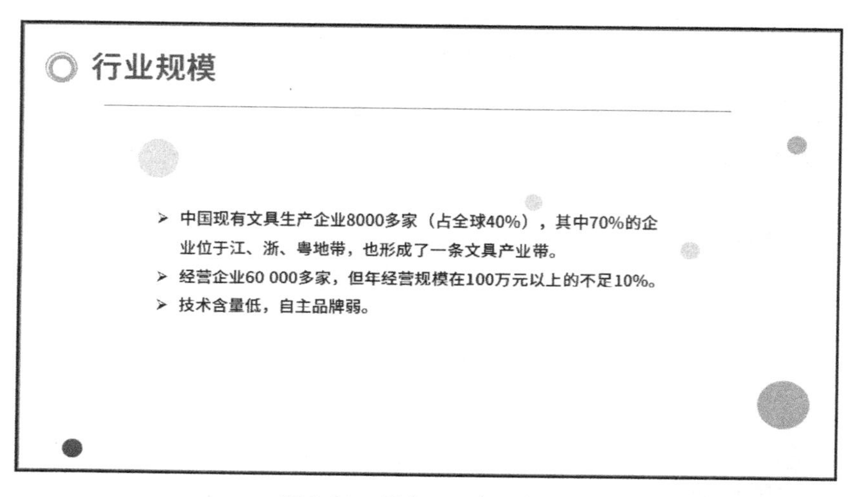

图 8-21 正文——行业规模

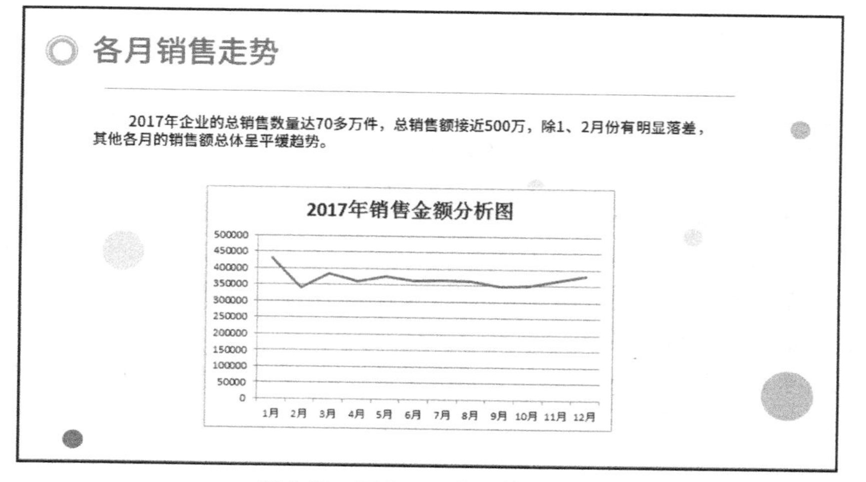

图 8-22 正文——各月销售走势

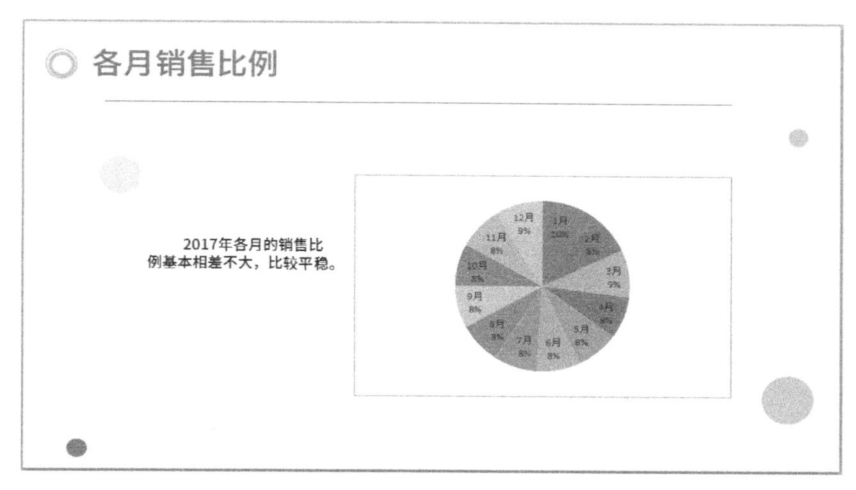

图 8-23　正文——各月销售比例

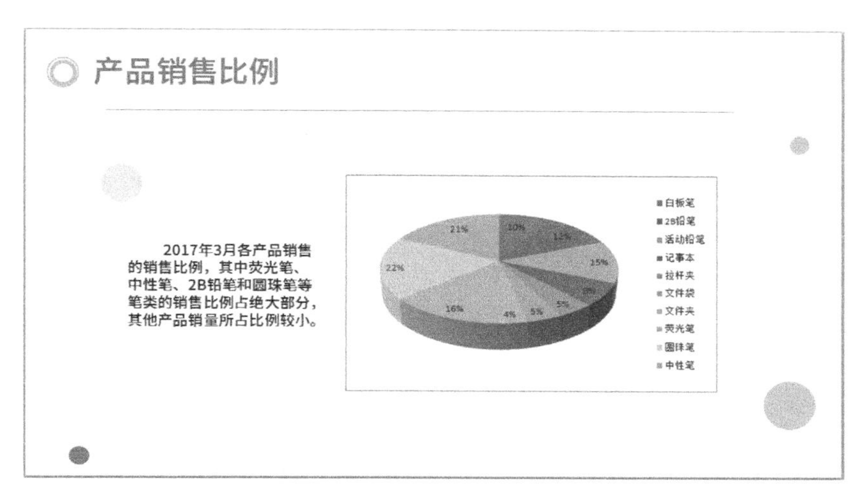

图 8-24　正文——产品销售比例

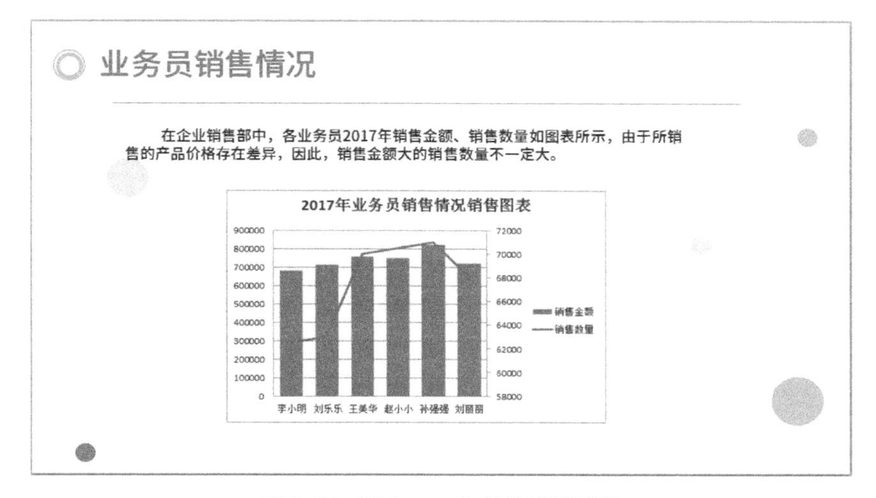

图 8-25　正文——业务员销售情况

最后通过本企业与百强企业进行对比分析，分析本企业在行业中的地位，如图 8-26 所示。

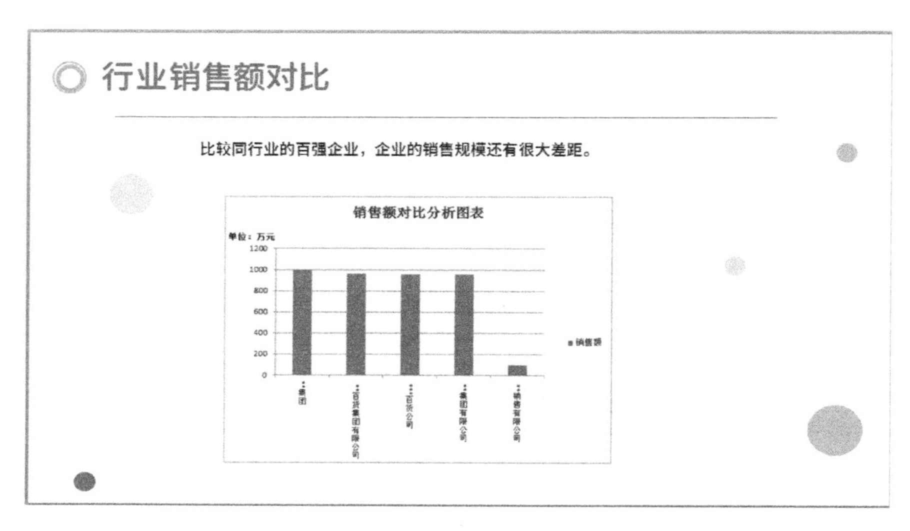

图 8-26 正文——行业销售额对比

数据分析报告的尾页得出本次分析的结论并展望未来，本例中分析了行业未来的发展机会以及行业优势，并通过本企业 2017 年产品的销售情况，提出发展建议，如图 8-27～图 8-29 所示。

图 8-27 行业机会

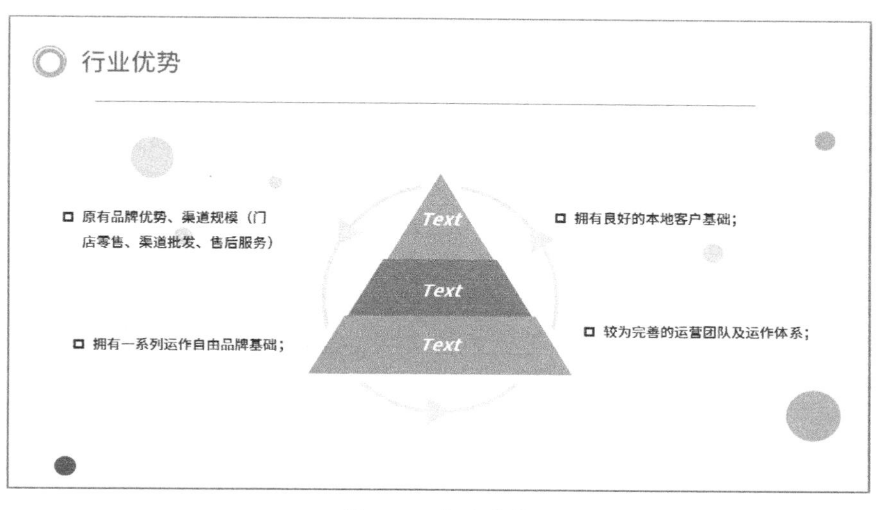

图 8-28 行业优势

图 8-29 未来展望

8.4 撰写数据分析报告的注意事项

一篇报告的价值，并不取决于其篇幅的长短，而在于其内容是否丰富，结构是否清晰，是否有效反映业务真相，提出的建议是否可行。因此，在撰写报告时，应注意以下几个问题。

1. 结构合理，逻辑清晰

一份合格且优秀的数据分析报告，应该有非常清晰的架构，呈现简洁、清晰的数据分析结果。如果报告的分析过程逻辑混乱、各章节界限不清晰、没有按照业务逻辑或内在联系有条理地论证，那么报告阅读者则无法从中得出有用的决策依据。因此报告的结构是否合理、逻辑条理是否清晰是决定此份报告成败的关键因素。

2. 实事求是，反映真相

数据分析报告最重要的就是具备真实性。真实性要求数据以及基于分析得到的结论是事实，不允许有虚假和伪造的现象。另外，对于事实的分析和说明必须遵从事实，遵从科学，符合客观事实的本来面目。分析结果要保持中立，不要加入自己的主观意见。

3. 用词准确，避免含糊

报告中的用词要精准，如实、恰当地反映客观情况，可以使用数据说话，避免使用“大约”“估计”“更多（或更少）”“超过 20%”等模糊的文字。报告必须明确告知阅读者，什么情况好，什么情况不好。

4. 篇幅适宜，简洁有效

报告的价值在于给决策者提供决策依据以及需要的信息，就是报告内容能够满足决策者需求。报告内容应做到简洁，例如，一份关于消费者满意度的分析报告中没有回答满意的驱动因素，没有关于满意指标的评估等有价值的内容，那么再长篇幅的报告也是没有意义的。

5. 综合业务，分析合理

一份优秀的报告不能仅基于数据而分析问题，或者简单地看图说话，必须紧密结合公司的具体业务才能得出可实行、可操作的建议，否则将是纸上谈兵，脱离实际。因此，分析结果需要与分析目的紧密结合起来，切忌远离目标的结论和不现实的建议。当然，这就要求数据分析人员对业务有一定的了解，如果对业务不了解或不熟悉，可请业务部门的同事一起参与讨论分析，以得出正确的结论并提出合理的建议。

小结

本章主要讲解了撰写数据分析报告的相关知识，包括初步认识数据分析报告、数据分析报告的准备与撰写流程、数据分析报告的结构以及撰写数据分析报告的注意事项。

通过本章的学习，读者应了解数据分析的作用、种类以及写作原则，掌握数据分析的撰写流程及数据报告的结构，能够熟练编写数据分析报告。